锋利的 jQuery（第2版）

单东林 张晓菲 魏然 编著

人民邮电出版社

北京

图书在版编目（CIP）数据

锋利的 jQuery / 单东林，张晓菲，魏然编著. -- 2
版. -- 北京 : 人民邮电出版社，2012.（2021.12重印）
ISBN 978-7-115-28160-9

Ⅰ. ①锋… Ⅱ. ①单… ②张… ③魏… Ⅲ. ①
JAVA语言－程序设计 Ⅳ. ①TP312

中国版本图书馆CIP数据核字(2012)第089295号

内 容 提 要

本书循序渐进地对 jQuery 的各种函数和方法调用进行了介绍，读者可以系统地掌握 jQuery 的选择器、DOM 操作、事件和动画、AJAX 应用、插件、jQuery Mobile、jQuery 各个版本变化、jQuery 性能优化和技巧等知识点，并结合每个章节后面的案例演示进行练习，达到掌握核心知识点的目的。

为使读者更好地进行开发实践，本书的第 8 章将前 7 章讲解的知识点和效果进行了整合，打造出一个非常有个性的网站，并从案例研究、网站材料、网站结构、网站样式和网站脚本等方面指导读者参与到项目建设中来。

本书适合所有对 jQuery 技术感兴趣的 Web 设计者和前端开发人员阅读和参考。

锋利的 jQuery（第 2 版）

♦ 编　著　单东林　张晓菲　魏　然
　　责任编辑　蒋　佳

♦ 人民邮电出版社出版发行　　北京市丰台区成寿寺路 11 号
　　邮编　100164　电子邮件　315@ptpress.com.cn
　　网址　http://www.ptpress.com.cn
　　大厂回族自治县聚鑫印刷有限责任公司印刷

♦ 开本：800×1000　1/16
　　印张：24.5　　　　　　　　　　2012 年 7 月第 2 版
　　字数：598 千字　　　　　　　　2021 年 12 月河北第 39 次印刷

ISBN 978-7-115-28160-9

定价：49.00 元

读者服务热线：(010) 81055410　印装质量热线：(010) 81055316
反盗版热线：(010) 81055315

第 2 版前言

非常高兴地告诉大家：《锋利的 jQuery 第 2 版》出版了。3 年前，《锋利的 jQuery》问世，它不仅增加了我学习 JavaScript 的信心，同时也让更多爱好 JavaScript 的朋友加入了 Web 开发的大家庭。第 1 版完全是个人爱好的结晶，而第 2 版更多的是对自己 3 年来技术的一个总结和升华。

首先，我要向广大读者道歉出版社一直找我出第 2 版，但我的时间确实安排不开，第 2 版的交稿时间被一推再推，心中也不禁时生愧意。

第 2 版不仅在内容方面进行了更新，而且还在上一版的基础上做了大量的修订和扩展。涵盖了如下几个方面。

- 例子全部改用最新的 jQuery 库。
- 例子使用了全新的 UI，并且代码更符合语义化。
- 修订了上一版已发现的所有印刷错误。
- 增加了 jQuery Mobile 的章节。
- 增加了 jQuery 版本变化的章节。
- 增加了 jQuery 性能优化和技巧的章节。

相比之下，第 2 版的内容又扩充了不少，其中最让我高兴的就是，第 2 版中新增加的三个章节的内容。

本书结构

第一版：jQuery 介绍→选择器→DOM 操作→事件和动画→Ajax 应用→插件→完整 DEMO。

第二版添加：jQuery Mobile→jQuery 各个版本变化→jQuery 性能优化和技巧。

本书循序渐进地对 jQuery 的各种方法和使用技巧进行介绍，读者可以系统地掌握 jQuery 中关于 DOM 操作、事件监听和动画效果、表单操作、Ajax 以及插件方面的知识点，并结合每个章节后面的案例演示进行练习，达到掌握各章节知识点，更好地进行开发实践的目的。

本书共分为 11 章。

第 1 章首先介绍了 JavaScript 以及各种 JavaScript 库的作用和异同；接下来介绍了 jQuery 以及 jQuery 的优势；之后介绍了如何配置 jQuery 环境，编写简单的 jQuery 代码和优化 jQuery 代码的风格；最后对 jQuery 对象和 DOM 对象的相互转换，jQuery 和其他库的冲突这两个常见问题进行了详细描述。此外，本章还介绍了几款 jQuery 的开发工具和插件。

本章是全书的基础。

第 2 章的重点是选择器。首先介绍了 jQuery 选择器以及选择器的优势；然后分门别类地对基本选择器、层次选择器、过滤选择器、表单选择器以及使用每种选择器的注意事项进行了详细的介绍；最后通过案例研究来巩固本章知识点。

本章是学习 jQuery 的核心基础。

第 3 章的重点是 DOM 操作。首先介绍 DOM 操作的分类，然后通过实例详细地介绍 jQuery 中的 DOM 操作以及利用 jQuery 简化 DOM 操作的方法，最后通过案例研究来巩固读者对 DOM 操作知识点的掌握。

第 4 章分为 2 个部分：第 1 部分介绍 jQuery 中的事件；第 2 部分介绍 jQuery 中的动画。在第 1 部分中，详细介绍了 jQuery 中的事件方法，例如事件绑定、合成事件、事件冒泡、事件对象的属性、移除事件、模拟事件等。在第 2 部分中，详细介绍了 jQuery 中的动画方法，例如普通动画、渐显动画、自定义动画等。在讲解动画的过程中，还介绍了制作动画过程中一些常见问题。最后通过案例研究来加强读者对事件和动画的理解。

第 5 章是实例演练。首先针对 Web 中常见的表单操作进行了讲解，包括单行文本框应用、多行文本框应用、复选框应用、下拉框应用和表单验证；然后针对常见的表格操作进行了讲解，包括表格变色、表格展开关闭和表格内容筛选；最后对常见的网页操作，包括网页字体大小、网页选项卡和网页换肤等应用进行了讲解。相信读者在本章可以找到很多与项目相关的示例和说明。

本章是对前面 4 章知识的一个巩固。

第 6 章的重点是 Ajax 应用。首先介绍了 Ajax 技术的优势和不足，以及 Ajax 的核心对象 XMLHttpRequest；然后介绍 jQuery 中的 Ajax 解决方案，例如 load()、$.get()、$.post()、$.ajax()等；这些方法和 DOM 操作的结合将大大简化 Ajax 的开发；接下来介绍了 Ajax 中的序列化元素和全局事件；最后通过将 Ajax 聊天程序作为案例进行研究以巩固读者对 Ajax 操作的掌握。

第 7 章的重点是插件。jQuery 有着非常丰富而强大的插件。在这一章里，首先是对几个常见而实用的插件进行详细讲解，例如表单验证插件（Validation Plugin）、表单插件（Form Plugin）、遮罩窗口插件（SimpleModal Plugin）、Cookie 插件和 UI 插件；然后详细介绍了如何编写 jQuery 插件和使用插件应注意的事项。

本章是学习 jQuery 的插件应用和编写的基础。

第 8 章将前 7 章讲解的知识点和效果进行整合，打造出一个非常有个性的网站，并从案例研究、网站材料、网站结构、网站样式和网站脚本等多方面指导读者参与项目建设，而不仅仅是简单地编写代码。

第 9 章讲解 jQuery Mobile 的使用。jQuery Mobile 是 jQuery 在移动设备应用上的一个新项目。它基于 jQuery 框架并使用了 HTML 5 和 CSS 3 这些新的技术，除了能提供很多基础的移动页面元素开发功能外，框架自身还提供了很多可供扩展的 API，以便于开发人员在移动应用上使用。在这一章里，首先对 HTML 5 这个新技术进行介绍，然后对 jQuery Mobile 进行介绍，一步步告诉大家如何使用 jQuery Mobile。

第 10 章讲解 jQuery 各个版本的变化。在这里我应该感谢很多读者，正是因为你们的强烈要求，所以此部分才出现在本书第 2 版中。本章对每个版本 jQuery 功能的变化进行了详解，让大家对 jQuery 每个版本的变化了如指掌，相信读者对这章会非常期待并且喜欢。

第 11 章讲解了 jQuery 的性能优化和技巧。现在越来越多的网站开始使用 jQuery 来构建以往需要靠 Flash 来实现的超酷动态效果。jQuery 作为一个 JavaScript 类库，很多人并不是很清楚如何正确使用 jQuery 来达到最佳的性能。本章要告诉大家在书写代码时，应该需要注意的性能问题。同时本章也列举了很多 jQuery 技巧，相信这些对大家在书写高性能的 Web 应用中会有所帮助。

本书的附录部分也是跟 jQuery 相关的一些重要知识点，共有 7 篇。

第 1 篇介绍了 jQuery 中的$(document).ready()方法。

第 2 篇介绍了前端开发调试工具——Firebug。

第 3 篇介绍了 Ajax 的核心对象——XMLHttpRequest。

第 4 篇介绍了 jQuery 中的$.ajax()方法。

第 5 篇介绍了 jQuery 加载并解析 XML。

第 6 篇是第 7 章的插件的 API。

第 7 篇是 jQuery API 速查表。

读者对象

本书适合所有对 jQuery 技术感兴趣的 Web 设计者和前端开发人员阅读学习。

阅读此书需要有一定的 HTML、CSS 和 JavaScript 基础知识。

本书约定

1. 本书代码以灰色为背景，如下所示：

```
<html>
<head>
<!-- 在 head 标签内 引入 jQuery  -->
<script src="../scripts/jquery.js" type="text/javascript"></script>
</head>
<body>
</body>
</html>
```

2. 凡本书中有需要读者注意的知识点或其他内容时，将给出以下提示：

注意： 在本书的所有章节中，如果没有特别说明，jQuery 库都是默认导入的。

3. 本书所有例子都是基于 jQuery1.7.1 版而制作。

4. 如果没有特别说明，jQuery1.7.1 程序库都是默认导入的。

5. 如果没有特别说明，程序中的$符号都是 jQuery 的一个简写形式。

6. 如果没有特别说明，代码默认都是在 document.ready()里执行。

7. 如果获取的是 jQuery 对象，那么我们在变量前面加上$，如：

```
var $variable  =  jQuery 对象;
```

如果获取的是 DOM 对象，则这么定义：

```
var variable  =  DOM 对象;
```

本书中的例子均会以这种形式呈现，以方便读者阅读。

8. 如果没有特别说明，所有网页的头部都必须有标准的 DOCTYPE 声明。

读者反馈&示例下载

十分欢迎来自读者的宝贵的建议。这些建议可以是您感兴趣的内容，或者是没有介绍详细而又十分需要的知识。来自读者第一手的建议，是本书继续改进的最好动力。

本书中的示例代码可以在 http://cssrain.sinaapp.com 下载。

疑难解答&本书勘误

虽然我们已经尽力校核所有内容的准确性，但不可避免地还会出现一些错误，包括文字和代码错误。诚恳地希望细心的读者能向我们提交这些错误，我们将十分感谢并及时发布最新的勘误结果，这也有助于本书后续版本的改进。提交邮箱为：cssrain@gmail.com，勘误内容将在 http://cssrain.sinaapp.com 上发布。

总而言之，第 2 版新增的内容都十分精彩，对读者绝对有用。为了尽量多展示一些内容，我们省略了一些可能不太重要的代码，如果按照书籍内容写出的代码不能执行，请到我们提供的地址下载源文件。

最后，还是希望本书能给大家带来收获。

每多学一点知识，就能少写一点代码。

编　者
2012.4

目　录

第 1 章　认识 jQuery

随着 Web 2.0 的兴起，JavaScript 越来越受到重视，一系列 JavaScript 程序库也蓬勃发展起来。从早期的 Prototype、Dojo 到 2006 年的 jQuery，再到 2007 年的 Ext JS，互联网正在掀起一场 JavaScript 风暴。jQuery 以其独特优雅的姿态，始终处于这场风暴的中心，受到越来越多的人的追捧。

1.1　JavaScript 和 JavaScript 库

1.1.1　JavaScript 简介

在正式介绍 jQuery 之前，有必要先了解一下 JavaScript。

JavaScript 是 Netscape 公司开发的一种脚本语言（scripting language）。JavaScript 的出现使得网页和用户之间实现了一种实时的、动态的和交互的关系，使网页可以包含更多活跃的元素和更加精彩的内容。JavaScript 自身存在 3 个弊端，即复杂的文档对象模型（DOM）、不一致的浏览器实现和便捷的开发、调试工具的缺乏。

正当 JavaScript 从开发者的视线中渐渐隐去时，一种新型的基于 JavaScript 的 Web 技术——Ajax（Asynchronous JavaScript And XML，异步的 JavaScript 和 XML）诞生了。而使人们真正认识到 Ajax 技术的强大的导火索是 Google 公司推出的一系列新型 Web 应用，例如 Gmail、Google Suggest 和 Google Map 等。如今，浩瀚的互联网中基于 JavaScript 的应用越来越多，JavaScript 不再是一种仅仅用于制作 Web 页面的简单脚本。

1.1.2　JavaScript 库作用及对比

为了简化 JavaScript 的开发，一些 JavaScript 程序库诞生了。JavaScript 程序库封装了很多预定义的对象和实用函数，能帮助使用者轻松地建立有高难度交互的 Web 2.0 特性的富客户端页面，并且兼容各大浏览器。下面是目前几种流行的 JavaScript 程序库的介绍和对比。

Prototype（http://www.prototypejs.org/），Logo 如图 1-1 所示。

Prototype 是最早成型的 JavaScript 库之一，对 JavaScript 的内置对象（例如 String 对象、Array

对象等）做了大量的扩展。现在还有很多项目使用 Prototype。Prototype 可以看做是把很多好的、有用的 JavaScript 的方法组合在一起而形成的 JavaScript 库。使用者可以在需要的时候随时将其中的几段代码抽出来放进自己的脚本里。但是由于 Prototype 成型年代较早，从整体上对面向对象的编程思想把握得不是很到位，导致了其结构的松散。不过现在 Prototype 也在慢慢改进。

Dojo（http://dojotoolkit.org/），Logo 如图 1-2 所示。

图 1-1　Prototype 的 Logo

图 1-2　Dojo 的 Logo

Dojo 的强大之处在于 Dojo 提供了很多其他 JavaScript 库所没有提供的功能。例如离线存储的 API、生成图标的组件、基于 SVG/VML 的矢量图形库和 Comet 支持等。Dojo 是一款非常适合企业级应用的 JavaScript 库，并且得到了 IBM、SUN 和 BEA 等一些大公司的支持。但是 Dojo 的缺点也是很明显的：学习曲线陡，文档不齐全，最严重的就是 API 不稳定，每次升级都可能导致已有的程序失效。但是自从 Dojo 的 1.0.0 版出现以后，情况有所好转，Dojo 还是一个很有发展潜力的库。

YUI（http://developer.yahoo.com/yui/），Logo 如图 1-3 所示。

YUI（Yahoo！UI，The Yahoo! User Interface Library），是由 Yahoo 公司开发的一套完备的、扩展性良好的富交互网页程序工具集。YUI 封装了一系列比较丰富的功能，例如 DOM 操作和 Ajax 应用等，同时还包括了几个核心的 CSS 文件。该库本身文档极其完备，代码编写得也非常规范。

Ext JS（http://www.extjs.com/），Logo 如图 1-4 所示。

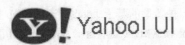

图 1-3　YUI 的 Logo

⎈ **Ext JS**

图 1-4　Ext JS 的 Logo

Ext JS 常简称为 Ext，原本是对 YUI 的一个扩展，主要用于创建前端用户界面，如今已经发展到可以利用包括 jQuery 在内的多种 JavaScript 框架作为基础库，而 Ext 作为界面的扩展库来使用。Ext 可以用来开发富有华丽外观的富客户端应用，能使 B/S 应用更加具有活力。但是由于 Ext 侧重于界面，本身比较臃肿，所以使用之前请先权衡利弊。另外，需要注意的是，Ext 并非完全免费，如果用于商业用途，需要付费获得授权许可。

MooTools（http://mootools.net/），Logo 如图 1-5 所示。

MooTools 是一套轻量、简洁、模块化和面向对象的 JavaScript 框架。MooTools 的语法几乎跟 Prototype 一样，但却提供了更为强大的功能、更好的扩展性和兼容性。其模块化思想非常优秀，核心代码大小只有 8KB。无论用到哪个模块都可即时导入，即使是完整版大小也不超过 160KB。

MooTools 完全彻底的贯彻了面向对象的编程思想，语法简洁直观，文档完善，是一个非常不错的 JavaScript 库。

jQuery（http://jquery.com），Logo 如图 1-6 所示。

图 1-5　MooTools 的 Logo　　　　　　　图 1-6　jQuery 的 Logo

本书的重点 jQuery 同样是一个轻量级的库，拥有强大的选择器、出色的 DOM 操作、可靠的事件处理、完善的兼容性和链式操作等功能。这些优点吸引了一批批的 JavaScript 开发者去学习它、研究它。

总之，每个 JavaScript 库都有各自的优点和缺点，同时也有各自的支持者和反对者，目前几个最流行的 JavaScript 库的 Google 访问量趋势图，如图 1-7 所示。很明显，自从 jQuery 诞生那天起，其关注度就一直在稳步上升，jQuery 已经逐渐从其他 JavaScript 库中脱颖而出，成为 Web 开发人员的最佳选择。

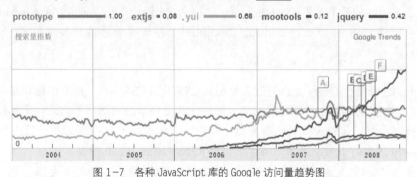

图 1-7　各种 JavaScript 库的 Google 访问量趋势图

注意：读者可以通过链接 http://www.google.com/trends 来查找更多相关搜索量指数。

1.2　加入 jQuery

1.2.1　jQuery 简介

jQuery 是继 Prototype 之后又一个优秀的 JavaScript 库，是一个由 John Resig 创建于 2006 年 1 月的开源项目。现在的 jQuery 团队主要包括核心库、UI、插件和 jQuery Mobile 等开发人员以及推广和网站设计、维护人员。

jQuery 凭借简洁的语法和跨平台的兼容性，极大地简化了 JavaScript 开发人员遍历 HTML 文档、操作 DOM、处理事件、执行动画和开发 Ajax 的操作。其独特而又优雅的代码风格改变了 JavaScript 程序员的设计思路和编写程序的方式。总之，无论是网页设计师、后台开发者、业余爱好者还是项目管理者，也无论是 JavaScript 初学者还是 JavaScript 高手，都有足够多的理由去学习 jQuery。

1.2.2 jQuery 的优势

jQuery 强调的理念是写得少，做得多（write less，do more）。jQuery 独特的选择器、链式操作、事件处理机制和封装完善的 Ajax 都是其他 JavaScript 库望尘莫及的。概括起来，jQuery 有以下优势。

（1）轻量级。jQuery 非常轻巧，采用 UglifyJS（https://github.com/mishoo/UglifyJS）压缩后，大小保持在 30KB 左右。

> 注意：为了使 jQuery 变得轻巧，jQuery 一直在寻求最好的压缩工具，所以 jQuery 的压缩工具也一直在变化，从最早采用 Dean Edwards 编写的 Packer（http://dean.edwards.name/packer/），到后来使用 Google 推出的 Closure Compiler 进行压缩，最后到目前使用 UglifyJS 进行压缩。

（2）强大的选择器。jQuery 允许开发者使用从 CSS 1 到 CSS 3 几乎所有的选择器，以及 jQuery 独创的高级而复杂的选择器。另外还可以加入插件使其支持 XPath 选择器，甚至开发者可以编写属于自己的选择器。由于 jQuery 支持选择器这一特性，因此有一定 CSS 经验的开发人员可以很容易地切入到 jQuery 的学习中来。第 2 章将详细讲解 jQuery 中强大的选择器。

（3）出色的 DOM 操作的封装。jQuery 封装了大量常用的 DOM 操作，使开发者在编写 DOM 操作相关程序的时候能够得心应手。jQuery 轻松地完成各种原本非常复杂的操作，让 JavaScript 新手也能写出出色的程序。第 3 章将重点介绍 jQuery 中的 DOM 操作。

（4）可靠的事件处理机制。jQuery 的事件处理机制吸收了 JavaScript 专家 Dean Edwards 编写的事件处理函数的精华，使得 jQuery 在处理事件绑定的时候相当可靠。在预留退路（graceful degradation）、循序渐进以及非入侵式（Unobtrusive）编程思想方面，jQuery 也做得非常不错。第 4 章将重点介绍 jQuery 中的事件处理。

（5）完善的 Ajax。jQuery 将所有的 Ajax 操作封装到一个函数$.ajax()里，使得开发者处理 Ajax 的时候能够专心处理业务逻辑而无需关心复杂的浏览器兼容性和 XMLHttpRequest 对象的创建和使用的问题。第 6 章将重点介绍 jQuery 中的 Ajax 处理。

（6）不污染顶级变量。jQuery 只建立一个名为 jQuery 的对象，其所有的函数方法都在这个对象之下。其别名$也可以随时交出控制权，绝对不会污染其他的对象。该特性使 jQuery 可以与其他 JavaScript 库共存，在项目中放心地引用而不需要考虑到后期可能的冲突。

（7）出色的浏览器兼容性。作为一个流行的 JavaScript 库，浏览器的兼容性是必须具备的条件之一。jQuery 能够在 IE 6.0+、FF 3.6+、Safari 5.0+、Opera 和 Chrome 等浏览器下正常运行。jQuery 同时修复了一些浏览器之间的差异，使开发者不必在开展项目前建立浏览器兼容库。

（8）链式操作方式。jQuery 中最有特色的莫过于它的链式操作方式——即对发生在同一个 jQuery 对象上的一组动作，可以直接连写而无需重复获取对象。这一特点使 jQuery 的代码无比优雅。在第 1.3.3 小节中，将要讨论代码风格的问题，从最开始就培养良好的编程习惯，将受益无穷。

（9）隐式迭代。当用 jQuery 找到带有 ".myClass" 类的全部元素，然后隐藏它们时，无需循环遍历每一个返回的元素。相反，jQuery 里的方法都被设计成自动操作对象集合，而不是单独的对象，这使得大量的循环结构变得不再必要，从而大幅地减少了代码量。

（10）行为层与结构层的分离。开发者可以使用 jQuery 选择器选中元素，然后直接给元素添加事件。这种将行为层与结构层完全分离的思想，可以使 jQuery 开发人员和 HTML 或其他页面开发人员各司其职，摆脱过去开发冲突或个人单干的开发模式。同时，后期维护也非常方便，不需要在 HTML 代码中寻找某些函数和重复修改 HTML 代码。

（11）丰富的插件支持。jQuery 的易扩展性，吸引了来自全球的开发者来编写 jQuery 的扩展插件。目前已经有成百上千的官方插件支持，而且还不断有新插件面世。第 7 章将介绍目前流行的几款插件并指导大家编写自己的插件。

（12）完善的文档。jQuery 的文档非常丰富，不管是英文文档，还是中文文档。我们也在长期更新着 jQuery 的中文文档。

（13）开源。jQuery 是一个开源的产品，任何人都可以自由地使用并提出改进意见。

下面就一起开始我们的 jQuery 之旅吧。

1.3　jQuery 代码的编写

1.3.1　配置 jQuery 环境

1. 获取 jQuery 最新版本

进入 jQuery 的官方网站 http://jquery.com/。图 1-8 所示的右边的 GRAB THE LATEST VERSION 区域，下载最新的 jQuery 库文件。

图 1-8　jQuery 官方网站截图

2.　jQuery 库类型说明

jQuery 库的类型分为两种，分别是生产版（最小化和压缩版）和开发版（未压缩版），它们的区别如表 1-1 所示。

表 1-1　　　　　　　　　　　　几种 jQuery 库类型对比

名　　称	大　　小	说　　明
jquery.js（开发版）	约 229 KB	完整无压缩版本，主要用于测试、学习和开发
jquery.min.js（生产版）	约 31 KB	经过工具压缩或经过服务器开启 Gzip 压缩 主要应用于产品和项目

为统一本书的讲解，建议选择下载 jQuery 最新版本。

3.　jQuery 环境配置

jQuery 不需要安装，把下载的 jquery.js 放到网站上的一个公共的位置，想要在某个页面上使用 jQuery 时，只需要在相关的 HTML 文档中引入该库文件的位置即可。

4.　在页面中引入 jQuery

本书将 jquery.js 放在目录 scripts 下，在所提供的 jQuery 例子中为了方便调试，引用时使用的是相对路径。在实际项目中，读者可以根据实际需要调整 jQuery 库的路径。

在编写的页面代码中<head>标签内引入 jQuery 库后，就可以使用 jQuery 库了，程序如下：

```
<!DOCTYPE html PUBLIC "-//W3C//DTD XHTML 1.0 Transitional//EN" "http://www.w3.org/TR/xhtml1/DTD/xhtml1-transitional.dtd">
<html>
<head>
<meta http-equiv="Content-Type" content="text/html; charset=utf-8" />
```

```
<!-- 在 head 标签内 引入 jQuery -->
<script src="../scripts/jquery.js" type="text/javascript"></script>
</head>
<body>
</body>
</html>
```

注意：在本书的所有章节中，如果没有特别说明，jQuery 库都是默认导入的。

1.3.2　编写简单的 jQuery 代码

在开始编写第 1 个 jQuery 程序之前，首先应该明确一点，在 jQuery 库中，$就是 jQuery 的一个简写形式，例如$（"#foo"）和 jQuery（"#foo"）是等价的，$.ajax 和 jQuery.ajax 是等价的。如果没有特别说明，程序中的$符号都是 jQuery 的一个简写形式。

下面开始编写第 1 个 jQuery 程序。

```
//…省略其他代码
<!-- 引入 jQuery -->
<script src="../scripts/jquery.js"type="text/javascript"> </script>
<script type="text/javascript">
    $(document).ready(function(){          //等待 Dom 元素加载完毕
        alert("Hello World!");             //弹出一个框
    });
</script>
//…省略其他代码
```

运行结果如图 1-9 所示。

图 1-9　输出 Hello World!

在上面的代码中有一个陌生的代码片段，如下：

```
$(document).ready(function(){
//…
});
```

这段代码的作用类似于传统 JavaScript 中的 window.onload 方法，不过与 window.onload 还是有些区别。表格 1-2 对它们进行了简单对比。

表 1-2　　　　　　　　　window.onload 与$(document).ready()的对比

	window.onload	$(document).ready()
执行时机	必须等待网页中所有的内容加载完毕后（包括图片）才能执行	网页中所有 DOM 结构绘制完毕后就执行，可能 DOM 元素关联的东西并没有加载完

编写个数	不能同时编写多个
	以下代码无法正确执行：
	window.onload = function(){
	alert("test1")
	} ;
	window.onload = function(){
	alert("test2")
	} ;
	结果只会输出"test2"
		能同时编写多个
		以下代码正确执行：
		$(document).ready(function(){
		　　　alert("Hello World!");
		});
		$(document).ready(function(){
		　　　alert("Hello again!");
		});
		结果两次都输出

简化写法	无	$(document).ready(function(){
		//...
		});
		可以简写成：
		$(function(){
		//...
		});

注意：关于$(document).ready()的详细说明可以参考附录 A；关于$(document).ready()和 window.onload 的详细对比，可以参考第 4 章 4.1.1 小节。

1.3.3　jQuery 代码风格

代码风格即程序开发人员所编写源代码的书写风格。良好代码风格的特点是使代码易读。如果能统一 jQuery 代码编码风格，对日后代码的维护是非常有利的。

1．链式操作风格

以一个实际项目中的代码为例，这是一个导航栏，HTML 代码如下：

```
//…省略其他代码
<div class="box">
    <ul class="menu">
        <li class="level1">
            <a href="#none">衬衫</a>
```

```
            <ul class="level2">
                <li><a href="#none">短袖衬衫</a></li>
                <li><a href="#none">长袖衬衫</a></li>
                <li><a href="#none">短袖 T 恤</a></li>
                <li><a href="#none">长袖 T 恤</a></li>
            </ul>
        </li>
        <li class="level1">
            <a href="#none">卫衣</a>
            <ul class="level2">
                <li><a href="#none">开襟卫衣</a></li>
                <li><a href="#none">套头卫衣</a></li>
                <li><a href="#none">运动卫衣</a></li>
                <li><a href="#none">童装卫衣</a></li>
            </ul>
        </li>
        <li class="level1">
            <a href="#none">裤子</a>
            <ul class="level2">
                <li><a href="#none">短裤</a></li>
                <li><a href="#none">休闲裤</a></li>
                <li><a href="#none">牛仔裤</a></li>
                <li><a href="#none">免烫卡其裤</a></li>
            </ul>
        </li>
    </ul>
</div>
//…省略其他代码
```

代码执行效果如图 1-10 所示。

项目需求是做一个导航栏，单击不同的商品名称链接，显示相应的内容，同时高亮显示当前选择的商品。

图 1-10　导航栏初始化

选择 jQuery 来实现这个导航栏效果，编写的代码片段如下：

```
$(".level1 > a").click(function(){
        $(this).addClass("current").next().show().parent().siblings().        children("a").removeClass
("current").next().hide();
        return false;
});
```

这段代码的作用是，当鼠标单击到 a 元素（它是 class 含有 level1 的子元素）的时候，给其添加一个名为 current 的 class，然后将紧邻其后面的元素显示出来，同时将它的父辈的同辈元素内部的子元素<a>都去掉一个名为 current 的 class，并且将紧邻它们后面的元素都隐藏。

单击导航栏，效果如图 1-11 和图 1-12 所示。

图 1-11　效果 1　　　　　　　　　　　　图 1-12　效果 2

这就是 jQuery 强大的链式操作，一行代码就完成了导航栏的功能。

虽然 jQuery 做到了行为和内容的分离，但 jQuery 代码本身也应该拥有良好的层次结构及规范，这样才能进一步改善代码的可读性和可维护性。因此，推荐一种带有适当的格式的代码风格。上面的代码改成如下格式：

```
$(".level1 > a").click(function(){
    $(this).addClass("current")              //给当前元素添加"current"样式
    .next().show()                           //下一个元素显示
    .parent().siblings().children("a").removeClass("current")
                                             //父元素的同辈元素的子元素<a>移除"current"样式
    .next().hide();                          //它们的下一个元素隐藏
    return false;
});
```

代码格式调整后，易读性好了很多。

也许读者看了上面的代码还是不明白其中的要领，这里总结 3 种情况。

（1）对于同一个对象不超过 3 个操作的，可以直接写成一行。代码如下：

```
$("li").show().unbind("click");
```

（2）对于同一个对象的较多操作，建议每行写一个操作。代码如下：

```
$(this).removeClass("mouseout")
    .addClass("mouseover")
    .stop()
    .fadeTo("fast",0.6)
    .fadeTo("fast",1)
    .unbind("click")
```

```
    .click(function(){
           // do something …
    });
```

（3）对于多个对象的少量操作，可以每个对象写一行，如果涉及子元素，可以考虑适当地缩进。例如上面提到的代码：

```
$(this).addClass("highlight")
       .children("li").show().end()
.siblings().removeClass("highlight")
       .children("li").hide();
```

注意： 程序块严格采用缩进风格书写，能保证代码清晰易读，风格一致。

2. 为代码添加注释

jQuery 以其强大的选择器著称，有时候很复杂的问题用一行选择器就可以轻松解决。但是使用 jQuery 进行代码编写时应该注意一个问题，就是必要的注释。请看下面的例子，代码如下：

```
$("#table>tbody>tr:has(td:has(:checkbox:enabled))").css("background","red");
```

这行代码即使是经验丰富的 jQuery 开发者也不能立刻看懂。

这行代码的作用是，在一个 id 为 table 的表格的 tbody 元素中，如果每行的一列中的 checkbox 没有被禁用，则把这一行的背景色设为红色。

jQuery 的选择器很强大，能够省去使用普通的 JavaScript 必须编写的很多行代码。但是，在编写一个优秀的选择器的时候，千万不要忘记给这一段代码加上注释，这很重要。无论是自己日后阅读还是与他人分享、合作开发，注释都能起到良好的效果。在上段代码片段中加上注释就能提高其易读性，如下所示：

```
//在一个 id 为 table 的表格的 tbody 中，如果每行的一列中的 checkbox 没有被禁用，则把这行的背景设为红色
$("#table>tbody>tr:has(td:has(:checkbox:enabled))").css("background","red");
```

通过类似有意义的注释，能够培养良好的编码习惯和风格，提高开发效率。

1.4　jQuery 对象和 DOM 对象

1.4.1　DOM 对象和 jQuery 对象简介

第一次学习 jQuery，经常分辨不清哪些是 jQuery 对象、哪些是 DOM 对象，因此需要重点了解 jQuery 对象和 DOM 对象以及它们之间的关系。

1. DOM 对象

DOM（Document Object Model，文档对象模型），每一份 DOM 都可以表示成一棵树。下面来构建一个非常基本的网页，网页代码如下：

```
//…省略其他代码
<h3>例子</h3>
<p title="选择你最喜欢的水果." >你最喜欢的水果是?</p>
<ul>
    <li>苹果</li>
    <li>橘子</li>
    <li>菠萝</li>
</ul>
//…省略其他代码
```

初始化效果图如图 1-13 所示。

可以把上面的 HTML 结构描述为一棵 DOM 树，如图 1-14 所示。

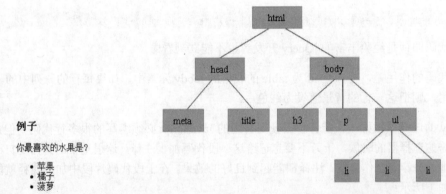

图 1-13　一个非常基本的网页　　　　　图 1-14　把网页元素表示为 DOM 树

在这棵 DOM 树中，<h3>、<p>、<ul>以及<ul>的 3 个<li>子节点都是 DOM 元素节点。可以通过 JavaScript 中的 getElementsByTagName 或者 getElementById 来获取元素节点。像这样得到的 DOM 元素就是 DOM 对象。DOM 对象可以使用 JavaScript 中的方法，示例如下：

```
var domObj    =    document.getElementById("id");   //获得 DOM 对象
var ObjHTML   =    domObj.innerHTML;                 //使用 JavaScript 中的属性——innerHTML
```

2. jQuery 对象

jQuery 对象就是通过 jQuery 包装 DOM 对象后产生的对象。

jQuery 对象是 jQuery 独有的。如果一个对象是 jQuery 对象，那么就可以使用 jQuery 里的方法。例如：

```
$("#foo").html();  //获取 id 为 foo 的元素内的 html 代码。.html()是 jQuery 里的方法
```

这段代码等同于：

```
document.getElementById("foo").innerHTML;
```

在 jQuery 对象中无法使用 DOM 对象的任何方法。例如$("#id").innerHTML 和$("#id").checked 之类的写法都是错误的，可以用$("#id").html()和$("#id").attr("checked")之类的 jQuery 方法来代替。同样，DOM 对象也不能使用 jQuery 里的方法。例如 document.get Element ById("id").html()也会报错，只能用 document.getElementById("id").innerHTML 语句。

注意： 用#id 作为选择符取得的是 jQuery 对象而并非 document.getElementById("id")所得到的 DOM 对象，两者并不等价。关于 "#" 选择符的运用，将在下一章进行讲解。从学习 jQuery 开始就应当树立正确的观念，分清 jQuery 对象和 DOM 对象之间的区别，之后学习 jQuery 就会轻松很多。

1.4.2　jQurey 对象和 DOM 对象的相互转换

在讨论 jQurey 对象和 DOM 对象的相互转换之前，先约定好定义变量的风格。如果获取的对象是 jQuery 对象，那么在变量前面加上$，例如：

```
var $variable  =  jQuery 对象;
```

如果获取的是 DOM 对象，则定义如下：

```
var variable  =  DOM 对象;
```

本书中的例子均会以这种方式呈现，以方便读者阅读。

1. jQuery 对象转成 DOM 对象

jQuery 对象不能使用 DOM 中的方法，但如果对 jQuery 对象所提供的方法不熟悉，或者 jQuery 没有封装想要的方法，不得不使用 DOM 对象的时候，有以下两种处理方法。

jQuery 提供了两种方法将一个 jQuery 对象转换成 DOM 对象，即[index]和 get（index）。

（1）jQuery 对象是一个类似数组的对象，可以通过[index]的方法得到相应的 DOM 对象。

jQuery 代码如下：

```
var  $cr  =  $("#cr");                  //jQuery 对象
var  cr  =  $cr[0];                     //DOM 对象
```

```
alert( cr.checked )                              //检测这个 checkbox 是否被选中了
```

（2）另一种方法是 jQuery 本身提供的，通过 get(index)方法得到相应的 DOM 对象。

jQuery 代码如下：

```
var $cr   =   $("#cr");                          //jQuery 对象
var cr    =   $cr.get(0);                        //DOM 对象
alert(cr.checked)                                //检测这个 checkbox 是否被选中了
```

2. DOM 对象转成 jQuery 对象

对于一个 DOM 对象，只需要用$()把 DOM 对象包装起来，就可以获得一个 jQuery 对象了。方式为$（DOM 对象）。

jQuery 代码如下：

```
var cr   =   document.getElementById("cr");      //DOM 对象
var $cr  =   $(cr);                              //jQuery 对象
```

转换后，可以任意使用 jQuery 中的方法。

通过以上方法，可以任意地相互转换 jQuery 对象和 DOM 对象。

最后再次强调，DOM 对象才能使用 DOM 中的方法，jQuery 对象不可以使用 DOM 中的方法，但 jQuery 对象提供了一套更加完善的工具用于操作 DOM，关于 jQuery 的 DOM 操作将在第 3 章进行详细讲解。

注意：平时用到的 jQuery 对象都是通过$()函数制造出来的，$()函数就是一个 jQuery 对象的制造工厂。

1.4.3　实例研究

下面举个简单的例子，来加深对 jQuery 对象和 DOM 对象的理解。

有些论坛在用户注册的时候，必须先要同意论坛的规章制度，才可以进行下一步操作。如图 1-15 是某个论坛的注册页面，用户必须选中页面下方的"同意并接受注册协议"复选框，否则不能提交。

编写一段简单的代码来实现这个功能。新建一个空白的页面，然后添加以下 HTML 代码：

```
<input type="checkbox" id="cr"/><label for="cr">我已经阅读了上面制度.</label>
```

HTML 代码初始效果如图 1-16 所示。

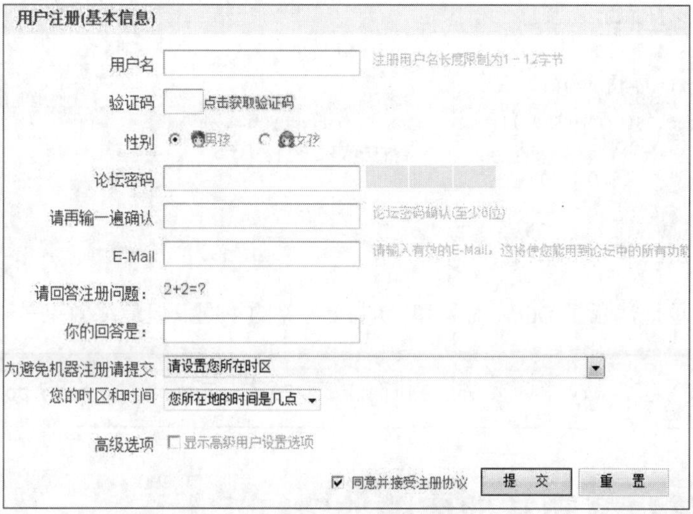

图 1-15　某论坛注册的截图

然后编写 JavaScript 部分。前面讲过，没有特殊声明，jQuery 库是默认导入的。

通过$("#cr")获取到复选框元素，然后通过判断复选框是否被选中，来
执行下一步操作。

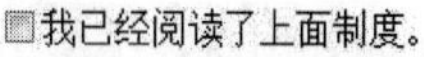

☐我已经阅读了上面制度。

图 1-16　初始效果

首先，用 DOM 方式来判断复选框是否被选中，代码如下：

```
$(document).ready(function(){               //等待 dom 元素加载完毕
    var $cr = $("#cr");                     //jQuery 对象
    var cr = $cr[0];                        //DOM 对象，或者$cr.get(0)
    $cr.click(function(){
        if(cr.checked){                     //DOM 方式判断
            alert("感谢你的支持!你可以继续操作!");
        }
    })
})
```

实现上述代码后，选中"我已经阅读了上面制度"复选框，如图 1-17 所示。

图 1-17　选中选项后的效果图

换一种方式，使用 jQuery 中的方法来判断选项是否被选中，代码如下：

```
$(document).ready(function(){                    //等待 dom 元素加载完毕
    var $cr = $("#cr");                          //jQuery 对象
    $cr.click(function(){
        if($cr.is(":checked")){                  //jQuery 方式判断
            alert("感谢你的支持!你可以继续操作! ");
        }
    })
})
```

上面的例子简单地演示了 DOM 对象和 jQuery 对象的不同，但最终效果是一样的。

注意：is(":checked")是 jQuery 中的方法，判断 jQuery 对象是否被选中，返回 boolean 值。

1.5 解决 jQuery 和其他库的冲突

在 jQuery 库中，几乎所有的插件都被限制在它的命名空间里。通常，全局对象都被很好地存储在 jQuery 命名空间里，因此当把 jQuery 和其他 JavaScript 库（例如 Prototype、MooTools 或 YUI）一起使用时，不会引起冲突。

注意：默认情况下，jQuery 用$作为自身的快捷方式。

1. jQuery 库在其他库之后导入

在其他库和 jQuery 库都被加载完毕后，可以在任何时候调用 jQuery.noConflict()函数来将变量$的控制权移交给其他 JavaScript 库。示例如下：

```
//…省略其他代码
<p id="pp">Test-prototype(将被隐藏)</p>
<p >Test-jQuery(将被绑定单击事件)</p>
<!-- 引入 prototype -->
<script src="lib/prototype.js" type="text/javascript"></script>
<!-- 引入 jQuery -->
<script src="../../scripts/jquery.js" type="text/javascript"></script>
<script language="javascript">
    jQuery.noConflict();//将变量$的控制权移交给 prototype.js
    jQuery(function(){//使用 jQuery
      jQuery("p").click(function(){
          alert( jQuery(this).text() );
      })
    })
    $("pp").style.display = 'none'; //使用 prototype.js 隐藏元素
```

```
</script>
</body>
//…省略其他代码
```

然后，就可以在程序里将 jQuery ()函数作为 jQuery 对象的制造工厂。

此外，还有另一种选择。如果想确保 jQuery 不会与其他库冲突，但又想自定义一个快捷方式，可以进行如下操作：

```
//…省略其他代码
var $j = jQuery.noConflict();          //自定义一个快捷方式
$j(function(){                          //使用 jQuery，利用自定义快捷方式——$j
    $j("p").click(function(){
        alert( $j(this).text() );
    })
})
$("pp").style.display = 'none';        //使用 prototype.js 隐藏元素
//…省略其他代码
```

可以自定义备用名称，例如 jq、$J、awesomequery 等。

如果不想给 jQuery 自定义这些备用名称，还想使用$而不管其他库的$()方法，同时又不想与其他库相冲突，那么可以使用以下两种解决方法。

其一：

```
//…省略其他代码
jQuery.noConflict();                   //将变量$的控制权让渡给 prototype.js
jQuery(function($){                     //使用 jQuery 设定页面加载时执行的函数
    $("p").click(function(){           //在函数内部继续使用$()方法
        alert($(this).text() );
    })
})
$("pp").style.display = 'none':        //使用 prototype
//…省略其他代码
```

其二：

```
//…省略其他代码
jQuery.noConflict();                   //将变量$的控制权让渡给 prototype.js
(function($){                           //定义匿名函数并设置形参为$
    $(function(){                       //匿名函数内部的$均为 jQuery
        $("p").click(function(){       //继续使用 $()方法
            alert($(this).text() );
        });
    });
```

```
})(jQuery);                          //执行匿名函数且传递实参 jQuery
$("pp").style.display = 'none';      //使用 prototype
//…省略其他代码
```

这应该是最理想的方式，因为可以通过改变最少的代码来实现全面的兼容性。

2. jQuery 库在其他库之前导入

如果 jQuery 库在其他库之前就导入了，那么可以直接使用"jQuery"来做一些 jQuery 的工作。同时，可以使用$()方法作为其他库的快捷方式。这里无需调用 jQuery.noConflict()函数。示例如下：

```
//…省略其他代码
<p id="pp">Test-prototype(将被隐藏)</p>
<p >Test-jQuery(将被绑定单击事件)</p>
<!--先导入 jQuery -->
<script src="../../scripts/jquery.js" type="text/javascript"></script>
 <!--后导入其他库 -->
<script src="lib/prototype.js" type="text/javascript"></script>
<script language="javascript">
    jQuery(function(){  //直接使用 jQuery，无需调用"jQuery.noConflict()"函数
        jQuery("p").click(function(){
            alert( jQuery(this).text() );
        })
    })
    $("pp").style.display = 'none': //使用 prototype
</script>
//…省略其他代码
```

有了这些方法来解决冲突，就可以在项目中放心地引用 jQuery 了。

1.6 jQuery 开发工具和插件

1. Dreamweaver

Dreamweaver 是建立 Web 站点和应用程序的专业工具。Dreamweaver 将可视布局工具、应用程序开发功能和代码编辑支持组合在一起，使得各个层次的开发人员和设计人员都能够快速创建基于标准的网站和应用程序。从对基于 CSS 的设计的领先支持到手工编码功能，Dreamweaver 提供了专业人员在一个集成、高效的开发环境中所需的工具。

目前新版的 Adobe Dreamweaver CS 5.5 已经加入了 jQuery 语法自动提示功能。如果你还在使用老的版本，又想有 jQuery 语法提示功能的话，可以下载一个插件。在 http://code.google.com/p/jquery-api-zh-cn/downloads/list 网址中下载一个名为 jQuery_api_for_dw4.rar 或 jQuery_api_for_dw3.rar 的插件。

在 Dreamweaver 中依次选择"命令"→"扩展管理"→"安装扩展"→"jQuery_api_for_dw4.mxp"命令后，就会自动安装插件了。

如果效果如图 1-18 所示，即表明安装成功。

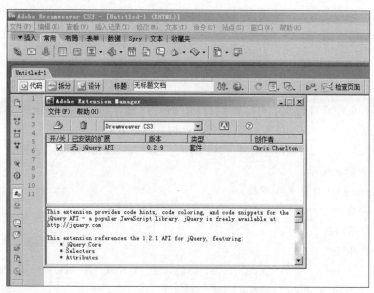

图 1-18　安装 Dreamweaver 插件

扩展成功后，重新启动 Dreamweaver，新建空白页面，引入 jQuery，然后编写 jQuery 代码，会发现已经具有自动提示功能了，如图 1-19 所示。

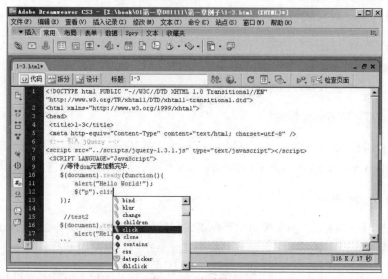

图 1-19　自动提示

注意：（1）如果用户的 Dreamweaver 没有扩展管理功能，可以去 http://www.adobe.com/cn/exchange/ 下载相应软件即可。

（2）建议读者安装最新版本的 Dreamweaver。

2. Aptana

Aptana 是一个功能非常强大、开源和专注于 JavaScript 的 Ajax 开发 IDE。

Aptana 的特性如下。

- 提供 JavaScript、JavaScript 函数、HTML 和 CSS 语言的 Code Assist 功能。
- 显示 JavaScript、HTML 和 CSS 的代码结构。
- 支持 JavaScript、HTML 和 CSS 代码提示，包括 JavaScript 自定义函数。
- 代码语法错误提示。
- 支持 Aptana UI 自定义和扩展。
- 支持跨平台。
- 支持 FTP/SFTP。
- 调试 JavaScript。
- 支持流行 Ajax 框架的 Code Assist 功能，包括 AFLAX、Dojo、jQuery、MochiKit、Prototype、Rico、script.aculo.us、Yahoo UI 和 Ext。
- 通过插件扩展后则可以作为 Adobe AIR iPhone 和 Nakia 等的开发工具。
- 提供了 Eclipse 插件。

当然 Aptana 功能强大也是有代价的，它占用电脑内存比较多。可以在 http://www.aptana. com/ 网址下载相应的软件进行安装。

要使 Aptana 支持 jQuery 自动提示代码功能，非常简单，只要下载一个 jquery.ruble 文件即可。可以去 https://github.com/aptana/javascript-jquery.ruble 下载，这个文件是 ".sdocml" 后缀，并将之放到你的项目下（当然，jQuery 文件是必须引入的）。插件效果如图 1-20 所示。

3. jQueryWTP 和 Spket 插件

jQueryWTP 和 Spket 这两款插件都可以使 Eclipse 支持 jQuery 自动提示代码功能，可以分别在 http://www.langtags.com/jquerywtp/和 http://spket.com/网址中下载相应的插件。截图如图 1-21 所示。

4. Visual Studio 2008

Visual Studio 是 Microsoft 公司推出的程序集成开发环境，最近一次升级（Visual Studio 2008）之后便可以使用 jQuery 智能提示了。首先需要下载一个补丁，地址如下：

http://code.msdn.microsoft.com/KB958502/Release/ProjectReleases.aspx?ReleaseId=1736。

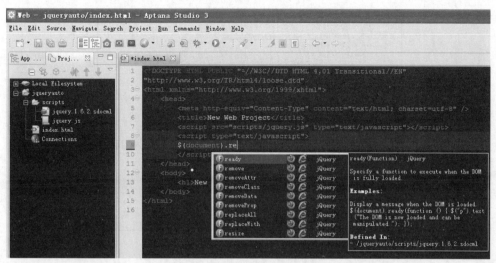

图 1-20　Aptana 自动提示截图

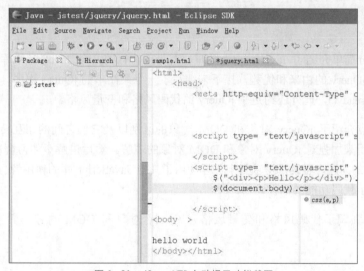

图 1-21　jQueryWTP 自动提示功能截图

补丁安装好后，下载 jquery.vsdoc.js（http://docs.jquery.com/Downloading_jQuery）文件，把它与 jquery.js 文件放在同一个文件夹下。最后在页面中用<script>标签引入 jQuery 脚本库，Visual Studio 2008 会自动识别并找到 jquery.vsdoc.js 文件。这样就实现了代码智能提示功能。如图 1-22 所示。

5.　其他工具

由于 jQuery 本身就是 JavaScript，因此也可以使用任意通用文本编辑器进行开发，例如 EditPlus、EmEditor 和 VIM 等等。

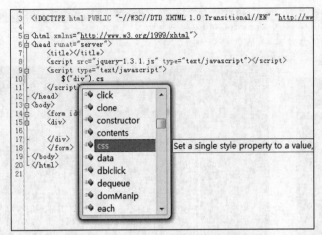

图 1-22　Visual Studio 2008 智能提示截图

合理地利用这些工具，能节约大量的脚本开发时间。

1.7　小结

本章前半部分简单介绍了 JavaScript，同时也对目前流行的几个 JavaScript 库进行了介绍和对比。然后介绍了 jQuery 的由来和优势，接下来编写了一个最简单的 jQuery 程序。在程序中，接触到了 $(document).ready()，此外还约定了 jQuery 的代码风格和变量风格。

后半部分重点介绍了 jQuery 对象和 DOM 对象的区别以及它们之间的相互转换，中间插入了一个简单的实例用来加强对 jQuery 对象和 DOM 对象的理解。然后讲解了如何解决 jQuery 和其他 JavaScript 库冲突的问题，帮助那些项目上已经使用了其他 JavaScript 库的使用者。最后介绍了几个 jQuery 的自动提示代码功能的插件。

第 1 章特意强调了代码风格和变量风格，jQuery 对象和 DOM 对象，希望能引起初学者的注意。

第 2 章　jQuery 选择器

选择器是 jQuery 的根基，在 jQuery 中，对事件处理、遍历 DOM 和 Ajax 操作都依赖于选择器。如果能熟练地使用选择器，不仅能简化代码，而且可以达到事半功倍的效果。

2.1 jQuery 选择器是什么

1. CSS 选择器

在开始学习 jQuery 选择器之前，有必要简单了解前几年流行起来的 CSS（Cascading Style Sheets，层叠样式表）技术。CSS 是一项出色的技术，它使得网页的结构和表现样式完全分离。利用 CSS 选择器能轻松地对某个元素添加样式而不改动 HTML 结构，只需通过添加不同的 CSS 规则，就可以得到各种不同样式的网页。

要使某个样式应用于特定的 HTML 元素，首先需要找到该元素。在 CSS 中，执行这一任务的表现规则称为 CSS 选择器。学会使用 CSS 选择器是学习 CSS 的基础，它为在获取目标元素之后施加样式提供了极大的灵活性。常用的 CSS 选择器分类如表 2-1 所示。

表 2-1　　　　　　　　　　　常用的 CSS 选择器

选　择　器	语　法	描　述	示　例

标签选择器	E {
	　CSS 规则
	}
		以文档元素作为选择符	td {
			font-size:14px;
			width:120px;
			}
			a{
			text-decoration:none;
			}

ID 选择器	#ID {
	　CSS 规则
	}
		以文档元素的惟一标识符 ID 作为选择符	#note{
			font-size:14px;
			width:120px;
			}

类选择器	E.className{
	　CSS 规则
	}
		以文档元素的 class 作为选择符	div.note{
			　font-size:14px;
			}
			.dream{
			font-size:14px;
			}

续表

选 择 器	语 法	描 述	示 例

群组选择器	E1,E2,E3 {
	　　CSS 规则
	}
		多个选择符应用同样的样式规则	td,p,div.a{
			font-size:14px;
			}

后代选择器	E　F{
	　　CSS 规则
	}
		元素 E 的任意后代元素 F	#links　a {
			color:red;
			}

通配选择符	* {
	　　CSS 规则
	}
		以文档的所有元素作为选择符	*{
			font-size:14px;
			}

几乎所有主流浏览器都支持上面这些常用的选择器。此外 CSS 中还有伪类选择器（E:Pseudo-Elements{ CssRules }）、子选择器（E > F{ CssRules }）、临近选择器（E + F { CssRules }）和属性选择器（E [attr] { CssRules }）等。但遗憾的是，主流浏览器并非完全支持所有的 CSS 选择器。

更加详细的介绍可以参考 http://www.w3.org/TR/CSS2/selector.html 网址。

了解这些相关知识后，来看一个有关 CSS 类选择器的简单例子，代码如下：

```
<p style="color:red;font-size:30px;">CSS Demo</p>
```

上面代码的意思是将<p>元素里的文本颜色设置为红色，字体大小设置为 30px。

像上面这样把 CSS 代码和 HTML 代码混杂在一起的做法是非常不妥的，它并不符合表现和内容相分离的设计原则，因此建议使用下面的方法，代码如下：

```
<style>
.demo{                    //给 class 为 demo 的元素添加样式
  color:red;
  font-size:30px;
}
</style>
<p class="demo">CSS Demo.</p>
```

先把样式写在<style>标签里，然后用 class 属性将元素和样式联系起来，class 作为连接样式和网页结构的纽带。这样的写法不仅容易理解和阅读，而且当需要改变一些样式的时候，只要在<style>标签里改变相关的样式即可。

例如要使所有 class 为 demo 的<p>元素里的字体加粗，可以直接在<style>里编写，而不需要去网页里寻找所有 class 为 demo 的<p>元素再逐个添加样式，代码如下：

```
<style>
.demo{                    //给 class 为 demo 的元素添加样式
```

```
    color:red;
    font-size:30px;
    font-weight:bold;          //字体加粗
}
</style>
<p class="demo">CSS Demo.</p>
```

注：把 CSS 应用到网页中有 3 种方式，即行间样式表、内部样式表和外部样式表。上例中使用的是内部样式表，内部样式表的缺点是不能被多个页面重复使用。

2. jQuery 选择器

jQuery 中的选择器完全继承了 CSS 的风格。利用 jQuery 选择器，可以非常便捷和快速地找出特定的 DOM 元素，然后为它们添加相应的行为，而无需担心浏览器是否支持这一选择器。学会使用选择器是学习 jQuery 的基础，jQuery 的行为规则都必须在获取到元素后才能生效。

下面来看一个简单的例子，代码如下：

```
<script type="text/javascript">
  function demo(){
    alert('JavaScript demo.');
  }
</script>
<p onclick="demo();">点击我.</p>
```

本段代码的作用是为<p>元素设置一个 onclick 事件，当单击此元素时，会弹出一个对话框，显示效果如图 2-1 所示。

像上面这样把 JavaScript 代码和 HTML 代码混杂在一起的做法同样也非常不妥，因为它并没有将网页内容和行为分离，所以建议使用下面的方法，代码如下：

图 2-1　弹出警告框

```
<p class="demo">jQuery Demo</p>
<script type="text/javascript">
    $(".demo").click(function(){          //给 class 为 demo 的元素添加行为
        alert("jQuery demo!");
    })
</script>
```

此时，可以对 CSS 的写法和 jQuery 的写法进行比较。

CSS 获取到元素的代码如下：

```
.demo{                                    //给 class 为 demo 的元素添加样式
...
}
```

jQuery 获取到元素的代码如下：

```
$(".demo").click(function(){              //给 class 为 demo 的元素添加行为
...
```

jQuery 选择器的写法与 CSS 选择器的写法十分相似，只不过两者的作用效果不同，CSS 选择器找到元素后是添加样式，而 jQuery 选择器找到元素后是添加行为。需要特别说明的是，jQuery 中涉及操作 CSS 样式的部分比单纯的 CSS 功能更为强大，并且拥有跨浏览器的兼容性。

2.2 jQuery 选择器的优势

1. 简洁的写法

$()函数在很多 JavaScript 类库中都被作为一个选择器函数来使用，在 jQuery 中也不例外。其中，$("#ID")用来代替 document.getElementById()函数，即通过 ID 获取元素；$("tagName")用来代替 document.getElementsByTagName()函数，即通过标签名获取 HTML 元素；其他选择器的写法可以参见第 2.3 节。

2. 支持 CSS 1 到 CSS 3 选择器

jQuery 选择器支持 CSS 1、CSS 2 的全部和 CSS 3 的部分选择器，同时它也有少量独有的选择器，因此对拥有一定 CSS 基础的开发人员来说，学习 jQuery 选择器是件非常容易的事，而对于没有接触过 CSS 技术的开发人员来说，在学习 jQuery 选择器的同时也可以掌握 CSS 选择器的基本规则。

使用 CSS 选择器时，开发人员需要考虑主流浏览器是否支持某些选择器。而在 jQuery 中，开发人员则可以放心地使用 jQuery 选择器而无需考虑浏览器是否支持这些选择器。

注意：为了能有更快的选择器解析速度，从 1.1.3.1 版以后，jQuery 废弃了不常使用的 XPath 选择器，但在引用相关插件后，依然可以支持 XPath 选择器（详见第 2.7.1 小节）。

3. 完善的处理机制

使用 jQuery 选择器不仅比使用传统的 getElementById()和 getElementsByTagName()函数简洁得多，而且还能避免某些错误。看下面这个例子，代码如下：

```
<div>test</div>
<script type="text/javascript">
    document.getElementById("tt").style.color="red";
</script>
```

运行上面的代码，浏览器就会报错，原因是网页中没有 id 为 "tt" 的元素。

改进后的代码如下：

```
<div>test</div>
<script type="text/javascript">
    if(document.getElementById("tt")){
        document.getElementById("tt").style.color="red";
    }
</script>
```

这样就可以避免浏览器报错，但如果要操作的元素很多，可能对每个元素都要进行一次判断，大量重复的工作会使开发人员感到厌倦，而 jQuery 在这方面问题上的处理是非常不错的，即使用 jQuery 获取网页中不存在的元素也不会报错，看下面的例子，代码如下：

```
<div>test</div>
<script type="text/javascript">
    $('#tt').css("color","red");        //这里无需判断$('#tt')是否存在
</script>
```

有了这个预防措施，即使以后因为某种原因删除网页上某个以前使用过的元素，也不用担心这个网页的 JavaScript 代码会报错。

需要注意的是，$('#tt')获取的永远是对象，即使网页上没有此元素。因此当要用 jQuery 检查某个元素在网页上是否存在时，不能使用以下代码：

```
if ( $("#tt") ) {
    //do something
}
```

而应该根据获取到元素的长度来判断，代码如下：

```
if ( $("#tt").length > 0 ) {
    //do something
}
```

或者转化成 DOM 对象来判断，代码如下：

```
if ( $("#tt")[0] ) {
    //do something
}
```

2.3　jQuery 选择器

在正式学习 jQuery 选择器之前，先看几组用传统的 JavaScript 方法获取页面中的元素，然后给

元素添加行为事件的例子。

例子 1：给网页中的所有<p>元素添加 onclick 事件。

HTML 代码如下：

```
<p>测试 1</p>
<p>测试 2</p>
```

要做的工作有以下几项。

（1）获取所有的<p>元素。

（2）对<p>元素进行循环（因为获取的是数组对象）。

（3）给每个<p>元素添加行为事件。

JavaScript 代码如下：

```
var items = document.getElementsByTagName("p");//获取网页中所有的 p 元素
for(var i=0;i < items.length;i++){            //由于获取的是数组对象，因此需要把它循环出来
        items[i].onclick = function(){        //给每个对象添加 onclick 事件
                //doing something
        }
}
```

例子 2：使一个特定的表格隔行变色。

HTML 代码如下：

```
<table id="tb">
    <tbody>
        <tr><td>第一行</td><td>第一行</td></tr>
        <tr><td>第二行</td><td>第二行</td></tr>
        <tr><td>第三行</td><td>第三行</td></tr>
        <tr><td>第四行</td><td>第四行</td></tr>
        <tr><td>第五行</td><td>第五行</td></tr>
        <tr><td>第六行</td><td>第六行</td></tr>
    </tbody>
</table>
```

要做的工作有以下几项。

（1）根据表格 id 获取表格。

（2）在表格内获取<tbody>元素。

（3）在<tbody>元素下获取<tr>元素。

（4）循环输出获取的<tr>元素。

（5）对<tr>元素的索引值除以 2 并取模，然后根据奇偶设置不同的背景色。

JavaScript 代码如下：

```
var item = document.getElementById("tb");          //获取 id 为 tb 的元素（table）
var tbody = item.getElementsByTagName("tbody")[0];  //获取表格的第 1 个 tbody 元素
var trs = tbody.getElementsByTagName("tr");         //获取 tbody 元素下的所有 tr 元素
for(var i=0;i < trs.length;i++){                    //循环 tr 元素
    if(i%2==0){                                     //取模（取余数。例如 0%2==0,1%2==1,2%2==0,3%2==1）
        trs[i].style.backgroundColor = "#888";      //改变符合条件的 tr 元素的背景色
    }
}
```

例子 3：对多选框进行操作，输出选中的多选框的个数。

HTML 代码如下：

```
<input type="checkbox" value="1" name="check" checked="checked"/>
<input type="checkbox" value="2" name="check" />
<input type="checkbox" value="3" name="check" checked="checked"/>
<input type="button" value="你选中的个数" id="btn"/>
```

要做的工作有以下几项。

（1）新建一个空数组。

（2）获取所有 name 为"check"的多选框。

（3）循环判断多选框是否被选中，如果被选中则添加到数组里。

（4）获取输出按钮，然后为按钮添加 onclick 事件，输出数组的长度即可。

JavaScript 代码如下：

```
var btn = document.getElementById("btn");       //获取 id 为 btn 的元素（button）
btn.onclick = function(){                        //给元素添加 onclick 事件
    var arrays = new Array();                    //创建一个数组对象
    var items = document.getElementsByName("check");
                                                 //获取 name 为 check 的一组元素（checkbox）
    for(i=0; i<items.length; i++){               //循环这组数据
        if(items[i].checked){                    //判断是否选中
            arrays.push(items[i].value);         //把符合条件的数据添加到数组中
                                                 //push()是 JavaScript 数组中的方法
        }
```

```
    }
        alert( "选中的个数为："+arrays.length  )
}
```

上面的几个例子都是用传统的 JavaScript 方法进行操作，中间使用了 getElement ById()、getElementsByTagName()和 getElementsByName()等方法，然后动态地给元素添加行为或者样式。这些虽然都是 JavaScript 中最简单的操作，但不断重复使用 getElementById()和 getElementsByTagName()等冗长而难记的名称，使越来越多的开发人员开始厌倦这种枯燥的写法，并且有时候为了获取网页中的某个元素，需要编写很多的 getElementById()和 getElementsByTagName()方法。然而在 jQuery 中，类似的这些操作则非常简洁。

下面学习如何使用 jQuery 获取这些元素。

jQuery 选择器分为基本选择器、层次选择器、过滤选择器和表单选择器。在下面的章节中将分别用不同的选择器来查找 HTML 代码中的元素并对其进行简单的操作。为了能更清晰、直观地讲解选择器，首先需要设计一个简单的页面，里面包含各种<div>元素和<span>元素，然后使用 jQuery 选择器来匹配元素并调整它们的样式。

新建一个空白页面，输入以下 HTML 代码：

```
<div class="one" id="one" >
    id 为 one,class 为 one 的 div
    <div class="mini">class 为 mini</div>
</div>
<div class="one"  id="two" title="test" >
    id 为 two,class 为 one,title 为 test 的 div.
    <div class="mini"  title="other">class 为 mini,title 为 other</div>
    <div class="mini"  title="test">class 为 mini,title 为 test</div>
</div>
<div class="one">
    <div class="mini">class 为 mini</div>
    <div class="mini">class 为 mini</div>
    <div class="mini">class 为 mini</div>
    <div class="mini"></div>
</div>
<div class="one">
    <div class="mini">class 为 mini</div>
    <div class="mini">class 为 mini</div>
    <div class="mini">class 为 mini</div>
    <div class="mini"  title="tesst">class 为 mini,title 为 tesst</div>
</div>
<div style="display:none;"  class="none">
    style 的 display 为"none"的 div
```

```
</div>
<div class="hide">class 为"hide"的 div</div>
<div>
    包含 input 的 type 为"hidden"的 div<input type="hidden" size="8"/>
</div>
<span id="mover">正在执行动画的 span 元素.</span>
```

然后用 CSS 对这些元素进行初始化大小和背景颜色的设置，CSS 代码如下：

```
div,span,p {
  .width:140px;
    height:140px;
    margin:5px;
    background:#aaa;
    border:#000 1px solid;
    float:left;
    font-size:17px;
    font-family:Verdana;
}
div.mini {
    width:55px;
    height:55px;
    background-color: #aaa;
    font-size:12px;
}
div.hide {
    display:none;
}
```

根据以上 HTML+CSS 代码，可以生成图 2-2 所示的页面效果。

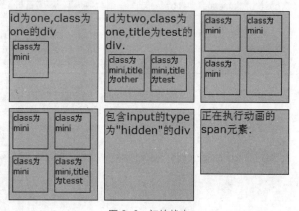

图 2-2　初始状态

2.3.1　基本选择器

基本选择器是 jQuery 中最常用的选择器，也是最简单的选择器，它通过元素 id、class 和标签名等来查找 DOM 元素。在网页中，每个 id 名称只能使用一次，class 允许重复使用。基本选择器的介绍说明如表 2-2 所示。

表 2-2　　　　　　　　　　　　　　　　基本选择器

选 择 器	描 述	返 回	示 例
#id	根据给定的 id 匹配一个元素	单个元素	$("#test")选取 id 为 test 的元素
.class	根据给定的类名匹配元素	集合元素	$(".test")选取所有 class 为 test 的元素
element	根据给定的元素名匹配元素	集合元素	$("p")选取所有的\<p>元素
*	匹配所有元素	集合元素	$("*")选取所有的元素
selector1，selector2，……，selectorN	将每一个选择器匹配到的元素合并后一起返回	集合元素	$("div,span,p.myClass")选取所有\<div>，\<span>和拥有 class 为 myClass 的\<p>标签的一组元素

可以使用这些基本选择器来完成绝大多数的工作。下面用它们来匹配刚才 HTML 代码中的\<div>，\<span>等元素并进行操作（改变背景色），示例如表 2-3 所示。

表 2-3　　　　　　　　　　　　　　　　基本选择器示例

功　　能	代　　码	执　行　后
改变 id 为 one 的元素的背景色	$("#one") 　.css("background","#bbffaa");	
改变 class 为 mini 的所有元素的背景色	$(".mini") 　.css("background","#bbffaa");	

续表

功　能	代　码	执 行 后
改变元素名是<div>的所有元素的背景色	`$("div")` `.css("background","#bbffaa");`	id为one,class为one的div（class为mini）／id为two,class为one,title为test的div.（class为mini,title为other、class为mini,title为test）／class为mini、class为mini／class为mini／class为mini、class为mini／class为mini、class为mini,title为tesst／包含input的type为"hidden"的div／正在执行动画的span元素.
改变所有元素的背景色	`$("*")` `.css("background","#bbffaa");`	id为one,class为one的div（class为mini）／id为two,class为one,title为test的div.（class为mini,title为other、class为mini,title为test）／class为mini、class为mini／class为mini／class为mini、class为mini／class为mini、class为mini,title为tesst／包含input的type为"hidden"的div／正在执行动画的span元素.
改变所有的<span>元素和id为two的元素的背景色	`$("span, #two")` `.css("background","#bbffaa");`	id为one,class为one的div（class为mini）／id为two,class为one,title为test的div.（class为mini,title为other、class为mini,title为test）／class为mini、class为mini／class为mini／class为mini、class为mini／class为mini、class为mini,title为tesst／包含input的type为"hidden"的div／正在执行动画的span元素.

2.3.2　层次选择器

如果想通过 DOM 元素之间的层次关系来获取特定元素，例如后代元素、子元素、相邻元素和同辈元素等，那么层次选择器是一个非常好的选择。层次选择器的介绍说明如表 2-4 所示。

表 2-4　　　　　　　　　　　　　　层次选择器

选　择　器	描　　述	返　回	示　　例
`$("ancestor descendant")`	选取 ancestor 元素里的所有 descendant（后代）元素	集合元素	`$("div span")`选取<div>里的所有的<span>元素
`$("parent > child")`	选取 parent 元素下的 child（子）元素，与$("ancestor descendant")有区别，$("ancestor descendant")选择的是后代元素	集合元素	`$("div > span")`选取<div>元素下元素名是<span>的子元素

续表

选 择 器	描 述	返 回	示 例
$("prev + next")	选取紧接在 prev 元素后的 next 元素	集合元素	$(".one + div")选取 class 为 one 的下一个\<div\>同辈元素
$("prev～siblings")	选取 prev 元素之后的所有 siblings 元素	集合元素	$("#two～div")选取 id 为 two 的元素后面的所有\<div\>同辈元素

继续沿用刚才例子中的 HTML 和 CSS 代码，然后用层次选择器来对网页中的\<div\>，\<span\>等元素进行操作，示例如表 2-5 所示。

表 2-5   层次选择器示例

功 能	代 码	执 行 后
改变\<body\>内所有\<div\>的背景色	`$("body div")` `    .css("background","#bbffaa");`	
改变\<body\>内子\<div\>元素的背景色	`$("body > div")` `    .css("background","#bbffaa");`	
改变 class 为 one 的下一个\<div\>同辈元素背景色	`$(".one + div")` `    .css("background","#bbffaa");`	
改变 id 为 two 的元素后面的所有\<div\>同辈元素的背景色	`$("#two ~ div")` `    .css("background","#bbffaa");`	

在层次选择器中，第 1 个和第 2 个选择器比较常用，而后面两个因为在 jQuery 里可以用更加简单的方法代替，所以使用的几率相对少些。

可以使用 next()方法来代替$('prev + next'）选择器，如表 2-6 所示。

表 2-6　　　　　　　　　　　　$('prev + next')选择器与 next()方法的等价关系

	选　择　器	方　　法
等价关系	$(".one + div");	$(".one").next("div");

可以使用 nextAll()方法来代替$('prev～siblings')选择器，如表 2-7 所示。

表 2-7　　　　　　　　　　$('prev～siblings')选择器与 nextAll()方法的等价关系

	选　择　器	方　　法
等价关系	$("#prev～div");	$("#prev").nextAll("div");

在此我将后面要讲解的 siblings()方法拿出来与$('prev～siblings')选择器进行比较。$("#prev～div")选择器只能选择 "prev" 元素后面的同辈<div>元素。而 siblings()方法与前后位置无关，只要是同辈节点就都能匹配。

```
//选取#prev 之后的所有同辈 div 元素
$("#prev ~ div").css("background","#bbffaa");
//同上
$("#prev").nextAll("div").css("background","#bbffaa");
//选取#prev 所有的同辈 div 元素，无论前后位置
$("#prev").siblings("div").css("background","#bbffaa");
```

2.3.3　过滤选择器

过滤选择器主要是通过特定的过滤规则来筛选出所需的 DOM 元素，过滤规则与 CSS 中的伪类选择器语法相同，即选择器都以一个冒号(:)开头。按照不同的过滤规则，过滤选择器可以分为基本过滤、内容过滤、可见性过滤、属性过滤、子元素过滤和表单对象属性过滤选择器。

1．基本过滤选择器

表 2-8　　　　　　　　　　　　　　　基本过滤选择器

选　择　器	描　　述	返　　回	示　　例
:first	选取第 1 个元素	单个元素	$("div:first")选取所有<div>元素中第 1 个<div>元素
:last	选取最后一个元素	单个元素	$("div:last")选取所有<div>元素中最后一个<div>元素

续表

选 择 器	描 述	返 回	示 例
:not(selector)	去除所有与给定选择器匹配的元素	集合元素	$("input:not(.myClass)")选取 class 不是 myClass 的\<input\>元素
:even	选取索引是偶数的所有元素，索引从 0 开始	集合元素	$("input:even")选取索引是偶数的\<input\>元素
:odd	选取索引是奇数的所有元素，索引从 0 开始	集合元素	$("input:odd")选取索引是奇数的\<input\>元素
:eq(index)	选取索引等于 index 的元素（index 从 0 开始）	单个元素	$("input:eq(1)")选取索引等于 1 的\<input\>元素
:gt(index)	选取索引大于 index 的元素（index 从 0 开始）	集合元素	$("input:gt(1)")选取索引大于 1 的\<input\>元素（注：大于 1，而不包括 1）
:lt(index)	选取索引小于 index 的元素（index 从 0 开始）	集合元素	$("input:lt(1)")选取索引小于 1 的\<input\>元素（注：小于 1，而不包括 1）
:header	选取所有的标题元素，例如 h1，h2，h3 等等	集合元素	$(":header")选取网页中所有的\<h1\>，\<h2\>，\<h3\>……
:animated	选取当前正在执行动画的所有元素	集合元素	$("div:animated")选取正在执行动画的\<div\>元素
:focus	选取当前获取焦点的元素	集合元素	$(':focus') 选取当前获取焦点的元素

接下来，使用这些基本过滤选择器来对网页中的\<div\>，\<span\>等元素进行操作，示例如表 2-9 所示。

表 2-9　　　　　　　　　　　　　　基本过滤选择器示例

功 能	代 码	执 行 后
改变第 1 个\<div\>元素的背景色	$("div:first") 　　.css("background","#bbffaa");	
改变最后一个\<div\>元素的背景色	$("div:last") 　　.css("background","#bbffaa");	

续表

功　能	代　码	执 行 后
改变 class 不为 one 的 `<div>` 元素的背景色	`$("div:not(.one)")` `　.css("background","#bbffaa");`	
改变索引值为偶数的 `<div>` 元素的背景色	`$("div:even")` `　.css("background","#bbffaa");`	
改变索引值为奇数的 `<div>` 元素的背景色	`$("div:odd")` `　.css("background","#bbffaa");`	
改变索引值等于 3 的 `<div>` 元素的背景色	`$("div:eq(3)")` `　.css("background","#bbffaa");`	
改变索引值大于 3 的 `<div>` 元素的背景色	`$("div:gt(3)")` `　.css("background","#bbffaa");`	

续表

功　　能	代　　码	执　行　后
改变索引值小于 3 的 `<div>`元素的背景色	`$("div:lt(3)")` `.css("background","#bbffaa");`	
改变所有的标题元素，例如`<h1>`，`<h2>`，`<h3>`……这些元素的背景色	`$(":header")` `.css("background","#bbffaa");`	**基本过滤选择器.**
改变当前正在执行动画的元素的背景色	`$(":animated")` `.css("background","#bbffaa");`	
改变当前获取焦点的元素的背景色	`$(":focus")` `.css("background","#bbffaa");`	选择当前正在执行动画的所有元素. 选择当前获取焦点的所有元素.

2. 内容过滤选择器

内容过滤选择器的过滤规则主要体现在它所包含的子元素或文本内容上。内容过滤选择器的介绍说明如表 2-10 所示。

表 2-10　　　　　　　　　　　　内容过滤选择器

选　择　器	描　　述	返　　回	示　　例
:contains(text)	选取含有文本内容为 "text" 的元素	集合元素	`$("div:contains('我')")`选取含有文本"我"的`<div>`元素
:empty	选取不包含子元素或者文本的空元素	集合元素	`$("div:empty")`选取不包含子元素（包括文本元素）的`<div>`空元素
:has(selector)	选取含有选择器所匹配的元素的元素	集合元素	`$("div:has(p)")`选取含有`<p>`元素的`<div>`元素
:parent	选取含有子元素或者文本的元素	集合元素	`$("div:parent")`选取拥有子元素（包括文本元素）的`<div>`元素

接下来使用内容过滤选择器来操作页面中的元素，示例如表 2-11 所示。

表 2-11   内容过滤选择器示例

功　　能	代　　码	执　行　后
改变含有文本 "di" 的 \<div\>元素的背景色	`$("div:contains(di)")` `.css("background","#bbffaa");`	id为one,class为one的div / class为mini / id为two,class为one,title为test的div. / class为mini,title为other / class为mini,title为test / class为mini / class为mini / class为mini / class为mini / class为mini / class为mini,title为testt / 包含input的type为"hidden"的div / 正在执行动画的
改变不包含子元素(包括文本元素)的\<div\>空元素的背景色	`$("div:empty")` `.css("background","#bbffaa");`	id为one,class为one的div / class为mini / id为two,class为one,title为test的div. / class为mini,title为other / class为mini,title为test / class为mini / class为mini / class为mini / class为mini / class为mini / class为mini,title为testt / 包含input的type为"hidden"的div / 正在执行动画的
改变含有 class 为 mini 元素的\<div\>元素的背景色	`$("div:has('.mini')")` `.css("background","#bbffaa");`	id为one,class为one的div / class为mini / id为two,class为one,title为test的div. / class为mini,title为other / class为mini,title为test / class为mini / class为mini / class为mini / class为mini / class为mini / class为mini,title为testt / 包含input的type为"hidden"的div / 正在执行动画的span元素.
改变含有子元素(包括文本元素)的\<div\>元素的背景色	`$ ("div:parent")` `.css("background","#bbffaa");`	id为one,class为one的div / class为mini / id为two,class为one,title为test的div. / class为mini,title为other / class为mini,title为test / class为mini / class为mini / class为mini / class为mini / class为mini / class为mini,title为testt / 包含input的type为"hidden"的div / 正在执行动画的span元素.

3. 可见性过滤选择器

可见性过滤选择器是根据元素的可见和不可见状态来选择相应的元素。可见性过滤选择器的介绍说明如表 2-12 所示。

表 2-12   可见性过滤选择器

选 择 器	描 述	返 回	示 例
:hidden	选取所有不可见的元素	集合元素	$(":hidden")选取所有不可见的元素。包括<input type="hidden"/>，<div style="display:none;">和<div style="visibility:hidden;">等元素。如果只想选取<input>元素，可以使用$("input:hidden")
:visible	选取所有可见的元素	集合元素	$("div:visible")选取所有可见的<div>元素

在例子中使用这些选择器来操作 DOM 元素，示例如表 2-13 所示。

表 2-13   可见性过滤选择器示例

功 能	代 码	执 行 后
改变所有可见的<div>元素的背景色	$("div:visible") .css("background","#FF6500");	
显示隐藏的<div>元素	$("div:hidden").show(3000);	

在可见性选择器中，需要注意选择器:hidden，它不仅包括样式属性 display 为"none"的元素，也包括文本隐藏域（<input type="hidden" />）和 visibility:hidden 之类的元素。

> **注意**：show()是 jQuery 的方法，它的功能是显示元素，3000 是时间，单位是毫秒。

4. 属性过滤选择器

属性过滤选择器的过滤规则是通过元素的属性来获取相应的元素。属性过滤选择器的介绍说明如表 2-14 所示。

表 2-14　　　　　　　　　　　　　　　　属性过滤选择器

选 择 器	描　述	返　回	示　例
[attribute]	选取拥有此属性的元素	集合元素	$("div[id]")选取拥有属性 id 的元素
[attribute=value]	选取属性的值为 value 的元素	集合元素	$("div[title=test]")选取属性 title 为 "test" 的<div>元素
[attribute!=value]	选取属性的值不等于 value 的元素	集合元素	$("div[title!=test]")选取属性 title 不等于 "test" 的<div>元素（注意：没有属性 title 的<div>元素也会被选取）
[attribute^=value]	选取属性的值以 value 开始的元素	集合元素	$("div[title^=test]")选取属性 title 以 "test" 开始的<div>元素
[attribute$=value]	选取属性的值以 value 结束的元素	集合元素	$("div[title$=test]")选取属性 title 以 "test" 结束的<div>元素
[attribute*=value]	选取属性的值含有 value 的元素	集合元素	$("div[title*=test]")选取属性 title 含有 "test" 的< div>元素
[attribute|=value]	选取属性等于给定字符串或以该字符串为前缀（该字符串后跟一个连字符 "-"）的元素	集合元素	$('div[title|="en"]') 选取属性 title 等于 en 或以 en 为前缀（该字符串后跟一个连字符'-'）的元素
[attribute~=value]	选取属性用空格分隔的值中包含一个给定值的元素	集合元素	$('div[title~="uk"]')选取属性 title 用空格分隔的值中包含字符 uk 的元素
[attribute1][attribute2] [attributeN]	用属性选择器合并成一个复合属性选择器，满足多个条件。每选择一次，缩小一次范围	集合元素	$("div[id][title$='test']")选取拥有属性 id ，并且属性 title 以 "test" 结束的<div>元素

接下来使用属性过滤选择器来对<div>和<span>等元素进行操作，示例如表 2-15 所示。

表 2-15　　　　　　　　　　　　　　　　属性过滤选择器示例

功　能	代　码	执 行 后
改变含有属性 title 的 <div>元素的背景色	$("div[title]") .css("background","#bbffaa");	
改变属性 title 值等于 "test" 的<div>元素的背景色	$("div[title=test]") .css("background","#bbffaa");	

续表

功　　能	代　　码	执　行　后
改变属性 title 值不等于"test"的<div>元素的背景色	`$("div[title!=test]")` `    .css("background","#bbffaa");`	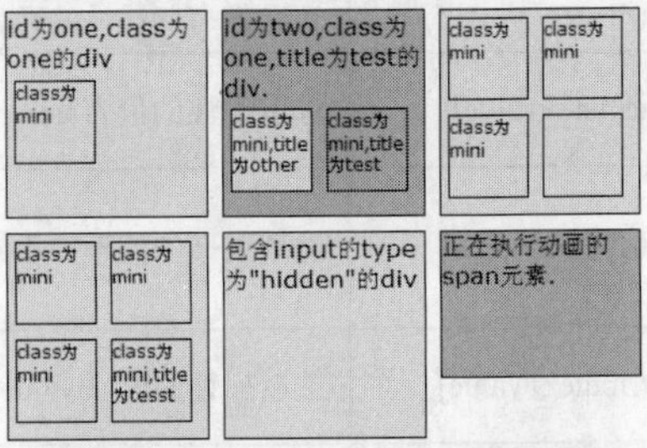 （图示：id为one,class为one的div，class为mini；id为two,class为one,title为test的div，class为mini,title为other、class为mini,title为test；class为mini、class为mini；class为mini、class为mini；class为mini、class为mini,title为tesst；包含input的type为"hidden"的div；class为mini、class为mini；正在执行动画的span元素。）
改变属性 title 值以"te"开始的<div>元素的背景色	`$("div[title^=te]")` `    .css("background","#bbffaa");`	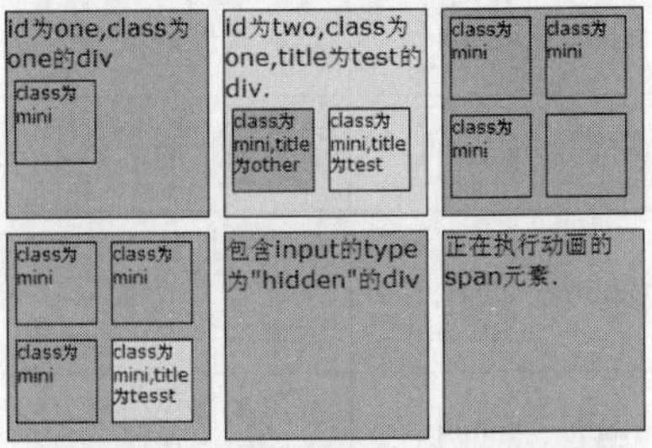 （图示：id为one,class为one的div，class为mini；id为two,class为one,title为test的div，class为mini,title为other、class为mini,title为test；class为mini、class为mini；class为mini、class为mini；class为mini、class为mini,title为tesst；包含input的type为"hidden"的div；class为mini、class为mini；正在执行动画的span元素。）
改变属性 title 值以"est"结束的<div>元素的背景色	`$("div[title$=est]")` `    .css("background","#bbffaa");`	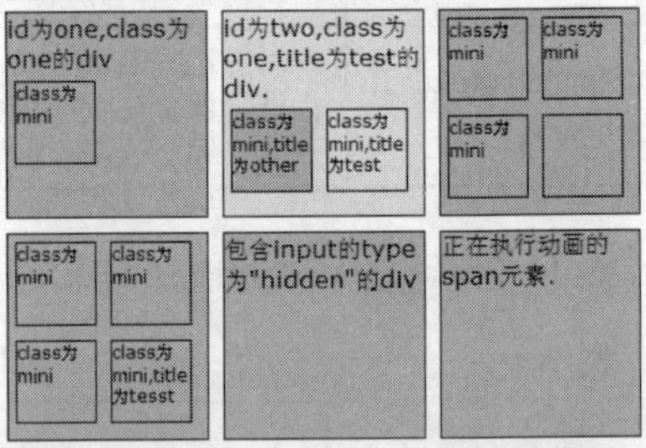 （图示：id为one,class为one的div，class为mini；id为two,class为one,title为test的div，class为mini,title为other、class为mini,title为test；class为mini、class为mini；class为mini、class为mini；class为mini、class为mini,title为tesst；包含input的type为"hidden"的div；class为mini、class为mini；正在执行动画的span元素。）
改变属性 title 值含有"es"的<div>元素的背景色	`$("div[title*=es]")` `    .css("background","#bbffaa");`	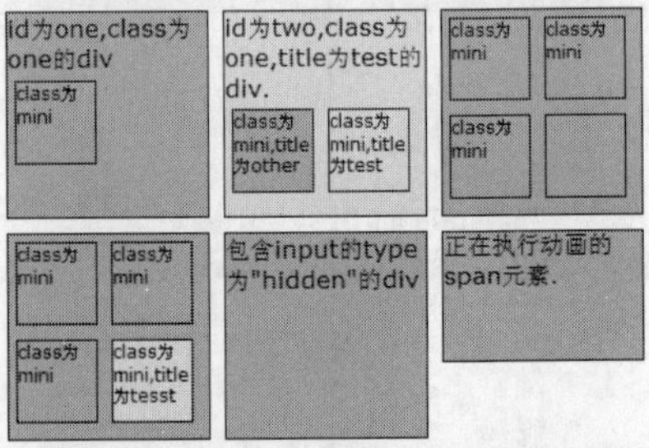 （图示：id为one,class为one的div，class为mini；id为two,class为one,title为test的div，class为mini,title为other、class为mini,title为test；class为mini、class为mini；class为mini、class为mini；class为mini、class为mini,title为tesst；包含input的type为"hidden"的div；class为mini、class为mini；正在执行动画的span元素。）
改变含有属性 id，并且属性 title 值含有"es"的<div>元素的背景色	`$("div[id][title*=es]")` `    .css("background","#bbffaa");`	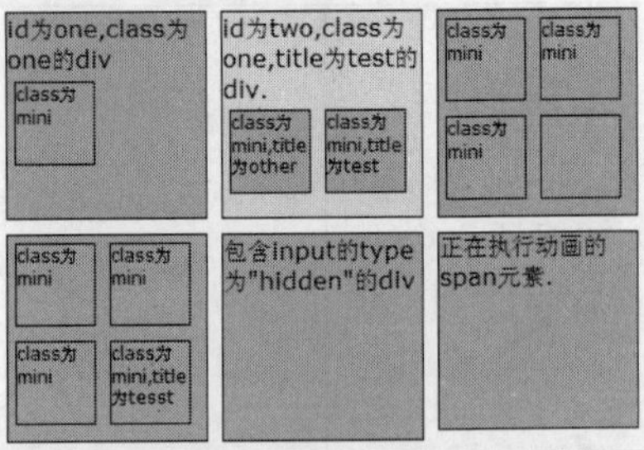 （图示：id为one,class为one的div，class为mini；id为two,class为one,title为test的div，class为mini,title为other、class为mini,title为test；class为mini、class为mini；class为mini、class为mini；class为mini、class为mini,title为tesst；包含input的type为"hidden"的div；class为mini、class为mini；正在执行动画的span元素。）

jQuery 属性选择器的过滤规则比较多，特别容易混淆。为此，我把几个容易混淆的单独做了一个例子，以加强印象。HTML 代码如下：

```
<div title="en">title 为 en 的 div 元素</div>
<div title="en-UK">title 为 en-UK 的 div 元素</div>
<div title="english">title 为 english 的 div 元素</div>
<div title="en uk">title 为 en uk 的 div 元素</div>
<div title="uken">title 为 uken 的 div 元素</div>
```

生成的效果图如图 2-3 所示。

图 2-3 初始状态

现在用 jQuery 的表单过滤选择器来操作它们，示例如表 2-16 所示。

表 2-16　　　　　　　　　　　　　属性过滤选择器示例

功　　能	代　　码	执　行　后
改变属性 title 值以 "en" 开始的\<div\> 元素的背景色	$('div[title^="en"]') .css("background","#bbffaa")	title为en的div元素　title为en-UK的div元素　title为english的div元素 title为en uk的div元素　title为uken的div元素
改变属性 title 值含有 "en" 的\<div\>元素的背景色	$('div[title*="en"]') .css("background","#bbffaa")	title为en的div元素　title为en-UK的div元素　title为english的div元素 title为en uk的div元素　title为uken的div元素

续表

功　　能	代　　码	执　行　后
改变属性 title 等于 en 或以 en 为前缀（该字符串后跟一个连字符'-'）的元素的背景色	$('div[title|="en"]') 　　.css("background","#bbffaa")	title为en的div元素　title为en-UK的div元素　title为english的div元素 title为en uk的div元素　title为uken的div元素
改变属性 title 用空格分隔的值中包含字符 uk 的元素的背景色	$('div[title~="uk"]') 　　.css("background","#bbffaa")	title为en的div元素　title为en-UK的div元素　title为english的div元素 title为en uk的div元素　title为uken的div元素

5. 子元素过滤选择器

子元素过滤选择器的过滤规则相对于其它的选择器稍微有些复杂，不过没关系，只要将元素的父元素和子元素区分清楚，那么使用起来也非常简单。另外还要注意它与普通的过滤选择器的区别。

子元素过滤选择器的介绍说明如表 2-17 所示。

表 2-17　　　　　　　　　　　子元素过滤选择器

选　择　器	描　　述	返　回	示　　例
:nth-child (index/even/ odd/equation)	选取每个父元素下的第 index 个子元素或者奇偶元素.（index 从 1 算起）	集合元素	:eq(index)只匹配一个元素，而:nth-child 将为每一个父元素匹配子元素，并且:nth-child(index)的 index 是从 1 开始的，而:eq(index)是从 0 算起的
:first-child	选取每个父元素的第 1 个子元素	集合元素	:first 只返回单个元素，而:first-child 选择符将为每个父元素匹配第 1 个子元素。 例如$("ul li:first-child"); 选取每个<ul>中第 1 个<li>元素
:last-child	选取每个父元素的最后一个子元素	集合元素	同样，:last 只返回单个元素，而:last-child 选择符将为每个父元素匹配最后一个子元素。 例如$("ul li:last-child); 选择每个<ul>中最后一个<li>元素
:only-child	如果某个元素是它父元素中惟一的子元素，那么将会被匹配。如果父元素中含有其他元素，则不会被匹配	集合元素	$("ul li:only-child") 在<ul>中选取是惟一子元素的<li>元素

:nth-child()选择器是很常用的子元素过滤选择器，详细功能如下。

（1）:nth-child(even)能选取每个父元素下的索引值是偶数的元素。

（2）:nth-child(odd)能选取每个父元素下的索引值是奇数的元素。

（3）:nth-child(2)能选取每个父元素下的索引值等于 2 的元素。

（4）:nth-child(3n)能选取每个父元素下的索引值是 3 的倍数的元素，（n 从 1 开始）。

（5）:nth-child(3n+1)能选取每个父元素下的索引值是（3n+1）的元素。（n 从 1 开始）

接下来利用刚才所讲的选择器来改变<div>元素的背景色，示例如表 2-18 所示。

表 2-18   子元素过滤选择器示例

功　　能	代　　码	执　行　后
改变每个 class 为 one 的<div>父元素下的第 2 个子元素的背景色	`$("div.one :nth-child(2)")` `    .css("background","#bbffaa");`	
改变每个 class 为 one 的<div>父元素下的第 1 个子元素的背景色	`$("div.one :first-child")` `    .css("background","#bbffaa");`	
改变每个 class 为 one 的<div>父元素下的最后一个子元素的背景色	`$("div.one :last-child")` `    .css("background","#bbffaa");`	
如果 class 为 one 的<div>父元素下只有一个子元素，那么则改变这个子元素的背景色	`$("div.one :only-child")` `    .css("background","#bbffaa");`	

注意：eq(index)只匹配一个元素，而:nth-child 将为每一个符合条件的父元素匹配子元素。同时应该
注意到 nth-child(index) 的 index 是从 1 开始的，而:eq(index)是从 0 开始的。同理:first
和:first-child，:last 和:last-child 也类似。

6. 表单对象属性过滤选择器

此选择器主要是对所选择的表单元素进行过滤，例如选择被选中的下拉框，多选框等元素。表
单对象属性过滤选择器的介绍说明如表 2-19 所示。

表 2-19　　　　　　　　　　　　　　　　表单对象属性过滤选择器

选 择 器	描 述	返 回	示 例
:enabled	选取所有可用元素	集合元素	$("#form1 :enabled");选取 id 为"form1"的表单内的所有可用元素
:disabled	选取所有不可用元素	集合元素	$("#form2 :disabled")选取 id 为"form2"的表单内的所有不可用元素
:checked	选取所有被选中的元素（单选框，复选框）	集合元素	$("input:checked");选取所有被选中的\<input>元素
:selected	选取所有被选中的选项元素（下拉列表）	集合元素	$("select option:selected");选取所有被选中的选项元素

为了演示这些选择器，需要制作一个包含表单的网页，里面要包含文本框、多选框和下拉列
表，HTML 代码如下：

```
<form id="form1" action="#">
    可用元素: <input name="add" value="可用文本框"/>  <br/>
    不可用元素: <input name="email" disabled="disabled" value="不可用文本框"/><br/>
    可用元素:  <input name="che" value="可用文本框" /><br/>
    不可用元素: <input name="name" disabled="disabled"  value="不可用文本框"/><br/>
    <br/>
    多选框: <br/>
    <input type="checkbox" name="newsletter" checked="checked" value="test1" />test1
    <input type="checkbox" name="newsletter" value="test2" />test2
    <input type="checkbox" name="newsletter" value="test3" />test3
    <input type="checkbox" name="newsletter" checked="checked" value="test4" />test4
    <input type="checkbox" name="newsletter" value="test5" />test5
    <div></div>
    <br/><br/>
    下拉列表 1: <br/>
    <select name="test" multiple="multiple" style="height:100px">
        <option>浙江</option>
        <option selected="selected">湖南</option>
```

```
        <option>北京</option>
        <option selected="selected">天津</option>
        <option>广州</option>
        <option>湖北</option>
    </select>
    <br/><br/>
    下拉列表 2：<br/>
    <select name="test2" >
        <option>浙江</option>
        <option>湖南</option>
        <option selected="selected">北京</option>
        <option>天津</option>
        <option>广州</option>
        <option>湖北</option>
    </select>
    <div></div>
</form>
```

生成的效果图如图 2-4 所示。

图 2-4　初始状态

现在用 jQuery 的表单过滤选择器来操作它们，示例如表 2-20 所示。

表 2-20　　　　　　　　　　　表单对象属性过滤示例

作　用	代　码	执 行 后
改变表单内可用\<input\>元素的值	$("#form1 input:enabled") 　　　.val("这里变化了！");	可用元素：这里变化了！ 不可用元素：不可用文本框 可用元素：这里变化了！ 不可用元素：不可用文本框
改变表单内不可用\<input\>元素的值	$("#form1 input:disabled") 　　　.val("这里变化了！");	可用元素：可用文本框 不可用元素：这里变化了！ 可用元素：可用文本框 不可用元素：这里变化了！

续表

作　　用	代　　码	执 行 后
获取多选框选中的个数	`$("input:checked").length;`	多选框： ☑test1 ☑test2 ☑test3 □test4 ☑test5 **有 4 个被选中!**
获取下拉框选中的内容	`$("select :selected").text();`	下拉列表1: 湖南／北京／天津／广州／湖北 下拉列表2: 浙江 **你选中的是：北京,广州,湖北,浙江.**

2.3.4　表单选择器

为了使用户能够更加灵活地操作表单，jQuery 中专门加入了表单选择器。利用这个选择器，能极其方便地获取到表单的某个或某类型的元素。

表单选择器的介绍说明如表 2-21 所示。

表 2-21　　　　　　　　　　表单对象属性过滤示例

选 择 器	描　　述	返　　回	示　　例
:input	选取所有的<input>、<textarea>、<select> 和<button>元素	集合元素	`$(":input")`选取所有<input>、<textarea>、<select>和<button>元素
:text	选取所有的单行文本框	集合元素	`$(":text")`选取所有的单行文本框
:password	选取所有的密码框	集合元素	`$(":password")`选取所有的密码框
:radio	选取所有的单选框	集合元素	`$(":radio")`选取所有的单选框
:checkbox	选取所有的多选框	集合元素	`$(":checkbox")`选取所有的复选框
:submit	选取所有的提交按钮	集合元素	`$(":submit")`选取所有的提交按钮
:image	选取所有的图像按钮	集合元素	`$(":image")`选取所有的图像按钮
:reset	选取所有的重置按钮	集合元素	`$(":reset")`选取所有的重置按钮
:button	选取所有的按钮	集合元素	`$(":button")`选取所有的按钮
:file	选取所有的上传域	集合元素	`$(":file")`选取所有的上传域
:hidden	选取所有不可见元素	集合元素	`$(":hidden")`选取所有不可见元素（已经在不可见性过滤选择器中讲解过）

下面把这些表单选择器运用到下面的表单中，对表单进行操作。

表单 HTML 代码如下：

```
<form id="form1" action="#">
    <input type="button" value="Button"/><br/>
```

```
        <input type="checkbox" name="c"/>1
        <input type="checkbox" name="c"/>2
        <input type="checkbox" name="c"/>3<br/>
        <input type="file" /><br/>
        <input type="hidden" /><div style="display:none">test</div><br/>
        <input type="image" /><br/>
        <input type="password" /><br/>
        <input type="radio" name="a"/>1<input type="radio" name="a"/>2<br/>
        <input type="reset" /><br/>
        <input type="submit" value="提交"/><br/>
        <input type="text" /><br/>
        <select><option>Option</option></select><br/>
        <textarea></textarea><br/>
        <button>Button</button><br/>
</form>
```

根据以上 HTML 代码，可以生成图 2-5 所示的页面效果。

图 2-5　初始状态

如果想得到表单内表单元素的个数，代码如下：

```
$("#form1 :input").length;        //注意与$("#form1 input")的区别
```

如果想得到表单内单行文本框的个数，代码如下：

```
$("#form1 :text").length;
```

如果想得到表单内密码框的个数，代码如下：

```
$("#form1 :password").length;
```

同理，其他表单选择器的操作与此类似。

2.4 应用 jQuery 改写示例

在本章开头部分，使用传统的 JavaScript 方法编写了 3 个简单的例子。

例子 1：给网页中所有的<p>元素添加 onclick 事件。

例子 2：使一个特定的表格隔行变色。

例子 3：对多选框进行操作，输出选中的多选框的个数。

下面利用刚学会的 jQuery 选择器以及隐式迭代的特性来重写这 3 个例子。

使用 jQuery 选择器重写例子 1，代码如下。

```
$("p").click(function(){ //获取页面中的所有 p 元素，给每一个 p 元素添加单击事件
    //doing something
})
```

使用 jQuery 选择器重写例子 2，代码如下：

```
$("#tb tbody tr:even").css("backgroundColor","#888");
/*
获取 id 为 tb 的元素，然后寻找它下面的 tbody 标签，再寻找 tbody 下索引值是偶数的 tr 元素，改变它的背景色。
css("property","value")：用来设置 jQuery 对象的样式
*/
```

使用 jQuery 选择器重写例子 3，代码如下：

```
$("#btn").click(function(){
    //先使用属性选择器，然后用表单对象属性过滤，最后获取 jQuery 对象的长度
    var items = $("input[name='check']:checked");
    alert( "选中的个数为: "+ items.length );
});
```

很快就改完了，仅仅使用了几个简单的 jQuery 选择器，而且它们的运行效果与改写前是完全相同的。

2.5 选择器中的一些注意事项

2.5.1 选择器中含有特殊符号的注意事项

1. 选择器中含有"·"、"#"、"（"或"]"等特殊字符

根据 W3C 的规定，属性值中是不能含有这些特殊字符的，但在实际项目中偶尔会遇到表达式

中含有 "#" 和 "." 等特殊字符，如果按照普通的方式去处理出来的话就会出错。解决此类错误的方法是使用转义符转义。

　　HTML 代码如下：

```
<div id="id#b">bb</div>
<div id="id[1]">cc</div>
```

如果按照普通的方式来获取，例如：

```
$("#id#b");
$("#id[1]");
```

以上代码不能正确获取到元素，正确的写法如下：

```
$("#id\\#b");               //转义特殊字符 "#"
$("#id\\[1\\]");            //转义特殊字符 "[ ]"
```

2.　属性选择器的@符号问题

　　在 jQuery 升级版本过程中，jQuery 在 1.3.1 版本中彻底放弃了 1.1.0 版本遗留下的@符号，假如你使用 1.3.1 以上的版本，那么你不需要在属性前添加@符号，比如：

```
$(" div[@title='test'] ");
```

正确的写法是去掉@符号，比如：

```
$(" div[title='test'] ");
```

注意：如果你的项目中已使用较早的 jQuery 代码和插件，若把 jQuery 升级到最新后，出现代码报错或不能运行，那么很有可能是因为代码中使用了属性选择器的@符号而引起的。

2.5.2　选择器中含有空格的注意事项

　　选择器中的空格也是不容忽视的，多一个空格或少一个空格也许会得到截然不同的结果。

　　看下面这个例子，它的 HTML 代码如下：

```
<div class="test">
    <div style="display:none;">aa</div>
    <div style="display:none;">bb</div>
    <div style="display:none;">cc</div>
    <div class="test" style="display:none;">dd</div>
</div>
```

```
<div class="test" style="display:none;">ee</div>
<div class="test" style="display:none;">ff</div>
```

使用如下的 jQuery 选择器分别获取它们。

```
var $t_a = $('.test :hidden');          //带空格的 JQuery 选择器
var $t_b = $('.test:hidden');           //不带空格的 JQuery 选择器
var len_a = $t_a.length;
var len_b = $t_b.length;
alert("$('.test :hidden') = "+len_a);    //输出 4
alert("$('.test:hidden') = "+len_b);     /输出  3
```

之所以会出现不同的结果，是因为后代选择器与过滤选择器的不同。

```
var $t_a = $('.test :hidden');          //带空格的
```

以上代码是选取 class 为 "test" 的元素里面的隐藏元素。

而代码：

```
var $t_b = $('.test:hidden');           //不带空格的
```

则是选取隐藏的 class 为 "test" 的元素。

2.6 案例研究——某网站品牌列表的效果

以下是某网站上的一个品牌列表的展示效果，用户进入该页面时，品牌列表默认是精简显示的（即不完整的品牌列表），如图 2-6 所示。

用户可以单击商品列表下方的 "显示全部品牌" 按钮来显示全部的品牌。

单击 "显示全部品牌" 按钮的同时，列表会将推荐的品牌的名字高亮显示，按钮里的文字也换成了 "精简显示品牌"，如图 2-7 所示。

图 2-6 品牌展示列表（精简）

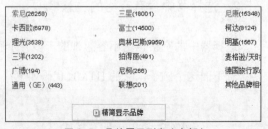

图 2-7 品牌展示列表（全部）

再次单击 "精简显示品牌" 按钮，即又回到图 2-6 所示的页面。

为了实现这个例子，首先需要设计它的 HTML 结构。HTML 代码如下：

```
<div class="SubCategoryBox">
    <ul>
        <li><a href="#">佳能</a><i>(30440) </i></li>
        <li><a href="#">索尼</a><i>(27220) </i></li>
        <li><a href="#">三星</a><i>(20808) </i></li>
        <li><a href="#">尼康</a><i>(17821) </i></li>
        <li><a href="#">松下</a><i>(12289) </i></li>
        <li><a href="#">卡西欧</a><i>(8242) </i></li>
        <li><a href="#">富士</a><i>(14894) </i></li>
        <li><a href="#">柯达</a><i>(9520) </i></li>
        <li><a href="#">宾得</a><i>(2195) </i></li>
        <li><a href="#">理光</a><i>(4114) </i></li>
        <li><a href="#">奥林巴斯</a><i>(12205) </i></li>
        <li><a href="#">明基</a><i>(1466) </i></li>
        <li><a href="#">爱国者</a><i>(3091) </i></li>
        <li><a href="#">其他品牌相机</a><i>(7275) </i></li>
    </ul>
    <div class="showmore">
        <a href="more.html"><span>显示全部品牌</span></a>
    </div>
</div>
```

然后为上面的 HTML 代码添加 CSS 样式。

页面初始化的效果如图 2-8 所示。

接下来为这个页面添加一些交互效果，要做
的工作有以下几项。

图 2-8　品牌展示列表（精简）

（1）从第 7 条开始隐藏后面的品牌（最后一条"其它品牌相机"除外）。

（2）当用户单击"显示全部品牌"按钮时，将执行以下操作。

① 显示隐藏的品牌。

② "显示全部品牌"按钮文本切换成"精简显示品牌"。

③ 高亮推荐品牌。

（3）当用户单击"精简显示品牌"按钮时，将执行以下操作。

① 从第 7 条开始隐藏后面的品牌（最后一条"其它品牌相机"除外）。

② "精简显示品牌"按钮文本切换成"显示全部品牌"。

③ 去掉高亮显示的推荐品牌。

（4）循环进行第（2）步和第（3）步。

下面逐步来完成以上的效果。

（1）从第 7 条开始隐藏后面的品牌（最后一条"其它品牌相机"除外）。

```
var $category = $("ul li:gt(5):not(:last)");
$category.hide();                          // 隐藏上面获取到的 jQuery 对象
```

$('ul li:gt(5):not(:last)')的意思是先获取<ul>元素下索引值大于 5 的<li>元素的集合元素，然后去掉集合元素中的最后一个元素。这样，即可将从第 7 条开始至倒数第 2 条的所有品牌都获取到。最后通过 hide()方法隐藏这些元素。

（2）当用户单击"显示全部品牌"按钮时，执行以下操作。

首先获取到按钮，代码如下：

```
var $toggleBtn = $('div.showmore > a');
//功能：获取"显示全部品牌"按钮
//意思：class 为 showmore 的 div 的所有子元素 a
```

然后给按钮添加事件，使用 show()方法把隐藏的品牌列表显示出来，代码如下：

```
$toggleBtn.click(function(){
    $category.show();                      //显示全部品牌
    return false;                          //超链接不跳转
});
```

由于给超链接添加 onclick 事件，因此需要使用"return false"语句让浏览器认为用户没有单击该超链接，从而阻止该超链接跳转。

之后，需要将"显示全部品牌"按钮文本切换成"精简显示品牌"，代码如下：

```
$(this).find("span")
       .css("background","url(img/up.gif) no-repeat 0 0")
       .text("精简显示品牌");              //这里使用了链式操作
```

这里完成了两步操作，即把按钮的背景图片换成向上的图片，同时也改变了按钮文本内容，将其替换成"精简显示品牌"。

接下来需要高亮推荐品牌，代码如下：

```
$("ul li")
    .filter(":contains('佳能'),:contains('尼康'),:contains('奥林巴斯')")
    .addClass("promoted");;                //添加高亮样式
```

使用 filter()方法筛选出符合要求的品牌，然后为它们添加 promoted 样式。在这里推荐了 3 个品牌，即佳能、尼康和奥林巴斯。

此时，完成的 jQuery 代码如下：

```
$(function(){                                    //等待 DOM 加载完毕
    var $category = $('ul li:gt(5):not(:last)');

                                                 //获得索引值大于 5 的品牌集合对象(除最后一条)
    $category.hide();                            //隐藏上面获取到的 jQuery 对象
    var $toggleBtn = $('div.showmore > a');      //获取"显示全部品牌"按钮
    $toggleBtn.click(function(){
        $category.show();                        //显示$category
        $(this).find('span')
            .css("background","url(img/up.gif) no-repeat 0 0")
            .text("精简显示品牌");                //改变背景图片和文本
        $('ul li').filter(":contains('佳能'),:contains('尼康'),:contains('奥林巴斯')")
            .addClass("promoted");               //添加高亮样式
        return false;                            //超链接不跳转
    })
})
```

运行上面的代码，单击"显示全部品牌"按钮后，显示图 2-9 所示的效果，此时已经能够正常显示全部品牌了。

图 2-9　当按钮被单击后

注意：上面代码中用到的几个 jQuery 方法的意思如下：
- show()：显示隐藏的匹配元素。
- css(name,value)：给元素设置样式。
- text(string)：设置所有匹配元素的文本内容。
- filter(expr)：筛选出与指定表达式匹配的元素集合，其中 expr 可以是多个选择器的组合。注意区分它和 find() 方法。find() 会在元素内寻找匹配元素，而 filter() 则是筛选元素。一个是对它的子集操作，一个是对自身集合元素进行筛选。
- addClass(class)：为匹配的元素添加指定的类名。

（3）当用户单击"精简显示品牌"按钮时，将执行以下操作。

由于用户单击的是同一个按钮，因此事件仍然是在刚才的按钮元素上。要将切换两种状态的效果在一个按钮上进行，可以通过判断元素的显示或者隐藏来达到目的，代码结构如下：

```
if( 元素显示 ){
    //元素隐藏 ①
}else{
    //元素显示 ②
}
```

代码②就是第（2）步的内容，接下来只需要完成代码①的内容即可。

在 jQuery 中，与 show()方法相反的是 hide()方法，因此可以使用 hide()方法将品牌隐藏起来，代码如下：

```
$category.hide();                            //隐藏$category
```

然后将"精简显示品牌"按钮文本切换成"显示全部品牌"，同时按钮图片换成向下的图片，这一步与前面类似，只不过是图片路径和文本内容不同而已，代码如下：

```
$(this).find('span')
    .css("background","url(img/down.gif) no-repeat 0 0")
    .text("显示全部品牌");                     //改变背景图片和文本
```

接下来需要去掉所有品牌的高亮显示状态，此时可以使用 removeClass()方法来完成，代码如下：

```
$('ul li').removeClass("promoted");          //去掉高亮样式
```

它将去掉所有<li>元素上的"promoted"样式，即去掉了品牌的高亮状态。

注意：removeClass(class)的功能和 addClass(class)的功能正好相反。addClass(class)的功能是为匹配的元素添加指定的类，而 removeClass(class)则是从匹配的元素中删除指定的类。

至此完成代码①。

最后通过判断元素是否显示来分别执行代码①和代码②，代码如下：

```
if( $category.is(":visible") ){…}            //如果元素显示，则执行对应的代码
```

之后即可将代码①和代码②插入相应的位置。jQuery 代码如下：

```
if($category.is(":visible")){                //如果元素显示
    $category.hide();                        //隐藏$category
    $(this).find('span')
        .css("background","url(img/down.gif) no-repeat 0 0")
        .text("显示全部品牌");                 //改变背景图片和文本
    $('ul li').removeClass("promoted");      //去掉高亮样式
```

```
}else{
    $category.show();                                    //显示$category
    $(this).find('span')
            .css("background","url(img/up.gif) no-repeat 0 0")
            .text("精简显示品牌");                          //改变背景图片和文本
    $('ul li').filter(":contains('佳能'),:contains('尼康'),:contains('奥林巴斯')").addClass("promoted");
                                                         //添加高亮样式
}
```

至此任务完成，完整的 jQuery 代码如下：

```
$(function(){                                            //等待 DOM 加载完毕.
var $category = $('ul li:gt(5):not(:last)');
                                                         //获得索引值大于 5 的品牌集合对象(除最后一条)
$category.hide();                                        //隐藏上面获取到的 jQuery 对象
var $toggleBtn = $('div.showmore > a');                  //获取 "显示全部品牌" 按钮
$toggleBtn.click(function(){                             //给按钮添加 onclick 事件
    if($category.is(":visible")){                        //如果元素显示
        $category.hide();                                //隐藏$category
        $(this).find('span')
            .css("background","url(img/down.gif)no-repeat 0 0")
            .text("显示全部品牌");                          //改变背景图片和文本
        $('ul li').removeClass("promoted");              //去掉高亮样式
    }else{
        $category.show();                                //显示$category
        $(this).find('span')
            .css("background","url(img/up.gif)no-repeat 0 0")
            .text("精简显示品牌");                          //改变背景图片和文本
        $('ul li').filter(":contains('佳能'),:contains('尼康'),:contains('奥林巴斯')").addClass("promoted");
                                                         //添加高亮样式
    }
    return false;                                        //超链接不跳转
})
})
```

运行代码后，单击按钮，品牌列表会在 "全部" 和 "精简" 两种效果之间循环切换，显示效果如图 2-10 和图 2-11 所示。

图 2-10　精简模式

图 2-11　全部模式

在 jQuery 中有一个方法更适合上面的情况，它能给一个按钮添加一组交互事件，而不需要像上例一样去判断，上例的代码如下：

```
toggleBtn.click(function(){
        if($category.is(":visible")){          //如果元素显示
                //元素隐藏             代码①
        }else{
                //元素显示             代码②
        }
})
```

如果改成 toggle()方法，代码则可以直接写成以下形式：

```
$toggleBtn.toggle(function(){            //toggle()方法用来交替一组动作
        //显示元素             代码③
    },function(){
        //隐藏元素             代码④
})
```

当单击按钮后，脚本会对代码③和代码④进行交替处理。

jQuery 还提供了很多简单易用的方法，上面讲解的 toggle()方法只是其中的一种，这些方法将在后面的章节中进行详细介绍。

> **注意：**在本例中，如果用户禁用了 JavaScript 的功能，品牌列表仍然能够完全显示，当用户单击"显示全部品牌"按钮的时候，会跳转到 more.html 页面来显示品牌列表。作为一名专业的开发者，必须要考虑到禁用或者不支持 JavaScript 的浏览器（用户代理）。另外，这点对于搜索引擎优化也特别有帮助，毕竟当前的搜索引擎爬虫基本都不支持 JavaScript。

2.7　其他选择器

2.7.1　jQuery 提供的选择器的扩展

虽然 jQuery 提供了许多实用的选择器，但还是有可能不能满足各种多变的业务需要，不过

jQuery 选择器是可以进一步扩展的。

1. MoreSelectors for jQuery

这是一个 jQuery 的插件，用于增加更多的选择器，例如.color 可以匹配颜色，:colIndex 可以匹配表格中的列，:focus 可以匹配获取焦点的元素等。

插件地址：http://plugins.jquery.com/project/moreSelectors。

2. Basic XPath

这个插件可以让用户使用基本的 XPath。jQuery 最开始支持 XPath 选择器，但由于使用人数不多，且降低了选择器匹配的效率，因此在 1.2 以后的版本中取消了默认对 XPath 选择器的支持，改为通过插件来实现。

插件地址：http://plugins.jquery.com/project/xpath。

2.7.2　其他使用 CSS 选择器的方法

除了 jQuery 提供了强大的选择器支持外，也有其他一些 JavaScript 脚本也提供了此类纯粹的 CSS 选择器的支持。

1. document.getElementsBySelector()

早在 2003 年，Simon Willison 就编写了该脚本，它的作用是通过选择器来获取文档元素。读者可以通过以下代码获取元素。

```
document.getElementsBySelector('div#main p a.external')
```

该脚本最新版本为 0.4 版，更新日期为 2003 年 3 月 25 日。

发布地址：http://simonwillison.net/2003/Mar/25/getElementsBySelector/。

2. cssQuery()

这是 Dean Edwards 编写的一款利用 CSS 选择器查找元素的脚本。支持所有 CSS1、CSS2 以及部分 CSS3 选择器，jQuery 的选择器其实是源自于此，它支持一些 jQuery 尚不支持的选择器，例如 E:link、E:nth-last-child(n)、E:root、E:lang(fr)、E:target 和 E[foo|="bar"]等。语法结构如下：

```
elements = cssQuery(selector [, from]);
```

该脚本最新版本为 2.0.2 版，更新日期为 2005 年 9 月 10 日。

官方网站：http://dean.edwards.name/my/cssQuery/。

3. querySelectorAll()

这不是一个脚本库，而是 W3C 在 Selectors API 草案中提到的方法，该草案的最新版本是在 2007 年 12 月 21 日发布的。此方法也是用于实现通过 CSS 选择器来获取元素的。IE 8 的 Beta 2 中已经率先实现了此方法。相信其他几大浏览器也很快就能实现此方法。

JQuery 的作者 John Resig 也表示将会利用 querySelectorAll()这个浏览器原生的方法来重构 jQuery 的选择器，同时增加一些 jQuery 扩展的选择器，届时 jQuery 选择器的执行效率也将大大提高。

W3C Selectors API：http://www.w3.org/TR/selectors-api/。

2.8 小结

本章详细讲解了 jQuery 中的各种类型的选择器。选择器是行为与文档内容之间连接的纽带，选择器的最终目的就是能够轻松地找到文档中的元素。

在本章的开始列举了 3 个用传统 JavaScript 方法写的简单例子，然后介绍了 jQuery 选择器，并用所学的 jQuery 选择器以及隐式迭代的特性将例子进行改写。此外还讲解了选择器中的一些注意事项，希望能引起初学者的注意。最后以某网站上一个品牌列表作为例子，加深读者对 jQuery 选择器用法的理解。

第3章 jQuery 中的 DOM 操作

DOM 是 Document Object Model 的缩写，意思是文档对象模型。根据 W3C DOM 规范（http://www.w3.org/DOM），DOM 是一种与浏览器、平台、语言无关的接口，使用该接口可以轻松地访问页面中所有的标准组件。简单来说，DOM 解决了 Netscape 的 JavaScript 和 Microsoft 的 JScript 之间的冲突，给予了 Web 设计师和开发者一套标准的方法，让他们能够轻松获取和操作网页中的数据、脚本和表现层对象。

3.1 DOM 操作的分类

一般来说，DOM 操作分为 3 个方面，即 DOM Core（核心）、HTML-DOM 和 CSS-DOM。

1. DOM Core

DOM Core 并不专属于 JavaScript，任何一种支持 DOM 的程序设计语言都可以使用它。它的用途并非仅限于处理网页，也可以用来处理任何一种使用标记语言编写出来的文档，例如 XML。

JavaScript 中的 getElmentById()、getElementsByTagName()、getAttribute()和 setAttribute()等方法，这些都是 DOM Core 的组成部分。

例如：

⚪ 使用 DOM Core 来获取表单对象的方法：

```
document.getElementsByTagName("form");
```

⚪ 使用 DOM Core 来获取某元素的 src 属性的方法：

```
element.getAttribute("src");
```

2. HTML-DOM

在使用 JavaScript 和 DOM 为 HTML 文件编写脚本时，有许多专属于 HTML-DOM 的属性。HTML-DOM 的出现甚至比 DOM Core 还要早，它提供了一些更简明的记号来描述各种 HTML 元素的属性。

例如：

● 使用 HTML-DOM 来获取表单对象的方法：

```
document.forms  //HTML-DOM 提供了一个 forms 对象
```

● 使用 HTML-DOM 来获取某元素的 src 属性的方法：

```
element.src;
```

通过上面所说的方法，可以发现获取某些对象、属性既可以用 DOM Core 来实现，也可以使用 HTML-DOM 实现。相比较而言 HTML-DOM 的代码通常比较简短，不过它只能用来处理 Web 文档。

3. CSS–DOM

CSS-DOM 是针对 CSS 的操作。在 JavaScript 中，CSS-DOM 技术的主要作用是获取和设置 style 对象的各种属性。通过改变 style 对象的各种属性，可以使网页呈现出各种不同的效果。

例如：设置某元素 style 对象字体颜色的方法：

```
element.style.color = "red";
```

jQuery 作为 JavaScript 库，继承并发扬了 JavaScript 对 DOM 对象的操作的特性，使开发人员能方便地操作 DOM 对象。下面详细介绍 jQuery 中的各种 DOM 操作。

3.2　jQuery 中的 DOM 操作

为了能全面地讲解 DOM 操作，首先需要构建一个网页。因为每一张网页都能用 DOM 表示出来，而每一份 DOM 都可以看作一棵 DOM 树。构建的网页效果如图 3-1 所示。

HTML 代码如下：

```
//...省略其他代码
<p title="选择你最喜欢的水果." >你最喜欢的水果是?</p>
<ul>
      <li title='苹果'>苹果</li>
      <li title='橘子'>橘子</li>
      <li title='菠萝'>菠萝</li>
</ul>
//...省略其他代码
```

根据上面的网页结构构建出一棵 DOM 树，如图 3-2 所示。

接下来，对 DOM 的各种操作都将围绕这棵 DOM 树而展开。

图 3-1　构建的网页

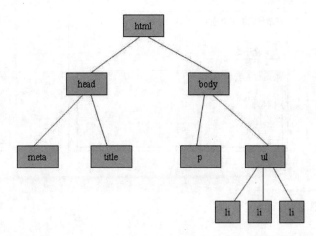

图 3-2　DOM 结构

3.2.1　查找节点

使用 jQuery 在文档树上查找节点非常容易，可以通过在第 2 章介绍的 jQuery 选择器来完成。

1.　查找元素节点

获取元素节点并打印出它的文本内容，jQuery 代码如下：

```
var $li = $("ul li:eq(1)");        //获取<ul>里第 2 个<li>节点
var li_txt = $li.text();           //获取第 2 个<li>元素节点的文本内容
alert(li_txt);                     //打印文本内容
```

以上代码获取了<ul>元素里第 2 个<li>节点，并将它的文本内容"橘子"打印出来，效果如图 3-3 所示。

2.　查找属性节点

利用 jQuery 选择器查找到需要的元素之后，就可以使用 attr()方法来获取它的各种属性的值。attr()方法的参数可以是一个，也可以是两个。当参数是一个时，则是要查询的属性的名字，例如：

获取属性节点并打印出它的文本内容，jQuery 代码如下：

```
var $para = $("p");                //获取<p>节点
var p_txt = $para.attr("title");   //获取<p>元素节点属性 title
alert(p_txt);                      //打印 title 属性值
```

以上代码获取了<p>节点，并将它的 title 属性的值打印出来，效果如图 3-4 所示。

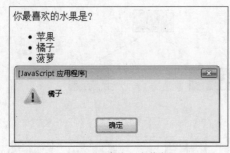

图 3-3　查找元素节点

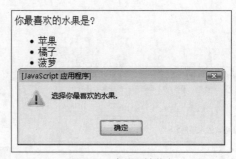

图 3-4　查找属性节点

3.2.2　创建节点

从第 3.2.1 小节可知，用 jQuery 选择器能够快捷而轻松地查找到文档中的某个特定的元素节点，然后可以用 attr()方法来获取元素的各种属性的值。

真正的 DOM 操作并非这么简单。在 DOM 操作中，常常需要动态创建 HTML 内容，使文档在浏览器里的呈现效果发生变化，并且达到各种各样的人机交互的目的。

1. 创建元素节点

例如要创建两个<li>元素节点，并且要把它们作为<ul>元素节点的子节点添加到 DOM 节点树上。完成这个任务需要两个步骤。

（1）创建两个<li>新元素。

（2）将这两个新元素插入文档中。

第（1）个步骤可以使用 jQuery 的工厂函数$()来完成，格式如下：

```
$( html );
```

$(html)方法会根据传入的 HTML 标记字符串，创建一个 DOM 对象，并将这个 DOM 对象包装成一个 jQuery 对象后返回。

首先创建两个<li>元素，jQuery 代码如下：

```
var $li_1 = $("<li></li>");     //创建第 1 个<li>元素
var $li_2 = $("<li></li>");     //创建第 2 个<li>元素
```

然后将这两个新元素插入文档中，可以使用 jQuery 中的 append()等方法（将在第 3.2.3 小节进行介绍）。

jQuery 代码如下：

```
$("ul").append($li_1);          //添加到<ul>节点中，使之能在网页中显示
$("ul").append($li_2);          //可以采取链式写法: $("ul").append($li_1).append ($li_2)
```

注意：（1）动态创建的新元素节点不会被自动添加到文档中，而是需要使用其他方法将其插入文
　　　档中。
　　　（2）当创建单个元素时，要注意闭合标签和使用标准的 XHTML 格式。
　　　例如创建一个<p>元素，可以用$("<p/>")或者$("<p></p>")，但不要使用$("<p>")或者大写的
　　　$("<P/>")。

运行代码后，新创建的<li>元素将被添加到网页中，因为暂时没有在它们内部添加任何文本，
所以只能看到<li>元素默认的"•"，如图 3-5 所示。

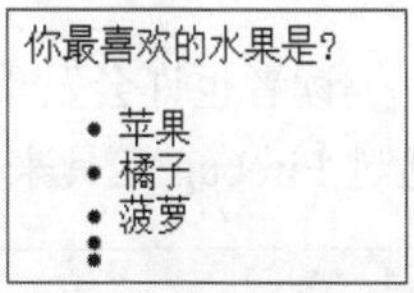

2. 创建文本节点

已经创建了两个<li>元素节点并把它们插入文档中了。此时需要为创建
的元素节点添加文本内容。

图 3-5　创建元素节点

jQuery 代码如下：

```
var $li_1 = $("<li>香蕉</li>");          //创建一个<li>元素，包括元素节点和文本节点
                                          // "香蕉" 就是创建的文本节点

var $li_2 = $("<li>雪梨</li>");          //创建一个<li>元素，包括元素节点和文本节点
                                          // "雪梨" 就是创建的文本节点。

$("ul").append($li_1);                    //添加到<ul>节点中，使之能在网页中显示
$("ul").append($li_2);                    //添加到<ul>节点中，使之能在网页中显示
```

如以上代码所示，创建文本节点就是在创建元素节点时直接把文本内容写出来，然后使用
append()等方法将它们添加到文档中就可以了。

创建的<li>节点显示到网页中的效果如图 3-6 所示。

注意：无论$(html)中的 HTML 代码多么复杂，都可以使用相同的方式来创建。
　　　例如$("<li>这是一个<a href='#' >复杂的组合</a></li>");

3. 创建属性节点

创建属性节点与创建文本节点类似，也是直接在创建元素节点时一起创建。jQuery 代码如下：

```
var $li_1 = $("<li title='香蕉'>香蕉</li>");          //创建一个<li>元素
                                                        //包括元素节点、文本节点和属性节点
                                                        //其中 title='香蕉'就是创建的属性节点

var $li_2 = $("<li title='雪梨'>雪梨</li>");          //创建一个<li>元素
                                                        //包括元素节点、文本节点和属性节点
```

```
                                        //其中 title='雪梨'就是创建的属性节点
$("ul").append($li_1);
$("ul").append($li_2);                  //添加到<ul>节点中，使之能在网页中显示
```

运行代码后，效果如图 3-7 所示。

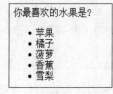

图 3-6　创建文本节点

图 3-7　创建属性节点

读者也许会发现图 3-7 与图 3-6 显示的效果没有什么区别，但事实上两者还是有差别的，可以通过 Firebug 工具来查看比较。

注意：Firebug 工具是 FireFox 浏览器的一个插件，它不仅能查看网页的文档结构，还能查看 CSS、JavaScript 等，是开发者必不可少的工具之一。具体介绍见附录 Firebug。

图 3-6 的网页内容在 Firebug 工具下显示的效果如图 3-8 所示。

图 3-7 的网页内容在 Firebug 工具下显示的效果如图 3-9 所示。

图 3-8　新增的元素没有属性节点

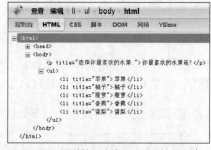

图 3-9　新增的元素有 title 属性节点

通过比较图 3-8 和图 3-9 对应的代码，发现图 3-9 的代码中最后两个<li>元素多了名为"title"的属性节点。由此可以判断，创建的元素的文本节点和属性节点都已经添加到网页中了。

由此可见用 jQuery 来动态创建 HTML 元素是非常简单、方便和灵活的。

3.2.3　插入节点

动态创建 HTML 元素并没有实际用处，还需要将新创建的元素插入文档中。将新创建的节点插入文档最简单的办法是，让它成为这个文档的某个节点的子节点。前面使用了一个插入节点的方

法 append()，它会在元素内部追加新创建的内容。

将新创建的节点插入某个文档的方法并非只有一种，在 jQuery 中还提供了其他几种插入节点的方法，如表 3-1 所示。读者可以根据实际需求灵活地做出多种选择。

表 3-1　　　　　　　　　　　　　　插入节点的方法

方　法	描　述	示　例
append()	向每个匹配的元素内部追加内容	HTML 代码： <p>我想说: </p> jQuery 代码： $("p").append("<b>你好</b>"); 结果： <p>我想说: <b>你好</b></p>
appendTo()	将所有匹配的元素追加到指定的元素中。实际上，使用该方法是颠倒了常规的 $(A).append(B)的操作，即不是将 B 追加到 A 中，而是将 A 追加到 B 中	HTML 代码： <p>我想说: </p> jQuery 代码： $("<b>你好</b>").appendTo("p"); 结果： <p>我想说: <b>你好</b></p>
prepend()	向每个匹配的元素内部前置内容	HTML 代码： <p>我想说: </p> jQuery 代码： $("p").prepend("<b>你好</b>"); 结果： <p><b>你好</b>我想说: </p>
prependTo()	将所有匹配的元素前置到指定的元素中。实际上，使用该方法是颠倒了常规的 $(A).prepend(B)的操作，即不是将 B 前置到 A 中，而是将 A 前置到 B 中	HTML 代码： <p>我想说: </p> jQuery 代码： $("<b>你好</b>").prependTo("p"); 结果： <p><b>你好</b>我想说: </p>
after()	在每个匹配的元素之后插入内容	HTML 代码： <p>我想说: </p> jQuery 代码： $("p").after("<b>你好</b>"); 结果： <p>我想说: </p><b>你好</b>
insertAfter()	将所有匹配的元素插入到指定元素的后面。实际上，使用该方法是颠倒了常规的 $(A).after(B)的操作，即不是将 B 插入到 A 后面，而是将 A 插入到 B 后面	HTML 代码： <p>我想说: </p> jQuery 代码： $("<b>你好</b>").insertAfter("p"); 结果： <p>我想说: </p><b>你好</b>

续表

方　　法	描　　述	示　　例
before()	在每个匹配的元素之前插入内容。	HTML 代码： <p>我想说：</p> jQuery 代码： $("p").before("你好"); 结果： 你好<p>我想说：</p>
insertBefore()	将所有匹配的元素插入到指定的元素的前面。实际上，使用该方法是颠倒了常规的 $(A).before(B) 的操作，即不是将 B 插入到 A 前面，而是将 A 插入到 B 前面	HTML 代码： <p>我想说：</p> jQuery 代码： $("你好").insertBefore("p"); 结果： 你好<p>我想说：</p>

这些插入节点的方法不仅能将新创建的 DOM 元素插入到文档中，也能对原有的 DOM 元素进行移动。

例如利用它们创建新元素并对其进行插入操作。

jQuery 代码如下：

```
var $li_1 = $("<li title='香蕉'>香蕉</li>");        //创建第 1 个<li>元素
var $li_2 = $("<li title='雪梨'>雪梨</li>");        //创建第 2 个<li>元素
var $li_3 = $("<li title='其它'>其它</li>");        //创建第 3 个<li>元素

var $parent = $("ul");                            //获取<ul>节点，即<li>的父节点
var $two_li = $("ul li:eq(1)");                   //获取<ul>节点中第 2 个<li>元素节点
$parent.append($li_1);                            //append()方法将创建的第 1 个<li>元素添加到父元素的最后面
$parent.prepend($li_2);                           //prepend()方法将创建的第 2 个<li>元素添加到父元素的最前面
$li_3.insertAfter($two_li);                       //insertAfter()方法将创建的第 3 个<li>元素元素插入
                                                  //到获取的<li>元素之后
```

运行代码后，网页呈现效果如图 3-10 所示。

例如利用它们对原有的 DOM 元素进行移动。

jQuery 代码如下：

```
var $one_li = $("ul li:eq(1)");        //获取<ul>节点中第 2 个<li>元素节点
var $two_li = $("ul li:eq(2)");        //获取<ul>节点中第 3 个<li>元素节点
$two_li.insertBefore($one_li);         //移动节点
```

运行代码后，网页呈现效果如图 3-12 所示。

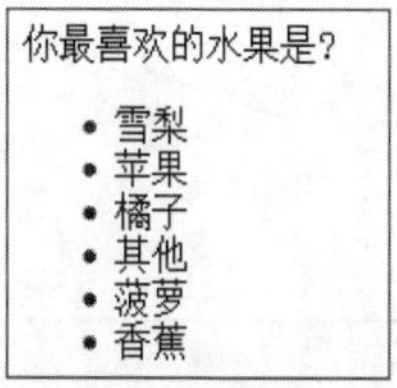

你最喜欢的水果是？

- 雪梨
- 苹果
- 橘子
- 其他
- 菠萝
- 香蕉

图 3-10 插入节点

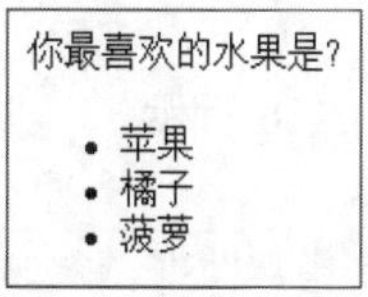

你最喜欢的水果是？

- 苹果
- 橘子
- 菠萝

图 3-11 移动之前

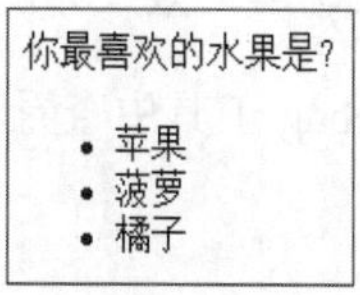

你最喜欢的水果是？

- 苹果
- 菠萝
- 橘子

图 3-12 移动之后

3.2.4 删除节点

如果文档中某一个元素多余，那么应将其删除。jQuery 提供了三种删除节点的方法，即 remove()，detach()和 empty()。

1. remove()方法

作用是从 DOM 中删除所有匹配的元素，传入的参数用于根据 jQuery 表达式来筛选元素。

例如删除图 3-11 中<ul>节点中的第 2 个<li>元素节点，jQuery 代码如下：

```
$("ul li:eq(1)").remove();          //获取第 2 个<li>元素节点后，将它从网页中删除
```

运行代码后效果如图 3-13 所示。

当某个节点用 remove()方法删除后，该节点所包含的所有后代节点将同时被删除。这个方法的返回值是一个指向已被删除的节点的引用，因此可以在以后再使用这些元素。下面的 jQuery 代码说明元素用 remove()方法删除后，还是可以继续使用的。

```
var $li = $("ul li:eq(1)").remove(); //获取第 2 个<li>元素节点后，将它从网页中删除
$li.appendTo("ul");                  //把刚才删除的节点又重新添加到<ul>元素里
```

可以直接使用 appendTo()方法的特性来简化以上代码，jQuery 代码如下：

```
$("ul li:eq(1)").appendTo("ul");
//appendTo()方法也可以用来移动元素
//移动元素时首先从文档上删除此元素，然后将该元素插入得到文档中的指定节点
```

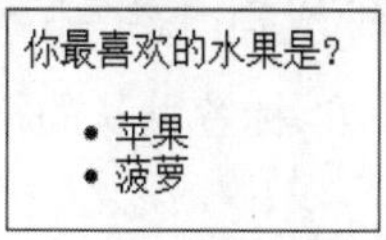

你最喜欢的水果是？

- 苹果
- 菠萝

图 3-13 删除节点

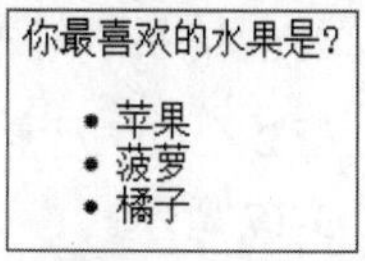

你最喜欢的水果是？

- 苹果
- 菠萝
- 橘子

图 3-14 元素并未从 jQuery 对象中删除

另外 remove()方法也可以通过传递参数来选择性地删除元素，jQuery 代码如下：

```
$("ul li").remove("li[title!=菠萝]");
                    //将<li>元素中属性 title 不等于 "菠萝" 的<li>元素删除
```

运行代码后，效果如图 3-15 所示。

在 Firebug 工具中查看源代码，如图 3-16 所示。

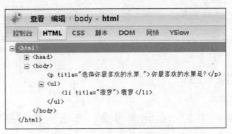

图 3-15　有选择性地删除元素　　　　　图 3-16　删除后的源文件

2. detach()方法

detach() 和 remove()一样，也是从 DOM 中去掉所有匹配的元素。但需要注意的是，这个方法不会把匹配的元素从 jQuery 对象中删除，因而可以在将来再使用这些匹配的元素。与 remove()不同的是，所有绑定的事件、附加的数据等都会保留下来。

通过下面的例子，可以知道它与 remove()方法的区别，jQuery 代码如下：

```
$("ul li").click(function(){
    alert( $(this).html() );
})
var $li = $("ul li:eq(1)").detach(); // 删除元素
$li.appendTo("ul");  //重新追加此元素，发现它之前绑定的事件还在,如果使用 remove()方法删除元素的话，那么它之前绑定的事件将失效。
```

3. empty()方法

严格来讲，empty()方法并不是删除节点，而是清空节点，它能清空元素中的所有后代节点。jQuery 代码如下：

```
$("ul li:eq(1)").empty();
                    //获取第 2 个<li>元素节点后，清空此元素里的内容，注意是元素里
```

当运行代码后，第 2 个<li>元素的内容被清空了，只剩下<li>标签默认的符号 "·"，效果如图 3-17 所示。

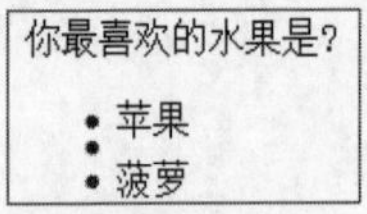

在 Firebug 工具中查看源代码，如图 3-18 所示。

图 3-17　清空元素

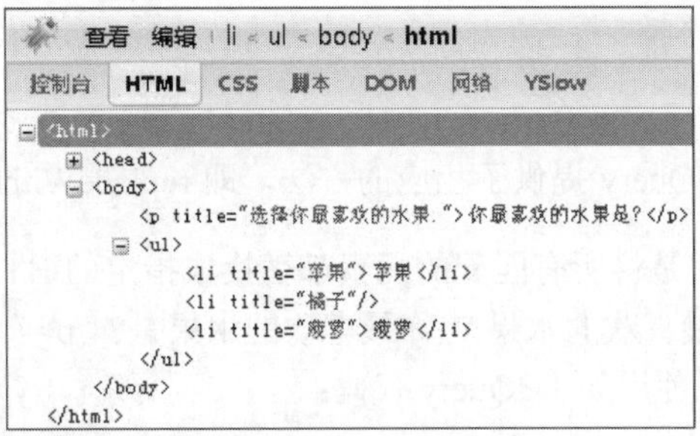

图 3-18　清空后的源文件

3.2.5　复制节点

复制节点也是常用的 DOM 操作之一，例如图 3-19 所示的某个购物网站的效果，用户不仅可以通过单击商品下方的"选择"按钮购买相应的产品，也可以通过鼠标拖动商品并将其放到购物车中。这个商品拖动功能就是用的复制节点，将用户选择的商品所处的节点元素复制一次，并将其跟随鼠标移动，从而达到以下购物效果。

继续沿用之前的例子，如果单击<li>元素后需要再复制一个<li>元素，可以使用 clone()方法来完成，jQuery 代码如下：

```
$("ul li").click(function(){
    $(this).clone().appendTo("ul");//复制当前单击的节点，并将它追加到<ul>元素中
})
```

在页面中单击"菠萝"后，列表最下方出现新节点"菠萝"，效果如图 3-20 所示。

图 3-19　购物网站的复制节点功能

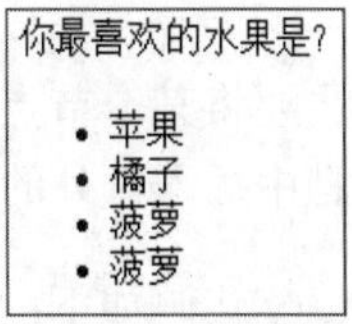

图 3-20　复制节点

复制节点后，被复制的新元素并不具有任何行为。如果需要新元素也具有复制功能（本例中是单击事件），可以使用如下 jQuery 代码：

```
$(this).clone(true).appendTo("body"); //注意参数 true
```

在 clone()方法中传递了一个参数 true，它的含义是复制元素的同时复制元素中所绑定的事件。因此该元素的副本也同样具有复制功能（本例中是单击事件）。

3.2.6 替换节点

如果要替换某个节点，jQuery 提供了相应的方法，即 replaceWith()和 replaceAll()。

replaceWith()方法的作用是将所有匹配的元素都替换成指定的 HTML 或者 DOM 元素。例如要将网页中 "<p title="选择你最喜欢的水果.">你最喜欢的水果是?</p>" 替换成 "你最不喜欢的水果是? "，可以使用如下 jQuery 代码：

```
$("p").replaceWith("<strong>你最不喜欢的水果是?</strong>");
```

也可以使用 jQuery 中另一个方法 replaceAll()来实现，该方法与 replaceWith()方法的作用相同，只是颠倒了 replaceWith()操作，可以使用如下 jQuery 代码实现同样的功能：

```
$("<strong>你最不喜欢的水果是?</strong>").replaceAll("p");
```

这两句 jQuery 代码都会实现图 3-21 所示的效果。

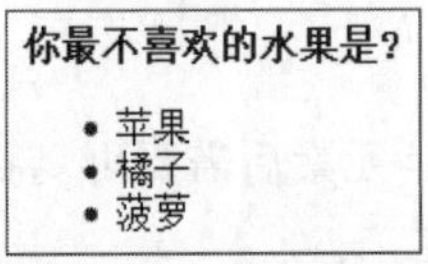

图 3-21　替换节点

> 注意：如果在替换之前，已经为元素绑定事件，替换后原先绑定的事件将会与被替换的元素一起消失，需要在新元素上重新绑定事件。

3.2.7 包裹节点

如果要将某个节点用其他标记包裹起来，jQuery 提供了相应的方法，即 wrap()。该方法对于需要在文档中插入额外的结构化标记非常有用，而且它不会破坏原始文档的语义。

jQuery 代码如下：

```
$("strong").wrap("<b></b>");//用<b>标签把<strong>元素包裹起来
```

得到的结果如下：

```
<b><strong title="选择你最喜欢的水果." >你最喜欢的水果是?</strong></b>
```

在 Firebug 工具中查看源文件，效果如图 3-22 所示。

包裹节点操作还有其他两个方法，即 wrapAll()和 wrapInner()。

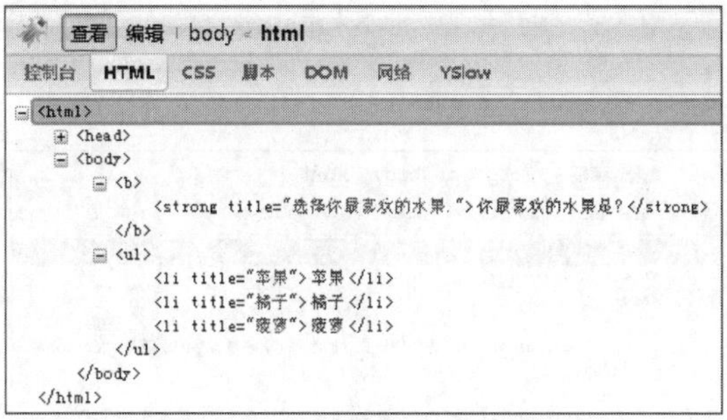

图 3-22 包裹节点源文件

1. wrapAll()方法

该方法会将所有匹配的元素用一个元素来包裹。它不同于 wrap()方法，wrap()方法是将所有的元素进行单独的包裹。

为了使效果更突出，在网页中再加入一个\<strong\>元素。

HTML 代码如下：

```
<strong title="选择你最喜欢的水果." >你最喜欢的水果是?</strong>
<strong title="选择你最喜欢的水果." >你最喜欢的水果是?</strong>
<ul>
    <li title='苹果'>苹果</li>
    <li title='橘子'>橘子</li>
    <li title='菠萝'>菠萝</li>
</ul>
```

如果使用 wrap()方法包裹\<strong\>元素，jQuery 代码如下：

```
$("strong").wrap("<b></b>");
```

将会得到如下结果：

```
<b><strong title="选择你最喜欢的水果." >你最喜欢的水果是?</strong></b>
<b><strong title="选择你最喜欢的水果." >你最喜欢的水果是?</strong></b>
```

用 Firebug 工具查看源文件的效果如图 3-23 所示。

使用 wrapAll()方法包裹\<strong\>元素，jQuery 代码如下：

```
$("strong").wrapAll("<b></b>");
```

则会得到如下结果：

```
<b>
<strong title="选择你最喜欢的水果." >你最喜欢的水果是?</strong>
```

73

```
<strong title="选择你最喜欢的水果." >你最喜欢的水果是?</strong>
</b>
```

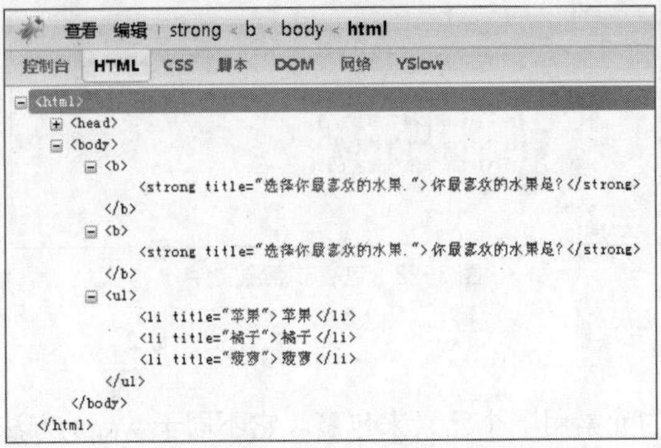

图 3-23　用 wrap()方法包裹节点源文件

用 Firebug 工具查看源文件的效果如图 3-24 所示。

注意：如果被包裹的多个元素间有其它元素，其它元素会被放到包裹元素之后。

2. wrapInner()方法

该方法将每一个匹配的元素的子内容（包括文本节点）用其他结构化的标记包裹起来。例如可以使用它来包裹<strong>标签的子内容，jQuery 代码如下：

```
$("strong").wrapInner("<b></b>");
```

运行代码后，发现<strong>标签内的内容被一对<b>标签包裹了，结果如下：

```
<strong title="选择你最喜欢的水果." ><b>你最喜欢的水果是?</b></strong>
```

使用 Firebug 工具查看网页结构，显示效果如图 3-25 所示。

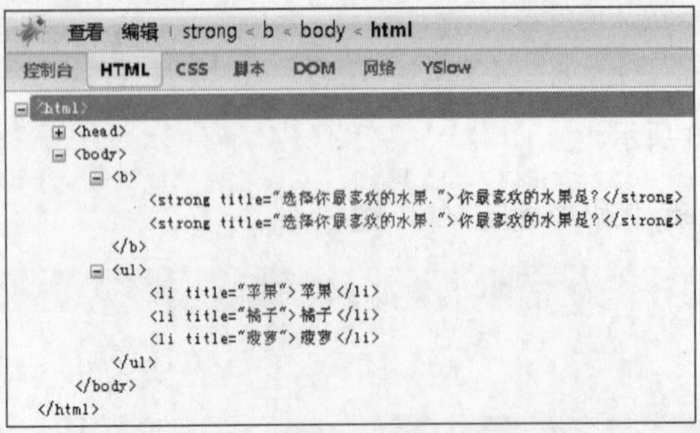

图 3-24　用 wrapAll()方法包裹节点源文件

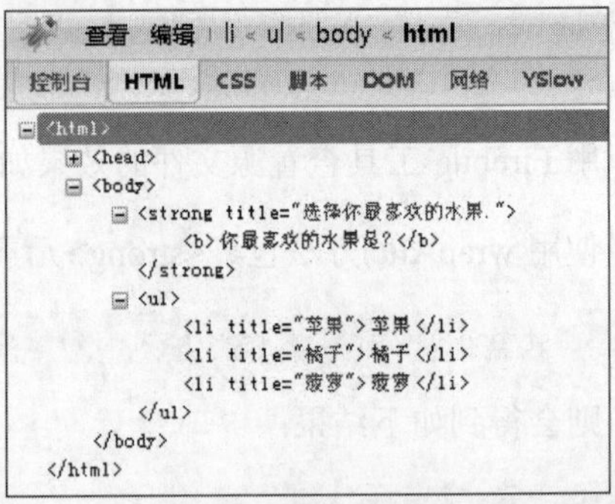

图 3-25　用 wrapInner()方法包裹节点源文件

3.2.8　属性操作

在 jQuery 中，用 attr()方法来获取和设置元素属性，removeAttr()方法来删除元素属性。

1. 获取属性和设置属性

如果要获取<p>元素的属性 title，那么只需要给 attr()方法传递一个参数，即属性名称。

jQuery 代码如下：

```
var $para = $("p");                    //获取<p>节点
var p_txt = $para.attr("title");       //获取<p>元素节点属性 title
```

如果要设置<p>元素的属性 title 的值，也可以使用同一个方法，不同的是，需要传递两个参数，即属性名称和对应的值。

jQuery 代码如下：

```
$("p").attr("title" , "your title");    //设置单个的属性值
```

如果需要一次性为同一个元素设置多个属性，可以使用下面的代码来实现：

```
$("p").attr({"title" : "your title" , "name": "test" });  //将一个 "名/值" 形式的对象设置为匹配元素的属性
```

> **注意**：jQuery 中的很多方法都是同一个函数实现获取（getter）和设置（setter）的，例如上面的 attr() 方法，既能设置元素属性的值，也能获取元素属性的值。类似的还有 html()、text()、height()、width()、val()和 css()等方法。

2. 删除属性

在某些情况下，需要删除文档中某个元素的特定属性，可以使用 removeAttr()方法来完成该任务。

如果需要删除<p>元素的 title 属性，可以使用下面的代码实现：

```
$("p").removeAttr("title");    //删除<p>元素的属性 title
```

运行代码后，<p>元素的 title 属性将被删除。此时<p>元素的 HTML 结构由

```
<p title="选择你最喜欢的水果." >你最喜欢的水果是?</p>
```

变为

```
<p >你最喜欢的水果是?</p>
```

注意：jQuery1.6 中新增了 prop()和 removeProp()，分别用来获取在匹配的元素集中的第一个元素的属性值和为匹配的元素删除设置的属性。

3.2.9 样式操作

1. 获取样式和设置样式

HTML 代码如下：

```
<p  class="myClass"  title="选择你最喜欢的水果." >你最喜欢的水果是?</p>
```

在上面的代码中，class 也是<p>元素的属性，因此获取 class 和设置 class 都可以使用 attr()方法来完成。

例如使用 attr()方法来获取<p>元素的 class，jQuery 代码如下：

```
var p_class = $("p").attr("class");        //获取<p>元素的 class
```

也可以使用 attr()方法来设置<p>元素的 class，jQuery 代码如下：

```
$("p").attr("class","high");              //设置<p>元素的 class 为 "high"
```

运行代码后，上面的 HTML 代码将变为如下结构：

```
<p  class="high"  title="选择你最喜欢的水果." >你最喜欢的水果是?</p>
```

上面的代码是将原来的 class（myClass）替换为新的 class（high）。如果此处需要的是"追加"效果，class 属性变为"myClass high"，即 myClass 和 high 两种样式的叠加，那么我们可以使用 addClass()方法。

2. 追加样式

jQuery 提供了专门的 addClass()方法来追加样式。为了使例子更容易理解，首先在<style>标签里添加另一组样式：

```
<style>
/* 获取样式和设置样式  所需的 */
.high{
    font-weight:bold;      /* 粗体字 */
    color : red;            /* 字体颜色设置为红色*/
}
/* 追加样式    所需的 */
.another{
    font-style:italic;    /* 斜体 */
```

```
    color:blue;        /* 字体颜色设置蓝色*/
}
</style>
```

然后在网页中添加一个 "追加 class 类" 的按钮，按钮的事件代码如下：

```
$("p").addClass("another");    //给<p>元素追加 "another" 类
```

最后当单击 "追加 class 类" 按钮时，<p>元素样式就会变为斜体，而先前的红色字体也会变为蓝色，显示效果如图 3-26 所示。

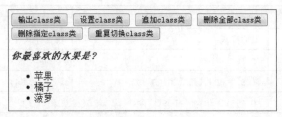

图 3-26　addClass()方法

在 Firebug 工具中查看 class 代码如图 3-27 所示。

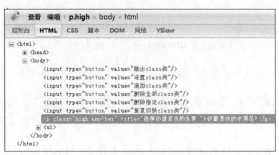

图 3-27　class 代码

此时<p>元素同时拥有两个 class 值，即 "high" 和 "another"。在 CSS 中有以下两条规定。

（1）如果给一个元素添加了多个 class 值，那么就相当于合并了它们的样式。

（2）如果有不同的 class 设定了同一样式属性，则后者覆盖前者。

在上例中，相当于给<p>元素添加了如下样式：

```
font-weight:bold;         /* 粗体字 */
color : red;              /* 字体颜色设置为红色*/
font-style:italic;        /* 斜体 */
color : blue ;            /* 字体颜色设置为蓝色*/
```

在以上的样式中，存在两个 "color" 属性，而后面的 "color" 属性会覆盖前面的 "color" 属性，因此最终的"color"属性的值为"blue"，而不是"red"。

样式最终呈现为：

```
font-weight:bold;          /* 粗体字 */
font-style:italic;         /* 斜体 */
color : blue ;             /* 字体颜色设置为蓝色*/
```

追加样式和设置样式的区别如表 3-2 所示。

表 3-2   attr()和 addClass()的区别

方　　法	addClass()	attr()
用途	追加样式	设置样式
对同一个网页元素操作	\<p\>test\</p\>	
第 1 次使用方法	$("p").addClass("high");	$("p").attr("class","high");
第 1 次结果	\<p class="high"\>test\</p\>	
再次使用方法	$("p").addClass("another");	$("p").attr("class","another");
最终结果	\<p class="high another"\> test \</p\>	\<p class="another"\>test\</p\>

3．移除样式

在上面的例子中，为\<p\>元素追加了 another 样式。此时\<p\>元素的 HTML 代码变为：

```
<p class="high  another" title="选择你最喜欢的水果.">你最喜欢的水果是?</p>
```

如果用户单击某个按钮时，要删除 class 的某个值，那么可以使用与 addClass()方法相反的 removeClass()方法来完成，它的作用是从匹配的元素中删除全部或者指定的 class。

例如可以使用如下的 jQuery 代码来删除\<p\>元素中值为"high"的 class：

```
$("p").removeClass("high");  //移除<p>元素中值为 "high" 的 class
```

输出结果为：

```
<p class="another" title="选择你最喜欢的水果.">你最喜欢的水果是?</p>
```

如果要把\<p\>元素的两个 class 都删除，就要使用两次 removeClass()方法，代码如下：

```
$("p").removeClass("high").removeClass("another");
```

jQuery 提供了更简单的方法。可以以空格的方式删除多个 class 名，jQuery 代码如下：

```
$("p").removeClass("high  another");
```

另外，还可以利用 removeClass()方法的一个特性来完成同样的效果。当它不带参数时，就会将 class 的值全部删除，jQuery 代码如下：

```
$("p").removeClass();        //移除<p>元素的所有class
```

此时，<p>元素的 HTML 结构为：

```
<p title="选择你最喜欢的水果.">你最喜欢的水果是?</p>
```

4. 切换样式

在第 2 章的案例研究中介绍了一个方法，即 toggle()，jQuery 代码如下：

```
$toggleBtn.toggle(function(){        //toggle()，交替一组动作
      //显示元素    代码③
   }.function(){
      //隐藏元素    代码④
})
```

toggle()方法此处的作用是交替执行代码③和代码④两个函数，如果元素原来是显示的，则隐藏它；如果元素原来是隐藏的，则显示它。此时，toggle()方法主要是控制行为上的重复切换。

另外 jQuery 还提供了一个 toggleClass()方法控制样式上的重复切换。如果类名存在则删除它，如果类名不存在则添加它。

例如对<p>元素进行 toggleClass()方法操作。

jQuery 代码如下：

```
$("p").toggleClass("another");  //重复切换类名 "another"
```

当单击"切换样式"按钮后，<p>元素的 HTML 代码由

```
<p class="myClass" title="选择你最喜欢的水果.">你最喜欢的水果是?</p>
```

变为

```
<p class="myClass  another" title="选择你最喜欢的水果.">你最喜欢的水果是?</p>
```

当再次单击"切换样式"按钮后，<p>元素的 HTML 代码又返回原来的状态：

```
<p class="myClass" title="选择你最喜欢的水果.">你最喜欢的水果是?</p>
```

当不断单击"切换样式"按钮时，<p>元素的 class 的值就会在"myClass"和"myClass another"之间重复切换。

5. 判断是否含有某个样式

hasClass()可以用来判断元素中是否含有某个 class，如果有，则返回 true，否则返回 false。

例如可以使用下面的代码来判断<p>元素中是否含有"another"的 class：

```
$("p").hasClass("another");
```

注意：这个方法是为了增强代码可读性而产生的。在 jQuery 内部实际上是调用了 is() 方法来完成这个功能的。该方法等价于如下代码：

```
$("p").is(".another");
```

3.2.10　设置和获取 HTML、文本和值

1．html() 方法

此方法类似于 JavaScript 中的 innerHTML 属性，可以用来读取或者设置某个元素中的 HTML 内容。

为了更清楚地展示效果，将 <p> 元素的 HTML 代码改成：

```
<p title="选择你最喜欢的水果." ><strong>你最喜欢的水果是?</strong></p>
```

然后用 html() 方法对 <p> 元素进行操作：

```
var p_html = $("p").html();          //获取<p>元素的 HTML 代码
alert(p_html);                       //打印<p>元素的 HTML 代码
```

运行代码后，效果如图 3-28 所示。

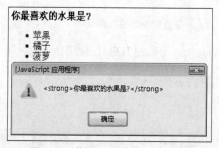

图 3-28　获取 <p> 元素的 HTML 代码

如果需要设置某元素的 HTML 代码，那么也可以使用该方法，不过需要为它传递一个参数。例如要设置 <p> 元素的 HTML 代码，可以使用如下代码：

```
$("p").html("<strong>你最喜欢的水果是?</strong>"); //设置<p>元素的 HTML 代码
```

注意：html() 方法可以用于 XHTML 文档，但不能用于 XML 文档。

2．text() 方法

此方法类似于 JavaScript 中的 innerText 属性，可以用来读取或者设置某个元素中的文本内容。

继续使用以上的 HTML 代码：

```
<p title="选择你最喜欢的水果." ><strong>你最喜欢的水果是?</strong></p>
```

用 text()方法对<p>元素进行操作：

```
var p_text = $("p").text();          //获取<p>元素的文本内容
alert(p_text);                        //打印<p>元素的文本内容
```

运行代码后，效果如图 3-29 所示：

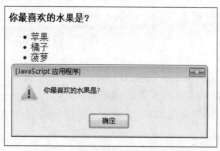

图 3-29　获取<p>元素的文本内容

与 html()方法一样，如果需要为某元素设置文本内容，那么也需要传递一个参数。例如对<p>元素设置文本内容，代码如下：

```
$("p").text("你最喜欢的水果是?");       //设置<p>元素的文本内容
```

注意：（1）JavaScript 中的 innerText 属性并不能在 Firefox 浏览器下运行，而 jQuery 的 text()方法支持所有的浏览器。

（2）text()方法对 HTML 文档和 XML 文档都有效。

3．val()方法

此方法类似于 JavaScript 中的 value 属性，可以用来设置和获取元素的值。无论元素是文本框，下拉列表还是单选框，它都可以返回元素的值。如果元素为多选，则返回一个包含所有选择的值的数组。

如图 3-30 所示，这是某网站的邮箱登录界面，默认状态下，邮箱地址文本框和邮箱密码框内分别有"请输入邮箱地址"和"请输入邮箱密码"的提示。

图 3-30　默认状态

当将鼠标聚焦到邮箱地址文本框时，文本框内的"请输入邮箱地址"文字将被清空，效果如图 3-31 所示。

如果此时未在邮箱地址框中输入任何内容，而将鼠标焦点直接聚焦到密码输入框，则会发现密码框内的提示文字被清空了，同时邮箱地址输入框的提示也被还原了，效果如图 3-32 所示。

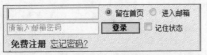

图 3-31　当地址文本框获得鼠标焦点时　　　图 3-32　当地址框中未输入任何内容时，将鼠标焦点移动到密码框

要实现以上例子展示的功能，可以使用 val() 方法。实现步骤如下。

第 1 步：设计网页的基本结构。在页面中添加两个文本框，分别对两个文本框设置 id，同时设置它们的默认值为"请输入邮箱地址"和"请输入邮箱密码"。

HTML 代码如下：

```
<input type="text" id="address" value="请输入邮箱地址"/>
<input type="text" id="password" value="请输入邮箱密码"/>
<input type="button" value="登录"/>
```

呈现的网页效果如图 3-33 所示。

第 2 步：对"地址框"进行操作。

当地址框获取鼠标焦点时，如果地址框的值为"请输入邮箱地址"，则将地址框中的值清空。可以使用如下的 jQuery 代码：

> 请输入邮箱地址
>
> 请输入邮箱密码
>
> 登录
>
> 图 3-33　初始化效果

```
$("#address").focus(function(){
        var txt_value = $(this).val();    //获取地址文本框的值
        if(txt_value=="请输入邮箱地址"){
            $(this).val("");
        }
    });
```

当地址框失去鼠标焦点时，如果地址框的值为空，则将地址框的值设置为"请输入邮箱地址"。可以使用如下的 jQuery 代码：

```
$("#address").blur(function(){
        var txt_value = $(this).val();     //获取地址文本框的值
        if(txt_value==""){
            $(this).val("请输入邮箱地址");
        }
    })
```

注意：focus() 方法相当于 JavaScript 中的 onfocus() 方法，作用是处理获得焦点时的事件。
　　　blur() 方法相当于 JavaScript 中的 onblur() 方法，作用是处理失去焦点时的事件。

第 3 步：对"密码框"进行操作，实现过程与"地址框"相同。

此时，类似于 YAHOO 邮箱登录框的提示效果就完成了。完整代码如下：

```
//…省略其他代码
<script src="../../scripts/jquery.js" type="text/javascript"> </script>
<script>
$(function(){
        //对地址框进行操作
        $("#address").focus(function(){              //地址框获得鼠标焦点
                var txt_value = $(this).val();       //得到当前文本框的值
                if(txt_value=="请输入邮箱地址"){
                        $(this).val("");             //如果符合条件，则清空文本框内容
                }
        });
        $("#address").blur(function(){               //地址框失去鼠标焦点
                var txt_value = $(this).val();       //得到当前文本框的值
                if(txt_value==""){
                        $(this).val("请输入邮箱地址"); //如果符合条件，则设置内容
                }
        })
        //对密码框进行操作
        $("#password").focus(function(){
                var txt_value = $(this).val();
                if(txt_value=="请输入邮箱密码"){
                        $(this).val("");
                }
        });
        $("#password").blur(function(){
                var txt_value = $(this).val();
                if(txt_value==""){
                        $(this).val("请输入邮箱密码");
                }
        })
    });
    </script>
</head>
<body>
 <input type="text" id="address" value="请输入邮箱地址"/>    <br/><br/>
<input type="text" id="password" value="请输入邮箱密码"/>    <br/><br/>
 <input type="button" value="登录"/>
//…省略其他代码
```

在该例子中，也可以使用表单元素的 defaultValue 属性来实现同样的功能，defaultValue 属性包

含该表单元素的初始值。代码如下：

```
$("#address").focus(function(){              //地址框获得鼠标焦点
        var txt_value = $(this).val();       //得到当前文本框的值
        if(txt_value==this.defaultValue){    //使用 defaultValue 属性
            $(this).val("");                 //如果符合条件，则清空文本框内容
        }
});
$("#address").blur(function(){               //地址框失去鼠标焦点
        var txt_value = $(this).val();       //得到当前文本框的值
        if(txt_value==""){
            $(this).val(this.defaultValue);  //如果符合条件，则设置内容
        }
})
//同理，密码框也类似
```

注意：this 指向当前的文本框，"this.defaultValue"就是当前文本框的默认值。

通过上面的例子可以发现 val()方法不仅能设置元素的值，同时也能获取元素的值。另外，val()方法还有另外一个用处，就是它能使 select（下拉列表框）、checkbox（多选框）和 radio（单选框）相应的选项被选中，在表单操作中会经常用到。

下面构建一个网页来演示 val()方法的选中功能。

HTML 代码如下：

```
<select id="single">
  <option>选择 1 号</option>
  <option>选择 2 号</option>
  <option>选择 3 号</option>
</select>
<select id="multiple" multiple="multiple" style="height:120px;">
  <option selected="selected">选择 1 号</option>
  <option>选择 2 号</option>
  <option>选择 3 号</option>
  <option>选择 4 号</option>
  <option selected="selected">选择 5 号</option>
</select>
<input type="checkbox" value="check1"/> 多选 1
<input type="checkbox" value="check2"/> 多选 2
<input type="checkbox" value="check3"/> 多选 3
<input type="checkbox" value="check4"/> 多选 4
<input type="radio" value="radio1"/> 单选 1
```

```
<input type="radio" value="radio2"/> 单选 2
<input type="radio" value="radio3"/> 单选 3
```

运行代码后，显示效果如图 3-34 所示。

该网页中一些元素是默认选中的，可以通过 val()方法来改变它们的选中项。如果要使第 1 个下拉框的第 2 项被选中，可以用以下 jQuery 代码实现：

```
$("#single").val("选择 2 号");
```

如果要使下拉列表的第 2 项和第 3 项被选中，可以用以下 jQuery 代码实现：

```
$("#multiple").val(["选择 2 号", "选择 3 号"]);    //以数组的形式赋值
```

依照上面类似的写法，下面的代码可以使多选框和单选框被选中，jQuery 代码如下：

```
$(":checkbox").val(["check2","check3"]);
$(":radio").val(["radio2"]);
```

运行代码后，显示效果如图 3-35 所示。

图 3-34　初始化

图 3-35　设置多选框和单选框

注意：在上面这个例子中，可以使用 val()方法，也可以使用 attr()方法来实现同样的功能。

```
$("#single option:eq(1)").attr("selected", true );
$("[value=radio2]:radio").attr("checked", true );
```

3.2.11　遍历节点

1. children()方法

该方法用于取得匹配元素的子元素集合。

此处使用本章开头所画的那颗 DOM 树的结构，如图 3-36 所示。

根据 DOM 树的结构，可以知道各个元素之间的关系以及它们子节点的个数。<body>元素下有<p>和<ul>两个子元素，<p>元素没有子元素，<ul>元素有 3 个<li>子元素。

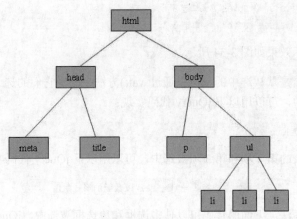

图 3-36　DOM 树

下面使用 children()方法来获取匹配元素的所有子元素的个数。

jQuery 代码如下：

```
var $body = $("body").children();
var $p = $("p").children();
var $ul = $("ul").children();
alert($body.length );              //<body>元素下有 2 个子元素
alert($p.length );                 //<p>元素下有 0 个子元素
alert($ul.length );                //<ul>元素下有 3 个子元素
for(var i=0,len=$ul.length;i< len;i++){
    alert($ul[i].innerHTML );      //循环输出<li>元素的 HTML 内容
}
```

注意：children()方法只考虑子元素而不考虑其他后代元素。

---

2. next()方法

该方法用于取得匹配元素后面紧邻的同辈元素。

从 DOM 树的结构中可以知道<p>元素的下一个同辈节点是<ul>，因此可以通过 next()方法来获取<ul>元素，代码如下：

```
var $p1 = $("p").next();    //取得紧邻<p>元素后的同辈元素
```

得到的结果将是：

```
<ul>
    <li title='苹果'>苹果</li>
    <li title='橘子'>橘子</li>
```

```
    <li title='菠萝'>菠萝</li>
</ul>
```

3. prev()方法

该方法用于取得匹配元素前面紧邻的同辈元素。

从 DOM 树的结构中可以知道<ul>元素的上一个同辈节点是<p>，因此可以通过 prev()方法来获取<p>元素，代码如下：

```
var $ul = $("ul").prev();    //取得紧邻<ul>元素前的同辈元素
```

得到的结果将是：

```
<p title="选择你最喜欢的水果." >你最喜欢的水果是?</p>
```

4. siblings()方法

该方法用于取得匹配元素前后所有的同辈元素。

在第 1 章导航栏的例子中有段代码如下：

```
$(".level1 > a").click(function(){
    $(this).addClass("current")      //给当前元素添加"current"样式
    .next().show()                   //下一个元素显示
    .parent().siblings().children("a").removeClass("current")
                                     //父元素的兄弟元素的子元素<a>移除"current"样式
    .next().hide();                  //它们的下一个元素隐藏
    return false;
});
```

上面的代码中就用到了 siblings()方法，当时是为了获取匹配元素的兄弟节点，即获取匹配元素的同辈元素。

以 DOM 树的结构为例。<ul>元素和<p>元素互为同辈元素，<ul>元素下的 3 个<li>元素也互为同辈元素。如果要获取<p>元素的同辈元素，则可以使用如下代码：

```
var $p2 = $("p").siblings();  //取得<p>元素的同辈元素
```

得到的结果将是：

```
<ul>
    <li title='苹果'>苹果</li>
    <li title='橘子'>橘子</li>
    <li title='菠萝'>菠萝</li>
</ul>
```

5. closest()

该方法用于取得最近的匹配元素。首先检查当前元素是否匹配，如果匹配则直接返回元素本身。如果不匹配则向上查找父元素，逐级向上直到找到匹配选择器的元素。如果什么都没找到则返回一个空的 jQuery 对象。

比如，给点击的目标元素的最近的 li 元素添加颜色，可以使用如下代码：

```
$(document).bind("click", function (e) {
    $(e.target).closest("li").css("color","red");
})
```

6. parent()，parents()与 closest()的区别

parent()，parents()与 closest()方法两两之间有类似又有不同，在此简短的区分一下这三个方法。如表 3-3 所示。读者可以根据实际需求灵活地选择使用哪个方法。

表 3-3   parent()，parents()与 closest()的区别

方　　法	描　　述	示　　例
parent()	获得集合中每个匹配元素的父级元素	$('.item-1').parent().css('background-color', 'red'); parent()方法从指定类型的直接父节点开始查找。parent()返回一个元素节点。
parents()	获得集合中每个匹配元素的祖先元素	$('.item-1').parents('ul').css('background-color', 'red'); parents()方法查找方式同 parent()方法类似，不同的一点在于，当它找到第一个父节点时并没有停止查找，而是继续查找，最后返回多个父节点
closest()	从元素本身开始，逐级向上级元素匹配，并返回最先匹配的祖先元素	$('.item-1').closest('ul').css('background-color', 'red'); closest()方法查找是从包含自身的节点找起，它同 parents()方法类似，不同点就在于它只返回匹配的第一个元素节点

除此之外，在 jQuery 中还有很多遍历节点的方法，例如 find()、filter()、nextAll()和 prevAll()等，此处不再赘述，读者可以查看附录的 jQuery 速查表文档。值得注意的是，这些遍历 DOM 方法有一个共同点，都可以使用 jQuery 表达式作为它们的参数来筛选元素。

3.2.12 CSS–DOM 操作

CSS-DOM 技术简单来说就是读取和设置 style 对象的各种属性。style 属性很有用，但最大不足是无法通过它来提取到通过外部 CSS 设置的样式信息，然而在 jQuery 中，这些都是非常的简单。

可以直接利用 css()方法获取元素的样式属性，jQuery 代码如下：

```
$("p").css("color");    //获取<p>元素的样式颜色
```

无论 color 属性是外部 CSS 导入，还是直接拼接在 HTML 元素里（内联），css()方法都可以获取到属性 style 里的其他属性的值。

也可以直接利用 css()方法设置某个元素的单个样式，例如：

```
$("p").css("color","red");    //设置<p>元素的样式颜色为红色
```

与 attr()方法一样，css()方法也可以同时设置多个样式属性，代码如下：

```
$("p").css({"fontSize":"30px" ,"backgroundColor":"#888888"})
//同时设置字体大小和背景色
```

> 注意：（1）如果值是数字，将会被自动转化为像素值。
> （2）在 css()方法中，如果属性中带有 "-" 符号，例如 font-size 和 background-color 属性，如果在设置这些属性的值的时候不带引号，那么就要用驼峰式写法，例如：
> ```
> $("p").css({ fontSize : "30px" , backgroundColor : "#888888" })
> ```
> 如果带上了引号，既可以写成 "font-size"，也可以写成 "fontSize"。
> 总之建议大家加上引号，养成良好的习惯。

对透明度的设置，可以直接使用 opacity 属性，jQuery 已经处理好了兼容性的问题，如下代码所示，将<p>元素的透明度设置为半透明：

```
$("p").css("opacity","0.5");
```

如果需要获取某个元素的 height 属性，则可以通过如下 jQuery 代码实现：

```
$(element).css("height");
```

在 jQuery 中还有另外一种方法也可以获取元素的高度，即 height()。它的作用是取得匹配元素当前计算的高度值（px）。jQuery 代码如下：

```
$("p").height();              //获取<p>元素的高度值
```

height()方法也能用来设置元素的高度，如果传递的值是一个数字，则默认单位为 px。如果要用其他单位（例如 em），则必须传递一个字符串。jQuery 代码如下：

```
$("p").height(100);          //设置<p>元素的高度值为100px
$("p").height("10em");       //设置<p>元素的高度值为10em
```

> 注意：（1）在 jQuery 1.2 版本以后的 height()方法可以用来获取 window 和 document 的高度。
> （2）两者的区别是：css()方法获取的高度值与样式的设置有关，可能会得到"auto"，也可能得到"10px"之类的字符串；而 height()方法获取的高度值则是元素在页面中的实际高度，与样式的设置无关，并且不带单位。

与 height()方法对应的还有一个 width()方法，它可以取得匹配元素的宽度值（px）。

```
$("p").width();                    //获取<p>元素的宽度值
```

同样，width()方法也能用来设置元素的宽度。

```
$("p").width("400px");             //设置<p>元素的宽度值为 400px
```

此外，在 CSS-DOM 中，关于元素定位有以下几个经常使用的方法。

1. offset()方法

它的作用是获取元素在当前视窗的相对偏移，其中返回的对象包含两个属性，即 top 和 left，它只对可见元素有效。例如用它来获取<p>元素的的偏移量，jQuery 代码如下：

```
var offset = $("p").offset();      //获取<p>元素的 offset()
var left =  offset.left;           //获取左偏移
var top =  offset.top;             //获取右偏移
```

2. position()方法

它的作用是获取元素相对于最近的一个 position 样式属性设置为 relative 或者 absolute 的祖父节点的相对偏移，与 offset()一样，它返回的对象也包括两个属性，即 top 和 left。jQuery 代码如下：

```
var position = $("p").position();  //获取<p>元素的 position()
var left =  position.left;         //获取左偏移
var top =  position.top;           //获取右偏移
```

3. scrollTop()方法和 scrollLeft()方法

这两个方法的作用分别是获取元素的滚动条距顶端的距离和距左侧的距离。例如使用下面的代码获取<p>元素的滚动条距离：

```
var $p =  $("p");
var scrollTop =  $p.scrollTop();      //获取元素的滚动条距顶端的距离
var scrollLeft = $p.scrollLeft();     //获取元素的滚动条距左侧的距离
```

另外，可以为这两个方法指定一个参数，控制元素的滚动条滚动到指定位置。例如使用如下代码控制元素内的滚动条滚动到距顶端 300 和距左侧 300 的位置：

```
$("textarea").scrollTop(300);         //元素的垂直滚动条滚动到指定的位置
$("textarea").scrollLeft(300);        //元素的横向滚动条滚动到指定的位置
```

至此，已经将 jQuery 中常用的 DOM 操作（包括 DOM Core，HTML-DOM 和 CSS-DOM）都已经介绍完毕。以下将结合这些方法，研究一个融合了 DOM 操作的实例。

3.3　案例研究——某网站的超链接和图片提示效果

在这一节中，将以某网站的超链接和图片提示效果为例，来理解和巩固 jQuery 中的 DOM 操作。

1. 超链接提示效果

在现代的浏览器中，它们已经自带了超链接提示，只需在超链接中加入 title 属性就可以了。HTML 代码如下：

```
<a href="#" title="这是我的超链接提示.">提示</a>
```

然而这个提示效果的响应速度是非常缓慢的，考虑到良好的人机交互，需要的是当鼠标移动到超链接的那一瞬间就出现提示。这时就需要移除<a>标签中的 title 提示效果，自己动手做一个类似功能的提示。

首先在空白的页面上，添加两个普通超链接和两个带有 class 的超链接。

图 3-37　超链接提示效果

HTML 代码如下：

```
<p><a href="#" class="tooltip" title="这是我的超链接提示1.">提示1.</a></p>
<p><a href="#" class="tooltip" title="这是我的超链接提示2.">提示2.</a></p>
<p><a href="#" title="这是自带提示1.">自带提示1.</a> </p>
<p><a href="#" title="这是自带提示2.">自带提示2.</a> </p>
```

然后为 class 为 tooltip 的超链接添加 mouseover 和 mouseout 事件，jQuery 代码如下：

```
$("a.tooltip").mouseover(function(){
    //显示title
}).mouseout(function(){
    //隐藏title
});
```

实现这个效果的具体思路如下。

（1）当鼠标滑入超链接。

① 创建一个<div>元素，<div>元素的内容为 title 属性的值。

② 将创建的元素追加到文档中。

③ 为它设置 x 坐标和 y 坐标，使它显示在鼠标位置的旁边。

（2）当鼠标滑出超链接时，移除<div>元素。

根据分析的思路，写出如下 jQuery 代码：

```
$(function(){
    $("a.tooltip").mouseover(function(e){
        //创建<div>元素
        var tooltip="<div id='tooltip'>"+this.title+"</div>";
        $("body").append(tooltip);    //将它追加到文档中
        $("#tooltip")
            .css({
                "top": e.pageY + "px".
                "left": e.pageX + "px"
            }).show("fast");    //设置 x 坐标和 y 坐标，并且显示
    }).mouseout(function(){
        $("#tooltip").remove();    //移除
    });
})
```

运行效果，如图 3-38 所示。

此时的效果有两个问题：首先是当鼠标滑过后，<a>标签中的 title 属性的提示也会出现；其次是设置 x 坐标和 y 坐标的问题，由于自制的提示与鼠标的距离太近，有时候会引起无法提示的问题（鼠标焦点变化引起 mouseout 事件）。

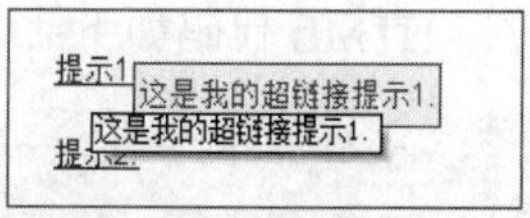

为了移除<a>标签中自带的 title 提示功能，需要进行以下几个步骤。

图 3-38　超链接提示

（1）当鼠标滑入时，给对象添加一个新属性，并把 title 的值传给这个属性，然后清空属性 title 的值。

jQuery 代码如下：

```
this.myTitle = this.title;
this.title = "";
var tooltip = "<div id='tooltip'>"+ this.myTitle +"</div>";
```

（2）当鼠标滑出时，再把对象的 myTitle 属性的值又赋给属性 title。

jQuery 代码如下：

```
this.title = this.myTitle;
```

> 注意：为什么当鼠标滑出时，要把属性值又赋给属性 title 呢？
> 　　　因为当鼠标滑出时，需要考虑再次滑入时的属性 title 值，如果不将 myTitle 的值重新赋给 title 属性，当再次滑入时，title 的值就为空了。

为了解决第 2 个问题（自制的提示与鼠标的距离太近，有时候会引起无法提示的问题），需要重新设置提示元素的 top 和 left 的值，代码如下所示，为 top 增加了 10px，为 left 增加了 20px。

```
var x = 10;
var y = 20;
$("#tooltip").css({
        "top": (e.pageY+y) + "px",
        "left": (e.pageX+x) + "px"
   });
```

解决这两个问题后，完整的代码如下：

```
$(function(){
    var x = 10;
    var y = 20;
    $("a.tooltip").mouseover(function(e){
        this.myTitle = this.title;
        this.title = "";
        var tooltip = "<div id='tooltip'>"+this.myTitle+"</div>";
                                          //创建<div>元素
        $("body").append(tooltip);        //将它追加到文档中
        $("#tooltip")
            .css({
                "top": (e.pageY+y) + "px",
                "left": (e.pageX+x) + "px"
            }).show("fast");              //设置 x 坐标和 y 坐标，并且显示
    }).mouseout(function(){
        this.title = this.myTitle;
        $("#tooltip").remove();           //移除
    });
})
```

此时，鼠标滑入和滑出显示已经没问题了，但当鼠标在超链接上移动时，提示效果并不会跟着鼠标移动。如果需要提示效果跟随鼠标一起移动，可以为超链接加上一个 mousemove 事件，jQuery 代码如下：

图 3-39　提示效果

```
$("a.tooltip").mousemove(function(e){
        $("#tooltip")
            .css({
                "top": (e.pageY+y) + "px",
                "left": (e.pageX+x) + "px"
            });
   });
```

这样，当鼠标在超链接上移动时，提示效果也会跟着一起移动了。

到此，超链接提示效果就完成了，完整的 jQuery 代码如下：

```
$(function(){
    var  x = 10;
    var  y = 20;
    $("a.tooltip").mouseover(function(e){
        this.myTitle = this.title;
        this.title = "";
        //创建<div>元素
        var tooltip = "<div id='tooltip'>"+this.myTitle+"</div>";
        $("body").append(tooltip); //将它追加到文档中
        $("#tooltip")
            .css({
                "top": (e.pageY+y) + "px",
                "left": (e.pageX+x)  + "px"
            }).show("fast");          //设置 x 坐标和 y 坐标，并且显示
    }).mouseout(function(){
        this.title = this.myTitle;
        $("#tooltip").remove();     //移除
    }).mousemove(function(e){
        $("#tooltip")
            .css({
                "top": (e.pageY+y) + "px",
                "left": (e.pageX+x) + "px"
            });
    });
})
```

2. 图片提示效果

稍微修改上面的代码，就可以做出一个图片的提示效果。

首先在空白网页中加入图片，HTML 代码如下：

```
<ul>
    <li><a href="images/apple_1_bigger.jpg" class="tooltip" title="苹果 iPod"><img src="images/apple_1.jpg" alt="苹果 iPod" /></a></li>
    <li><a href="images/apple_2_bigger.jpg" class="tooltip" title="苹果 iPod nano"><img src="images/apple_2.jpg" alt="苹果 iPod nano"/></a></li>
    <li><a href="images/apple_3_bigger.jpg" class="tooltip" title="苹果 iPhone"><img src="images/apple_3.jpg" alt="苹果 iPhone"/></a></li>
    <li><a href="images/apple_4_bigger.jpg" class="tooltip" title="苹果 Mac"><img src="images/apple_4.jpg" alt="苹果 Mac"/></a></li>
</ul>
```

设置样式后，初始化效果如图 3-40 所示。

图 3-40　初始化效果

参考前面的超链接提示效果的代码，只需要将创建的<div>元素的代码由

```
//创建<div>元素，文字提示
var tooltip = "<div id='tooltip'>"+ this.myTitle +"</div>";
```

改为

```
//创建<div>元素，图片提示
var tooltip = "<div id='tooltip'><img src='"+ this.href +"' alt='产品预览图'/></div>";
```

就可以了。当鼠标滑过图片后，显示效果如图 3-41 所示。

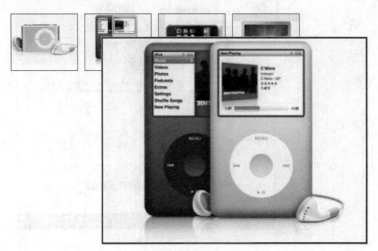

图 3-41　图片提示效果

为了使效果更为人性化，还需要为图片增加说明文字，即提示出来的大图片下面出现图片相应的介绍文字。

可以根据超链接的 title 属性值来获得图片相应的介绍文字，jQuery 代码如下：

```
this.myTitle = this.title;
this.title = "";
var imgTitle = this.myTitle? "<br/>" + this.myTitle : "";
```

然后将它追加到<div>元素中，代码如下：

```
var tooltip = "<div id='tooltip'><img src='"+ this.href +"' alt='产品预览图'/>"+imgTitle+"</div>";
```

> **注意**：在判断 this.myTitle 是否为" "时，使用了三元运算。
>
> 三元运算结构为：Boolean? 值 1：值 2。它的第 1 个参数必须为布尔值。
>
> 当然三元运算也可以用 "if(){ }else{ }" 代替，例如：
>
> ```
> var imgTitle;
> if(this.myTitle){
>     imgTitle = "<br/>" + this.myTitle;
> }else{
>     imgTitle = "";
> }
> ```

这样，图片提示效果就完成了，当鼠标滑过图片时，图片会出现预览的大图，大图下面还会有介绍文字。效果如图 3-42 所示。

图 3-42　图片提示效果

完整的 jQuery 代码如下：

```
$(function(){
    var x = 10;
    var y = 20;
    $("a.tooltip").mouseover(function(e){
        this.myTitle = this.title;
        this.title = "";
        var imgTitle = this.myTitle? "<br/>" + this.myTitle : "";
        var tooltip = "<div id='tooltip'><img src='"+ this.href +"' alt='产品预览图'/>"+imgTitle+
"</div>";                                              //创建<div>元素
```

```
        $("body").append(tooltip);           //将它追加到文档中
        $("#tooltip")
             .css({
                  "top": (e.pageY+y) + "px",
                  "left": (e.pageX+x)  + "px"
             }).show("fast");                 //设置 x 坐标和 y 坐标，并且显示
    }).mouseout(function(){
        this.title = this.myTitle;
        $("#tooltip").remove();               //移除
    }).mousemove(function(e){
        $("#tooltip")
             .css({
                  "top": (e.pageY+y) + "px",
                  "left": (e.pageX+x)  + "px"
             });
    });
})
```

到此，超链接提示和图片提示效果就都完成了。此处仅仅用了 jQuery 中的几个 DOM 操作方法，就完成了很友好的动态提示效果。

3.4　小结

本章开篇简要地介绍了什么是 DOM，然后介绍了 DOM 操作分为 DOM Core 操作、HTML-DOM 操作和 CSS-DOM 操作，以及它们的功能和用法，然后详细地介绍了 jQuery 中的 DOM 操作，例如创建节点，插入节点和设置属性等，最后以一个超链接文字提示和图片提示作为案例，来加深对 DOM 操作的理解。

第4章　jQuery 中的事件和动画

JavaScript 和 HTML 之间的交互是通过用户和浏览器操作页面时引发的事件来处理的。当文档或者它的某些元素发生某些变化或操作时，浏览器会自动生成一个事件。例如当浏览器装载完一个文档后，会生成事件；当用户单击某个按钮时，也会生成事件。虽然利用传统的 JavaScript 事件能完成这些交互，但 jQuery 增加并扩展了基本的事件处理机制。jQuery 不仅提供了更加优雅的事件处理语法，而且极大地增强了事件处理能力。

4.1　jQuery 中的事件

4.1.1　加载 DOM

以浏览器装载文档为例，在页面加载完毕后，浏览器会通过 JavaScript 为 DOM 元素添加事件。在常规的 JavaScript 代码中，通常使用 window.onload 方法，而在 jQuery 中，使用的是 $(document).ready()方法。$(document).ready()方法是事件模块中最重要的一个函数，可以极大地提高 Web 应用程序的响应速度。jQuery 就是用$(document).ready()方法来代替传统 JavaScript 的 window.onload 方法的。通过使用该方法，可以在 DOM 载入就绪时就对其进行操纵并调用执行它所绑定的函数。在使用过程中，需要注意$(document).ready()方法和 window.onload 方法之间的细微区别。

1. 执行时机

$(document).ready()方法和 window.onload 方法有相似的功能，但是在执行时机方面是有区别的。window.onload 方法是在网页中所有的元素（包括元素的所有关联文件）完全加载到浏览器后才执行，即 JavaScript 此时才可以访问网页中的任何元素。而通过 jQuery 中的$(document).ready()方法注册的事件处理程序，在 DOM 完全就绪时就可以被调用。此时，网页的所有元素对 jQuery 而言都是可以访问的，但是，这并不意味着这些元素关联的文件都已经下载完毕。

举一个例子，有一个大型的图库网站，为网页中所有图片添加某些行为，例如单击图片后让它隐藏或显示。如果使用 window.onload 方法来处理，那么用户必须等到每一幅图片都加载完毕后，才可以进行操作。如果使用 jQuery 中的$(document).ready()方法来进行设置，只要 DOM 就绪就可以操作了，不需要等待所有图片下载完毕。很显然，把网页解析为 DOM 树的速度比把页面中的所有关联文件加载完毕的速度快很多。

另外，需要注意一点，由于在$(document).ready()方法内注册的事件，只要 DOM 就绪就会被执行，因此可能此时元素的关联文件未下载完。例如与图片有关的 HTML 下载完毕，并且已经解析为 DOM 树了，但很有可能图片还未加载完毕，所以例如图片的高度和宽度这样的属性此时不一定有效。要解决这个问题，可以使用 jQuery 中另一个关于页面加载的方法——load()方法。load()方法会在元素的 onload 事件中绑定一个处理函数。如果处理函数绑定给 window 对象，则会在所有内容（包括窗口、框架、对象和图像等）加载完毕后触发，如果处理函数绑定在元素上，则会在元素的内容加载完毕后触发。jQuery 代码如下：

```
$(window).load(function(){
 //编写代码
})
```

等价于 JavaScript 中的以下代码：

```
window.onload = function(){
 //编写代码
}
```

2. 多次使用

第一章曾经用一个表格（表 1-2）总结过 windows.onload 方法和$(document).ready()方法的区别，现在进行详细讲解。

假设网页中有两个函数，JavaScript 代码如下：

```
function one(){
  alert("one");
}
function two(){
  alert("two");
}
```

当网页加载完毕后，通过如下 JavaScript 代码来分别调用 one 函数和 two 函数：

```
window.onload = one ;
window.onload = two ;
```

然而当运行代码后，发现只弹出字符串“two”对话框，如图 4-1 所示。

字符串“one”对话框不能被弹出的原因是 JavaScript 的 onload 事件一次只能保存对一个函数的引用，它会自动用后面的函数覆盖前面的函数，因此不能在现有的行为上添加新

图 4-1　弹出字符串“two”对话框

的行为。

为了达到两个函数顺序触发的效果，只能再创建一个新的 JavaScript 方法来实现，Javascript
代码如下：

```
window.onload=function(){
    one();
    two();
}
```

虽然这样编写代码能解决某些问题，但还是不能满足某些需求，例如有多个 JavaScript 文件，
每个文件都需要用到 window.onload 方法，这种情况下用上面提到的方法编写代码会非常麻烦。而
jQuery 的$(document).ready()方法能够很好地处理这些情况，每次调用$(document).ready()方法都会
在现有的行为上追加新的行为，这些行为函数会根据注册的顺序依次执行。例如如下 jQuery 代码：

```
function one(){
    alert("one"):
}
function two(){
    alert("two"):
}
$(document).ready(function(){
    one();
})
$(document).ready(function(){
    two();
});
```

运行代码后，会先弹出字符串"one"对话框，然后弹出字符串"two"对话框，依次显示
图 4-2 和图 4-3 所示的效果。

图 4-2　弹出字符串"one"对话框　　　　　图 4-3　弹出字符串"two"对话框

3. 简写方式

如果读者注意过本书前几章的例子，会发现例子中并不是用的下面的代码：

```
$(document).ready(function(){
  //编写代码
})
```

而是用的下面的代码：

```
$(function(){
 //编写代码
})
```

后者是前者的简写方式。

另外，$(document)也可以简写为$()。当$()不带参数时，默认参数就是"document"，因此可以简写为：

```
$().ready(function(){
        //编写代码
})
```

3 种方式都是一样的功能，读者可以根据自己的喜好，选择其中的一种。

4.1.2　事件绑定

在文档装载完成后，如果打算为元素绑定事件来完成某些操作，则可以使用 bind()方法来对匹配元素进行特定事件的绑定，bind()方法的调用格式为：

```
bind( type [, data] , fn);
```

bind()方法有 3 个参数，说明如下。

第 1 个参数是事件类型，类型包括：blur、focus、load、resize、scroll、unload、click、dblclick、mousedown、mouseup、mousemove、mouseover、mouseout、mouseenter、mouseleave、change、select、submit、keydown、keypress、keyup 和 error 等，当然也可以是自定义名称。

第 2 个参数为可选参数，作为 event.data 属性值传递给事件对象的额外数据对象。

第 3 个参数则是用来绑定的处理函数。

> **注意**：可以发现，jQuery 中的事件绑定类型比普通的 JavaScript 事件绑定类型少了 "on"。例如鼠标单击事件在 jQuery 中对应的是 click()方法，而在 JavaScript 中对应的是 onclick()。

1．基本效果

下面通过一个示例来了解 bind()方法的用法。

假设网页中有一个 FAQ，单击"标题"链接将显示内容。

HTML 代码如下：

```
<div id="panel">
    <h5 class="head">什么是jQuery?</h5>
    <div class="content">
            jQuery 是继 Prototype 之后又一个优秀的 JavaScript 库，它是一个由 John Resig 创建于 2006 年 1 月的
开源项目。jQuery 凭借简洁的语法和跨平台的兼容性，极大地简化了 JavaScript 开发人员遍历 HTML 文档、操作 DOM、处
理事件、执行动画和开发 Ajax。它独特而又优雅的代码风格改变了 JavaScript 程序员的设计思路和编写程序的方式。
    </div>
</div>
```

应用 CSS 样式表后，网页效果图如图 4-4 所示。

按照需求，需要完成以下几个步骤。

什么是jQuery?

（1）等待 DOM 装载完毕。

图 4-4　网页初始化效果图

（2）找到"标题"所在的元素，绑定 click 事件。

（3）找到"内容"元素，将"内容"元素显示。

根据分析的步骤，可以轻易地写出如下 jQuery 代码：

```
$(function(){
    $("#panel h5.head").bind("click",function(){
        $(this).next().show();          // $(this).next():获取"内容"元素
    })
})
```

运行代码，单击"标题"链接，"内容"就展开了，效果如图 4-5 所示。

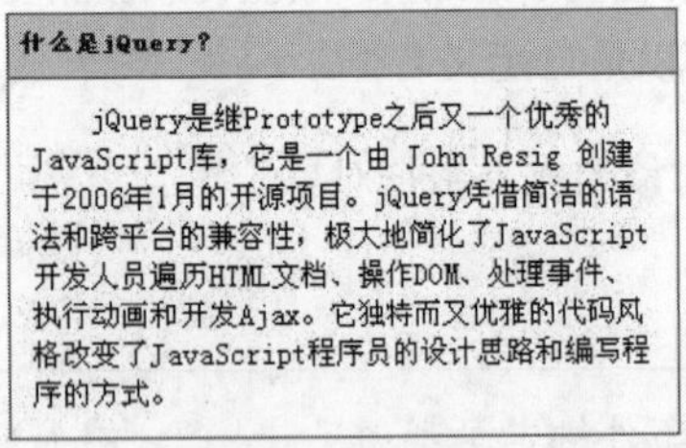

什么是jQuery?

　　jQuery是继Prototype之后又一个优秀的
JavaScript库，它是一个由 John Resig 创建
于2006年1月的开源项目。jQuery凭借简洁的语
法和跨平台的兼容性，极大地简化了JavaScript
开发人员遍历HTML文档、操作DOM、处理事件、
执行动画和开发Ajax。它独特而又优雅的代码风
格改变了JavaScript程序员的设计思路和编写程
序的方式。

图 4-5　显示内容

在上面的例子中，为"标题"绑定了一个 click 事件，单击
标题链接后，显示"内容"。

与 ready()方法一样，bind()方法也可以多次调用。

上面 jQuery 代码中有一个关键字 this，与在 JavaScript 中的
作用一样，this 引用的是携带相应行为的 DOM 元素。为了使该
DOM 元素能够使用 jQuery 中的方法，可以使用$（this）将其
转换为 jQuery 对象（具体实现方法参见第 1 章 1.4.2 小节 jQuery
对象和 DOM 对象的相互转换）。

　　2. 加强效果

在上面的例子中，单击"标题"显示出"内容"；再次单击"标题"，"内容"并没有任何反应。
现在需要加强效果：第 2 次单击"标题"，"内容"隐藏；再次单击"标题"，"内容"又显示，两个
动作循环出现。为了实现这个功能，需要经过以下几个步骤。

（1）等待 DOM 装载完毕。

（2）找到"标题"所在的元素，绑定 click 事件。

（3）找到"内容"元素，如果"内容"元素是显示的，则隐藏，如果"内容"元素是隐藏的，则显示。

加强效果的第（3）步需要做判断，原理如下：

```
if( "内容" 显示 ){
    "内容" 隐藏
}else{
    "内容" 显示
}
```

为了判断元素是否显示，可以使用 jQuery 中的 is() 方法来完成。jQuery 代码如下：

```
$(function(){
    $("#panel h5.head").bind("click",function(){
        if($(this).next().is(":visible")){  //如果 "内容" 显示
            $(this).next().hide();
        }else{
            $(this).next().show();
        }
    })
})
```

在代码中，发现 $ (this).next () 被多次使用，因此可以为它定义一个局部变量：

```
var $content = $(this).next();"
```

然后把局部变量引入到代码中，改进后的 jQuery 代码如下：

```
$(function(){
    $("#panel h5.head").bind("click",function(){
        var $content = $(this).next();
        if($content.is(":visible")){
            $content.hide();
        }else{
            $content.show();
        }
    })
})
```

通过以上的修改，可以实现加强效果。当反复地单击"标题"链接时，"内容"会在隐藏和显示两种状态下切换。

> 注意：当发现相同的选择器在你的代码里出现多次时，请用变量把它缓存起来。更多 jQuery 性能
> 优化请参考第 11 章。

3. 改变绑定事件的类型

上面的例子中，给元素绑定的事件类型是 click，当用户单击的时候会触发绑定的事件，然后
执行事件的函数代码。现在把事件类型换成 mouseover 和 mouseout，即当光标滑过的时候，就触发
事件。需要进行以下几步操作。

（1）等待 DOM 装载完毕。

（2）找到"标题"所在的元素，绑定 mouseover 事件。

（3）找到"内容"元素，显示"内容"。

（4）找到"标题"所在的元素，绑定 mouseout 事件。

（5）找到"内容"元素，隐藏"内容"。

根据分析的步骤，可以写出如下 jQuery 代码：

```
$(function(){
    $("#panel h5.head").bind("mouseover",function(){
        $(this).next().show();
    }).bind("mouseout",function(){
        $(this).next().hide();
    })
})
```

代码运行后，当光标滑过"标题"链接后，相应的"内容"将被显示，如图 4-6 所示。

当光标滑出"标题"链接后，相应的"内容"则被隐藏，如图 4-7 所示。

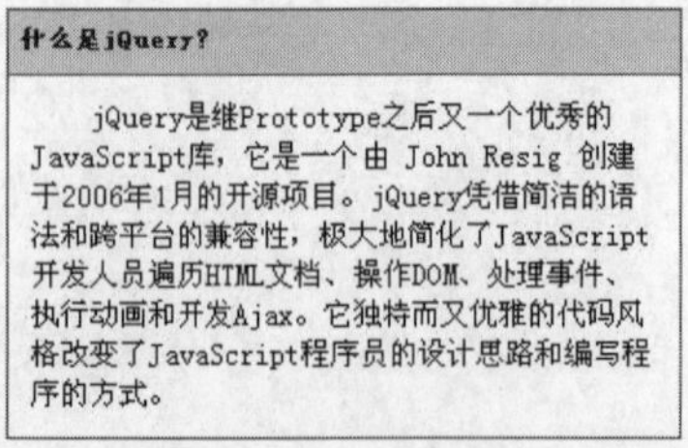

图 4-6　内容显示

图 4-7　内容隐藏

在上面几个例子中，分别用 bind()方法给"标题"绑定了 click 事件、mouseover 事件和 mouseout
事件，绑定方法都一样。除此之外，bind()方法还能绑定其他所有的 JavaScript 事件。

4. 简写绑定事件

像 click、mouseover 和 mouseout 这类事件，在程序中经常会使用到，jQuery 为此也提供了一套简写的方法。简写方法和 bind()方法的使用类似，实现的效果也相同，惟一的区别是能够减少代码量。

例如把上面的例子改写成使用简写绑定事件的方式，代码如下：

```
$(function(){
    $("#panel h5.head").mouseover(function(){
        $(this).next().show();
    }).mouseout(function(){
        $(this).next().hide();
    })
});
```

4.1.3　合成事件

jQuery 有两个合成事件——hover()方法和 toggle()方法，类似前面讲过的 ready()方法，hover()方法和 toggle()方法都属于 jQuery 自定义的方法。

1. hover()方法

hover()方法的语法结构为：

```
hover(enter,leave);
```

hover()方法用于模拟光标悬停事件。当光标移动到元素上时，会触发指定的第 1 个函数（enter）；当光标移出这个元素时，会触发指定的第 2 个函数（leave）。

将上面的例子改写成使用 hover()方法，jQuery 代码如下：

```
$(function(){
    $("#panel h5.head").hover(function(){
        $(this).next().show();
    },function(){
        $(this).next().hide();
    });
});
```

代码运行后的效果与下面代码运行后的效果是一样的。当光标滑过"标题"链接时，相应的"内容"将被显示；当光标滑出"标题"链接后，相应的"内容"则被隐藏。

```
$(function(){
```

```
$("#panel h5.head").mouseover(function(){
    $(this).next().show();
}).mouseout(function(){
    $(this).next().hide();
})
});
```

注意：（1）CSS 中有伪类选择符，例如 ":hover"，当用户光标悬停在元素上时，会改变元素的外观。在大多数符合规范的浏览器中，伪类选择符可以用于任何元素。然而在 IE 6 浏览器中，伪类选择符仅可用于超链接元素。对于其他元素，可以使用 jQuery 的 hover() 方法。

（2）hover() 方法准确来说是替代 jQuery 中的 bind ("mouseenter") 和 bind ("mouseleave")，而不是替代 bind ("mouseover") 和 bind ("mouseout")。因此当需要触发 hover() 方法的第 2 个函数时，需要用 trigger ("mouseleave") 来触发，而不是 trigger ("mouseout")。

2. toggle() 方法

toggle() 方法的语法结构为：

```
toggle(fn1,fn2,…fnN);
```

toggle() 方法用于模拟鼠标连续单击事件。第 1 次单击元素，触发指定的第 1 个函数（fn1）；当再次单击同一元素时，则触发指定的第 2 个函数（fn2）；如果有更多函数，则依次触发，直到最后一个。随后的每次单击都重复对这几个函数的轮番调用。

在前面的加强效果的例子中，使用了以下 jQuery 代码：

```
$(function(){
    $("#panel h5.head").bind("click",function(){
        var $content = $(this).next();
        if($content.is(":visible")){
            $content.hide();
        }else{
            $content.show();
        }
    })
});
```

虽然上面的代码能实现需要的效果，但是选择的方法并不是最适合的。如果需要连续单击"标题"链接，来达到使"内容"隐藏和显示的目的，那么很适合使用 toggle() 方法。原理如下：

```
$(标题).toggle(function(){
    //内容显示
},function(){
```

```
    //内容隐藏
});
```

使用 toggle()方法来改写上面的例子，jQuery 代码如下：

```
$(function(){
    $("#panel h5.head").toggle(function(){
        $(this).next().show();
    },function(){
        $(this).next().hide();
    })
});
```

通过使用 toggle()方法不仅实现了同样的效果，同时也简化了代码。

toggle()方法在 jQuery 中还有另外一个作用：切换元素的可见状态。如果元素是可见的，单击切换后则为隐藏；如果元素是隐藏的，单击切换后则为可见的。因此上面的代码还可以写成如下 jQuery 代码：

```
$(function(){
    $("#panel h5.head").toggle(function(){
        $(this).next().toggle();
    },function(){
        $(this).next().toggle();
    })
});
```

3. 再次加强效果

为了能有更好的用户体验，现在需要在用户单击"标题"链接后，不仅显示"内容"，而且高亮显示"标题"。为了完成这一功能，首先在 CSS 中定义一个高亮的样式，CSS 代码如下：

```
.highlight{ background:# FF3300; }
```

接下来需要完成以下几个步骤。

（1）等待 DOM 装载完毕。

（2）找到"标题"元素，添加 toggle()方法，在 toggle()方法里定义两个函数，分别代表显示和隐藏。

（3）在显示函数里，给"标题"添加高亮 class。

（4）在隐藏函数里，移除"标题"的高亮 class。

然后编写如下 jQuery 代码：

```
$(function(){
    $("#panel h5.head").toggle(function(){
        $(this).addClass("highlight");              //添加高亮样式
        $(this).next().show();
    },function(){
        $(this).removeClass("highlight");           //移除高亮样式
        $(this).next().hide();
    });
});
```

运行代码后，如果"内容"是显示的，"标题"则会高亮显示；如果"内容"是隐藏的，则不会高亮显示"新闻标题"，显示如图 4-8 和图 4-9 所示效果。

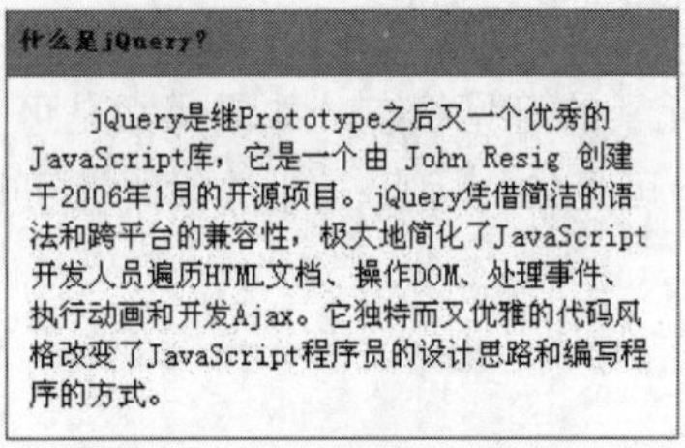

图 4-8　显示时，高亮状态

图 4-9　隐藏时，非高亮状态

4.1.4　事件冒泡

1. 什么是冒泡

在页面上可以有多个事件，也可以多个元素响应同一个事件。假设网页上有两个元素，其中一个元素嵌套在另一个元素里，并且都被绑定了 click 事件，同时<body>元素上也绑定了 click 事件。完整代码如下：

```
<script type="text/javascript">
$(function(){
    //为 span 元素绑定 click 事件
    $('span').bind("click",function(){
        var txt = $('#msg').html() + "<p>内层 span 元素被单击.<p/>";
        $('#msg').html(txt);
    });
    //为 div 元素绑定 click 事件
    $('#content').bind("click",function(){
        var txt = $('#msg').html() + "<p>外层 div 元素被单击.<p/>";
        $('#msg').html(txt);
    });
    //为 body 元素绑定 click 事件
```

```
    $("body").bind("click",function(){
        var txt = $('#msg').html() + "<p>body 元素被单击.<p/>";
        $('#msg').html(txt);
    });
})
</script>
<div id="content">
    外层 div 元素
    <span>内层 span 元素</span>
    外层 div 元素
</div>
<div id="msg"></div>
```

页面初始化效果如图 4-10 所示。

当单击内部<span>元素，即触发<span>元素的 click 事件时，会输出 3 条记录，如图 4-11 所示。这就是由事件冒泡引起的。

图 4-10　初始化效果

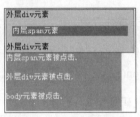

图 4-11　单击内部元素

在单击<span>元素的同时，也单击了包含<span>元素的元素<div>和包含<div>元素的元素<body>，并且每一个元素都会按照特定的顺序响应 click 事件。

元素的 click 事件会按照以下顺序"冒泡"。

（1）<span>。

（2）<div>。

（3）<body>。

之所以称为冒泡，是因为事件会按照 DOM 的层次结构像水泡一样不断向上直至顶端，如图 4-12 所示。

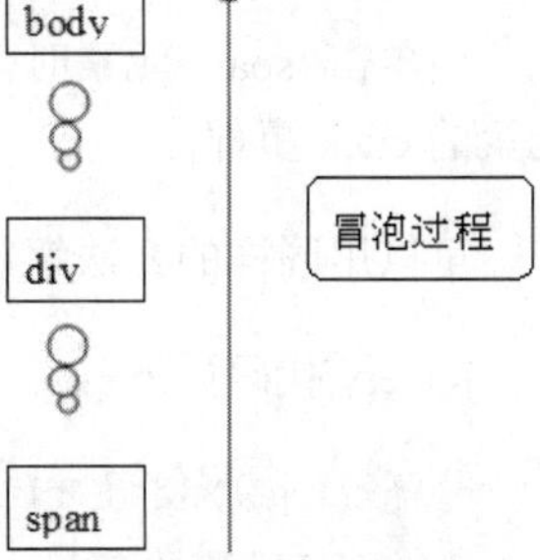

2. 事件冒泡引发的问题

事件冒泡可能会引起预料之外的效果。上例中，本来只想触发<span>元素的 click 事件，然而<div>元素和<body>元素的 click 事件也同时被触发了。因此，有必要对事件的作用范围进行限制。

图 4-12　冒泡过程

当单击<span>元素时，只触发<span>元素的 click 事件，而不触发<div>元素和<body>元素的 click 事件；当单击<div>元素时，只触发<div>元素的 click 事件，而不触发<body>元素的 click 事件。为了解决这些问题，介绍以下内容。

● **事件对象**

由于 IE-DOM 和标准 DOM 实现事件对象的方法各不相同，导致在不同浏览器中获取事件对象变得比较困难。针对这个问题，jQuery 进行了必要的扩展和封装，从而使得在任何浏览器中都能很轻松地获取事件对象以及事件对象的一些属性。

在程序中使用事件对象非常简单，只需要为函数添加一个参数，jQuery 代码如下：

```
$("element").bind("click",function(event){          //event:事件对象
    //…
});
```

这样，当单击 "element" 元素时，事件对象就被创建了。这个事件对象只有事件处理函数才能访问到。事件处理函数执行完毕后，事件对象就被销毁。

● **停止事件冒泡**

停止事件冒泡可以阻止事件中其他对象的事件处理函数被执行。在 jQuery 中提供了 stopPropagation()方法来停止事件冒泡。

jQuery 代码如下：

```
$('span').bind("click",function(event){                //event：事件对象
    var txt = $('#msg').html() + "<p>内层 span 元素被单击.<p/>";
    $('#msg').html(txt);
    event.stopPropagation();                           //停止事件冒泡
});
```

当单击<span>元素时，只会触发<span>元素上的 click 事件，而不会触发<div>元素和<body>元素的 click 事件。

可以用同样的方法解决<div>元素上的冒泡问题。

jQuery 代码如下：

```
$('#content').bind("click",function(event){     //event：事件对象
    var txt = $('#msg').html() + "<p>外层 div 元素被单击.<p/>";
    $('#msg').html(txt);
    event.stopPropagation();                           //停止事件冒泡
});
```

这样，当单击<span>元素或者<div>元素时，就只会输出相应的内容，而不会输出其他的内容，

效果如图 4-13 所示。

图 4-13　单击 span 元素时

● 阻止默认行为

网页中的元素有自己默认的行为，例如，单击超链接后会跳转、单击"提交"按钮后表单会提交，有时需要阻止元素的默认行为。

在 jQuery 中，提供了 preventDefault()方法来阻止元素的默认行为。

举一个例子，在项目中，经常需要验证表单，在单击"提交"按钮时，验证表单内容，例如某元素是否是必填字段，某元素长度是否够 6 位等，当表单不符合提交条件时，要阻止表单的提交（默认行为）。

代码如下：

```
<script type="text/javascript">
$(function(){
    $("#sub").bind("click",function(event){
        var username = $("#username").val();              //获取元素的值
        if(username==""){                                  //判断值是否为空
                $("#msg").html("<p>文本框的值不能为空.</p>");   //提示信息
                event.preventDefault();                    //阻止默认行为（ 表单提交 ）
        }
    });
})
</script>
<form action="test.html">
    用户名: <input type="text" id="username" />
    <input type="submit" value="提交" id="sub"/>
</form>
<div id="msg"></div>
```

当用户名为空时，单击"提交"按钮，会出现图 4-14 所示的提示，并且表单不能提交。只有在用户名里输入内容后，才能提交表单。可见，prevent Default()方法能阻止表单的提交行为。

用户名：
[提交]
文本框的值不能为空.

图 4-14　表单不会提交

如果想同时对事件对象停止冒泡和默认行为，可以在事件处理函数中返回 false。这是对在事件对象上同时调用 stopPrapagation()方法和 preventDefault()方法的一种简写方式。

在表单的例子中，可以把

```
event.preventDefault();    //阻止默认行为
```

改写为：

```
return false;
```

也可以把事件冒泡例子中的

```
event.stopPropagation();  //停止事件冒泡
```

改写为：

```
return false;
```

● 事件捕获

事件捕获和事件冒泡是刚好相反的两个过程，事件捕获是从最顶端往下开始触发。

还是冒泡事件的例子，其中元素的 click 事件会按照以下顺序捕获。

（1）<body>。

（2）<div>。

（3）<span>。

很显然，事件捕获是从最外层元素开始，然后再到最里层元素。因此绑定的 click 事件，首先会传递给<body>元素，然后传递给<div>元素，最后才传递给<span>元素。

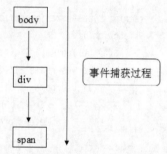

遗憾的是，并非所有主流浏览器都支持事件捕获，并且这个缺陷无法通过 JavaScript 来修复。jQuery 不支持事件捕获，如果读者需要使用事件捕获，请直接使用原生的 JavaScript。

图 4-15 事件捕获过程

4.1.5 事件对象的属性

jQuery 在遵循 W3C 规范的情况下，对事件对象的常用属性进行了封装，使得事件处理在各大浏览器下都可以正常运行而不需要进行浏览器类型判断。

（1）event.type

该方法的作用是可以获取到事件的类型。

```
$("a").click(function(event) {
    alert(event.type);//获取事件类型
    return false;//阻止链接跳转
});
```

以上代码运行后会输出：

```
"click"
```

（2）event.preventDefault()方法

在本章第 4.1.4 小节事件冒泡中已经介绍过该方法，该方法的作用是阻止默认的事件行为。JavaScript 中符合 W3C 规范的 preventDefault()方法在 IE 浏览器中却无效。jQuery 对其进行了封装，使之能兼容各种浏览器。

（3）event.stopPropagation()方法

在本章第 4.1.4 小节事件冒泡中已经介绍过该方法，该方法的作用是阻止事件的冒泡。JavaScript 中符合 W3C 规范的 stopPropagation()方法在 IE 浏览器中却无效。jQuery 对其进行了封装，使之能兼容各种浏览器。

（4）event.target

event.target 的作用是获取到触发事件的元素。jQuery 对其封装后，避免了各个浏览器不同标准的差异。

```
$("a[href='http://google.com']").click(function(event) {
    var tg = event.target;                          //获取事件对象
    alert( tg.href ) ;
    return false;                                   //阻止链接跳转
});
```

以上代码运行后会输出：

```
"http://google.com"
```

（5）event.relatedTarget

在标准 DOM 中，mouseover 和 mouseout 所发生的元素可以通过 event.target 来访问，相关元素是通过 event.relatedTarget 来访问的。event.relatedTarget 在 mouseover 中相当于 IE 浏览器的 event.fromElement，在 mouseout 中相当于 IE 浏览器的 event.toElement，jQuery 对其进行了封装，使之能兼容各种浏览器。

（6）event.pageX 和 event.pageY

该方法的作用是获取到光标相对于页面的 x 坐标和 y 坐标。如果没有使用 jQuery 时，那么 IE 浏览器中是用 event.x / event.y，而在 Firefox 浏览器中是用 event.pageX / event.pageY。如果页面上有滚动条，则还要加上滚动条的宽度或高度。

```
$("a").click(function(event) {
    //获取鼠标当前相对于页面的坐标
    alert("Current mouse position: " + event.pageX + ". " + event.pageY );
    return false;//阻止链接跳转
});
```

（7）event.which

该方法的作用是在鼠标单击事件中获取到鼠标的左、中、右键；在键盘事件中获取键盘的按键。比如，获取鼠标的左、中、右键：

```
$("a").mousedown(function(e){
    alert(e.which)  // 1 = 鼠标左键；2 = 鼠标中键；3 = 鼠标右键
})
```

以上代码加载到页面后，用鼠标单击页面时，单击左、中、右键分别返回 1、2、3。

比如，获取键盘的按键：

```
$("input").keyup(function(e){
    alert(e.which);
})
```

（8）event.metaKey

针对不同浏览器对键盘中的<ctrl>按键解释不同，jQuery 也进行了封装，并规定 event.metaKey 为键盘事件中获取<ctrl>按键。

注意：更多的 event 的属性和方法可以访问：http://docs.jquery.com/Events/jQuery.Event

4.1.6　移除事件

在绑定事件的过程中，不仅可以为同一个元素绑定多个事件，也可以为多个元素绑定同一个事件。假设网页上有一个<button>元素，使用以下代码为该元素绑定多个相同的事件。

```
<script>
    $(function(){
        $('#btn').bind("click", function(){
            $('#test').append("<p>我的绑定函数 1</p>");
        }).bind("click", function(){
            $('#test').append("<p>我的绑定函数 2</p>");
        }).bind("click", function(){
            $('#test').append("<p>我的绑定函数 3</p>");
        });
    });
</script>
<button id="btn">单击我</button>
<div id="test"></div>
```

当单击按钮后，会出现图 4-16 所示的效果。

图 4-16　绑定 3 个处理函数

1．移除按钮元素上以前注册的事件

首先在网页上添加一个移除事件的按钮。

```
<button id="delAll">删除所有事件</button>
```

然后为按钮绑定一个事件，jQuery 代码如下：

```
$('#delAll').click(function(){
    //处理函数
});
```

最后需要为该事件编写处理函数用于删除元素的所有 click 事件，jQuery 代码如下：

```
$('#delAll').click(function(){
    $('#btn').unbind("click");
});
```

因为元素绑定的都是 click 事件，所以不写参数也可以达到同样的目的，jQuery 代码如下：

```
$('#delAll').click(function(){
    $('#btn').unbind();
});
```

下面来看看 unbind()方法的语法结构：

```
unbind([type],[data]);
```

第 1 个参数是事件类型，第 2 个参数是将要移除的函数，具体说明如下。

（1）如果没有参数，则删除所有绑定的事件。

（2）如果提供了事件类型作为参数，则只删除该类型的绑定事件。

（3）如果把在绑定时传递的处理函数作为第 2 个参数，则只有这个特定的事件处理函数会被删除。

2．移除<button>元素的其中一个事件

首先需要为这些匿名处理函数指定一个变量。

例如下面的 jQuery 代码：

```
$(function(){
    $('#btn').bind("click", myFun1 = function(){
        $('#test').append("<p>我的绑定函数 1</p>");
    }).bind("click", myFun2 = function(){
```

```
            $('#test').append("<p>我的绑定函数 2</p>");
    }).bind("click", myFun3 = function(){
            $('#test').append("<p>我的绑定函数 3</p>");
    });
});
```

然后就可以单独删除某一个事件了，jQuery 代码如下：

```
$('#delTwo').click(function(){
    $('#btn').unbind("click",myFun2); //删除"绑定函数 2"
});
```

当单击"删除第二个事件"按钮后，再次单击"点击我"按钮，显示图 4-17 所示的效果。

另外，对于只需要触发一次，随后就要立即解除绑定的情况，jQuery 提供了一种简写方法——one()方法。One()方法可以为元素绑定处理函数。当处理函数触发一次后，立即被删除。即在每个对象上，事件处理函数只会被执行一次。

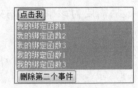

图 4-17 第 2 个函数已经被删除

One()方法的结构与 bind()方法类似，使用方法也与 bind()方法相同，其语法结构如下：

```
one( type, [data], fn );
```

示例代码如下：

```
<script type="text/javascript">
    $(function(){
        $('#btn').one("click", function(){
            $('#test').append("<p>我的绑定函数 1</p>");
        }).one("click", function(){
            $('#test').append("<p>我的绑定函数 2</p>");
        }).one("click", function(){
            $('#test').append("<p>我的绑定函数 3</p>");
        });
    });
</script>
<button id="btn">点击我</button>
<div id="test"></div>
```

使用 one()方法为<button>元素绑定单击事件后，只在用户第 1 次单击按钮时，处理函数才执行，之后的单击毫无作用。

注意：jQuery 1.7 版本中新增了 on()，off()，delegate()和 undelegate()事件绑定。具体介绍可以参考第十章。

4.1.7　模拟操作

1.　常用模拟

以上的例子都是用户必须通过单击按钮，才能触发 click 事件，但是有时，需要通过模拟用户操作，来达到单击的效果。例如在用户进入页面后，就触发 click 事件，而不需要用户去主动单击。

在 jQuery 中，可以使用 trigger()方法完成模拟操作。例如可以使用下面的代码来触发 id 为 btn 的按钮的 click 事件。

```
$('#btn').trigger("click");
```

这样，当页面装载完毕后，就会立刻输出想要的效果，如图 4-18 所示。

也可以直接用简化写法 click()，来达到同样的效果：

图 4-18　模拟操作

```
$('#btn').click();
```

2.　触发自定义事件

trigger()方法不仅能触发浏览器支持的具有相同名称的事件，也可以触发自定义名称的事件。

例如为元素绑定一个 "myClick" 的事件，jQuery 代码如下：

```
$('#btn').bind("myClick", function(){
    $('#test').append("<p>我的自定义事件.</p>");
});
```

想要触发这个事件，可以使用以下代码来实现：

```
$('#btn').trigger("myClick");
```

实现效果如图 4-19 所示。

3.　传递数据

trigger(type,[data])方法有两个参数，第 1 个参数是要触发的事件类型，第 2 个参数是要传递给事件处理函数的附加数据，以数组形式传递。通常可以通过传递一个参数给回调函数来区别这次事件是代码触发的还是用户触发的。

下面是一个传递数据的例子。

```
$('#btn').bind("myClick", function(event, message1, message2){          //获取数据
    $('#test').append( "<p>"+message1 + message2 +"</p>");
});
```

117

```
$('#btn').trigger("myClick", ["我的自定义","事件"] );                    //传递两个数据
```

图 4-19 触发自定义事件

图 4-20 传递数据

4. 执行默认操作

trigger()方法触发事件后，会执行浏览器默认操作。例如：

```
$("input").trigger("focus");
```

以上代码不仅会触发为<input>元素绑定的 focus 事件，也会使<input>元素本身得到焦点（这是浏览器的默认操作）。

如果只想触发绑定的 focus 事件，而不想执行浏览器默认操作，可以使用 jQuery 中另一个类似的方法——triggerHandler()方法。

```
$("input").triggerHandler("focus");
```

该方法会触发<input>元素上绑定的特定事件，同时取消浏览器对此事件的默认操作，即文本框只触发绑定的 focus 事件，不会得到焦点。

4.1.8 其他用法

前面已经对 bind()方法进行了介绍，bind()方法不仅能为元素绑定浏览器支持的具有相同名称的事件，也可以绑定自定义事件。不仅如此，bind()方法还能做很多的事情。

1. 绑定多个事件类型

例如可以为元素一次性绑定多个事件类型。jQuery 代码如下：

```
$(function(){
    $("div").bind("mouseover  mouseout", function(){
        $(this).toggleClass("over");
    });
});
```

当光标滑入<div>元素时，该元素的 class 切换为"over"；当光标滑出<div>元素时，class 切换为先前的值。这段代码等同于下面的代码：

```
$(function(){
    $("div").bind("mouseover", function(){
        $(this).toggleClass("over");
    }).bind("mouseout", function(){
```

```
        $(this).toggleClass("over");
    });
});
```

很显然，第 1 种方式能减少代码量，这就是 jQuery 提倡的 "write less,do more"（写得更少，做得更多）理念。

2. 添加事件命名空间，便于管理

例如可以把为元素绑定的多个事件类型用命名空间规范起来，jQuery 代码如下：

```
$(function(){
    $("div").bind("click.plugin",function(){
        $("body").append("<p>click 事件</p>");
    });
    $("div").bind("mouseover.plugin", function(){
        $("body").append("<p>mouseover 事件</p>");
    });
    $("div").bind("dblclick", function(){
        $("body").append("<p>dblclick 事件</p>");
    });
    $("button").click(function() {
        $("div").unbind(".plugin");
    });
});
```

在所绑定的事件类型后面添加命名空间，这样在删除事件时只需要指定命名空间即可。单击 <button> 元素后，"plugin" 的命名空间被删除，而不在 "plugin" 的命名空间的 "dblclick" 事件依然存在。

删除多个事件代码也可以写为以下链式代码，但显然上面的方式写得更少。

```
$("div").unbind("click").unbind("mouseover");
```

3. 相同事件名称，不同命名空间执行方法

例如可以为元素绑定相同的事件类型，然后以命名空间的不同按需调用，jQuery 代码如下：

```
$(function(){
    $("div").bind("click",function(){
        $("body").append("<p>click 事件</p>");
    });
    $("div").bind("click.plugin", function(){
        $("body").append("<p>click.plugin 事件</p>");
    });
```

```
$("button").click(function() {
    $("div").trigger("click!");    //注意 click 后面的感叹号
});
});
```

当单击<div>元素后，会同时触发 click 事件和 click.plugin 事件。如果只是单击<button>元素，则只触发 click 事件，而不触发 click.plugin 事件。注意，trigger("click!")后面的感叹号的作用是匹配所有不包含在命名空间中的 click 方法。

如果需要两者都被触发，改为如下代码即可：

```
$("div").trigger("click");    //去掉感叹号
```

到此，jQuery 中的事件已经介绍完了。下面将介绍 jQuery 中的动画。

4.2   jQuery 中的动画

动画效果也是 jQuery 库吸引人的地方。通过 jQuery 的动画方法，能够轻松地为网页添加非常精彩的视觉效果，给用户一种全新的体验。

4.2.1   show()方法和 hide()方法

1. show()方法和 hide()方法

show()方法和 hide()方法是 jQuery 中最基本的动画方法。在 HTML 文档里，为一个元素调用 hide()方法，会将该元素的 display 样式改为"none"。

例如，使用如下代码隐藏 element 元素。

```
$("element").hide();                        //通过 hide()方法隐藏元素
```

这段代码的功能与用 css()方法设置 display 属性效果相同：

```
$("element").css("display","none");         //通过 css()方法隐藏元素
```

当把元素隐藏后，可以使用 show()方法将元素的 display 样式设置为先前的显示状态（"block"或"inline"或其他除了"none"之外的值）。

jQuery 代码如下：

```
$("element").show();
```

在前面的例子中，已经多次使用 hide()方法和 show()方法，通过这两种方法可以控制"内容"的显示和隐藏。

jQuery 代码如下：

```
$(function(){
    $("#panel h5.head").toggle(function(){
        $(this).next().hide();
    },function(){
        $(this).next().show();
    });
});
```

注意 hide()方法在将"内容"的 display 属性值设置为"none"之前，会记住原先的 display 属性值（"block"或"inline"或其他除了"none"之外的值）。当调用 show()方法时，就会根据 hide()方法记住的 display 属性值来显示元素。

在本例中，"内容"的 display 属性的值是"block"，当单击"标题"链接执行 hide()方法的时候，hide()方法会做两步动作，首先会记住"内容"的 display 属性的值"block"，然后把 display 属性的值设置为"none"。

在 Firebug 工具中 DOM 结构显示效果如图 4-21 所示。

当执行 show()方法的时候，"内容"的 display 属性的值就会被还原为调用 hide()方法前的状态。

在 Firebug 工具中 DOM 结构显示效果如图 4-22 所示。

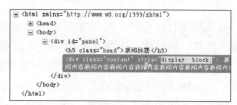

图 4-21　执行 hide()方法　　　　　　图 4-22　执行 show()方法

注意：用 jQuery 做动画效果要求要在标准模式下，否则可能会引起动画抖动。标准模式即要求文件头部包含如下的 DTD 定义：
<!DOCTYPE html PUBLIC "-//W3C//DTD XHTML 1.0 Transitional//EN"
"http://www.w3.org/TR/xhtml1/DTD/xhtml1-transitional.dtd">

2. show()方法和 hide()方法让元素动起来

show()方法和 hide()方法在不带任何参数的情况下，相当于 css("display","none/ block/inline")，作用是立即隐藏或显示匹配的元素，不会有任何动画。如果希望在调用 show()方法时，元素慢慢地显示出来，可以为 show()方法指定一个速度参数，例如，指定一个速度关键字"slow"。jQuery 代码如下：

```
$("element").show("slow");
```

运行该代码后，元素将在 600 毫秒内慢慢地显示出来。其他的速度关键字还有 "normal" 和 "fast"（长度分别是 400 毫秒和 200 毫秒）。

不仅如此，还可以为显示速度指定一个数字，单位是毫秒。

例如，使用如下代码使元素在 1 秒钟（1000 毫秒）内显示出来：

```
$("element").show(1000);
```

类似的，以下代码将使元素在 1 秒钟（1000 毫秒）内隐藏：

```
$("element").hide(1000);
```

在前面的例子中，把其中的 hide() 方法改为 hide(600)，show() 方法改为 show(600)。

jQuery 代码如下：

```
$("#panel h5.head").toggle(function(){
    $(this).next().hide(600);
},function(){
    $(this).next().show(600);
});
```

运行该代码后，当单击"标题"链接时，"内容"已经产生动画了。效果如图 4-23 所示。

从代码执行过程中，可以发现，hide(600) 方法会同时减少"内容"的高度、宽度和不透明度，直至这 3 个属性的值都为 0，最后设置该元素的 CSS 规则为 "display:none"。同理，show(600) 方法则会从上到下增大"内容"的高度，从左到右增大"内容"的宽度，同时增加"内容"的不透明度，直至新闻内容完全显示。

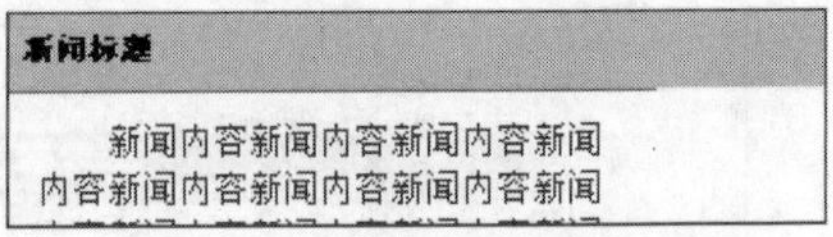

图 4-23　hide(600) 方法执行效果过程

4.2.2　fadeIn() 方法和 fadeOut() 方法

与 show() 方法不相同的是，fadeIn() 方法和 fadeOut() 方法只改变元素的不透明度。fadeOut() 方法会在指定的一段时间内降低元素的不透明度，直到元素完全消失（"display: none"）。fadeIn() 方法则相反。

在上个例子中，如果只想改变"内容"的不透明度，就可以使用 fadeOut() 方法。

jQuery 代码如下：

```
$("#panel h5.head").toggle(function(){
    $(this).next().fadeOut();
```

```
}.function(){
    $(this).next().fadeIn();
});
```

当第 1 次单击"标题"链接后,"内容"慢慢地消失了(淡出),当再次单击"标题"链接后,"内容"又慢慢地显示了(淡入),效果如图 4-24 所示。

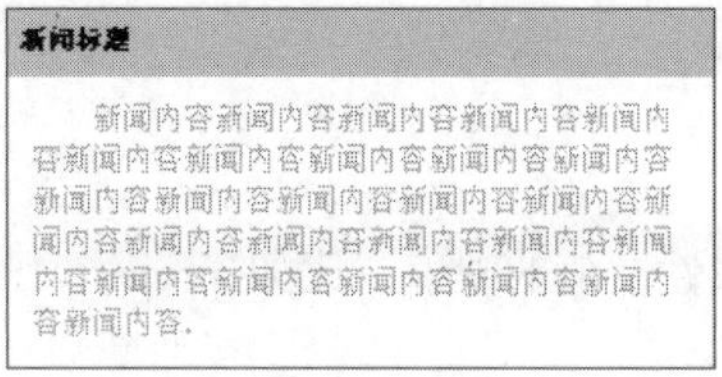

图 4-24 段落元素淡化效果

4.2.3 slideUp()方法和 slideDown()方法

slideUp()方法和 slideDown()方法只会改变元素的高度。如果一个元素的 display 属性值为 "none",当调用 slideDown()方法时,这个元素将由上至下延伸显示。slideUp()方法正好相反,元素将由下到上缩短隐藏。使用 slideUp()方法和 slideDown()方法再次对"内容"的显示和隐藏方式进行改变,代码如下:

```
$("#panel h5.head").toggle(function(){
    $(this).next().slideUp();
},function(){
    $(this).next().slideDown();
});
```

实现效果如图 4-25 所示。

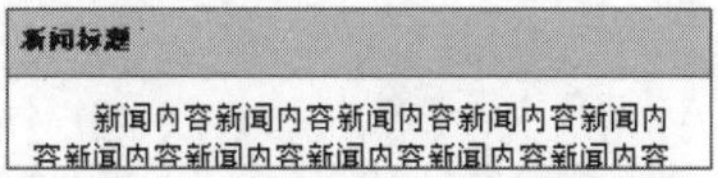

图 4-25 "内容"正在向下展开显示

注意:jQuery 中的任何动画效果,都可以指定 3 种速度参数,即"slow"、"normal"和"fast"(时间长度分别是 0.6 秒、0.4 秒和 0.2 秒)。当使用速度关键字时要加引号,例如 show("slow"),如果用数字作为时间参数时就不需要加引号,例如 show(1000)。

4.2.4 自定义动画方法 animate()

前面已经讲了 3 种类型的动画。其中 show()方法和 hide()方法会同时修改元素的多个样式属性,即高度、宽度和不透明度；fadeOut()方法和 fadeIn()方法只会修改元素的不透明度；slideDown()方法和 slideUp()方法只会改变元素的高度。

很多情况下，这些方法无法满足用户的各种需求，那么就需要对动画有更多的控制，需要采取一些高级的自定义动画来解决这些问题。在 jQuery 中，可以使用 animate()方法来自定义动画。其语法结构为：

```
animate(params, speed , callback);
```

参数说明如下。

（1）params：一个包含样式属性及值的映射，比如{property1:"value1"，property2: "value2",...}。

（2）speed：速度参数，可选。

（3）callback：在动画完成时执行的函数，可选。

1. 自定义简单动画

前面的几个例子，从不同的方面使元素动了起来，animate()方法也可以使元素动起来，而且 animate()方法更具有灵活性。通过 animate()方法，能够实现更加精致新颖的动画效果。

首先来看一个简单例子，有一个空白的 HTML 文档，里面有一个 id="panel"的<div>元素，当<div>元素被单击后，能在页面上横向飘动。

先给这个<div>元素添加 CSS 样式。

```
#panel {
    position: relative;
    width: 100px;
    height:100px;
    border: 1px solid #0050D0;
    background: #96E555;
    cursor: pointer;
}
```

此时页面的初始化效果如图 4-26 所示。

图 4-26　网页初始化效果

为了使这个元素动起来，要更改元素的 "left" 样式属性。需要注意的是在使用 animate()方法之前，为了能影响该元素的 "top"、"left"、"bottom" 和 "right" 样式属性，必须先把元素的 position 样式设置为 "relative" 或者 "absolute"。本例中，设置的是 "position:relative"，有了这个值，就可以调整元素的 left 属性，使元素动起来。

现在，添加如下 jQuery 代码：

```
$(function(){
    $("#panel").click(function(){
        $(this).animate({left: "500px"}, 3000);
    });
});
```

在本段代码中，首先为 id 为 "panel" 的元素创建一个单击事件，然后对元素加入 animate()方法，使元素在 3 秒（3000 毫秒）内，向右移动 500 像素。运行效果如图 4-27 所示。

图 4-27 ⟨div⟩元素右移 500 像素

2. 累加、累减动画

在之前的代码中，设置了 {left: "500px"} 作为动画参数。如果在 500px 之前加上 "+=" 或者 "−=" 符号即表示在当前位置累加或者累减。代码如下：

```
$(function(){
    $("#panel").click(function(){
        $(this).animate({left: "+=500px"}, 300); //在当前位置累加 500px
    });
});
```

3. 多重动画

（1）同时执行多个动画

在上面的例子中，通过控制属性 left 的值实现了动画的效果，这是一个很单一的动画。如果需要同时执行多个动画，例如在元素向右滑动的同时，放大元素的高度。根据 animate()方法的语法结构，可以写出如下的 jQuery 代码：

```
$(function(){
```

```
    $("#myImg").click(function(){
        $(this).animate({left: "500px",height:"200px"}, 3000);
    });
});
```

运行代码后，<div>元素在向右滑动的同时，也会放大高度。

（2）按顺序执行多个动画

上例中，两个动画效果（left:"500px"和 height:"200px"）是同时发生的，如果想要按顺序执行动画，例如让<div>元素先向右滑动，然后再放大它的高度，只需把代码拆开，然后按照顺序写就可以了，jQuery 代码如下：

```
$(this).animate({left: "500px"}, 3000) ;
$(this).animate({height: "200px"}, 3000);
```

因为 animate()方法都是对同一个 jQuery 对象进行操作，所以也可以改为链式的写法，代码如下：

```
$(this).animate({left: "500px"}, 3000)
        .animate({height: "200px"}, 3000);
```

这样一来，就满足上文提出的需求了。在"left"这个定位属性改变之前，"height"属性将不会被改变。像这样，动画效果的执行具有先后顺序，称为"动画队列"。

4. 综合动画

接下来将完成更复杂的动画。单击<div>元素后让它向右移动的同时增大它的高度，并将它的不透明度从 50%变换到 100%，然后再让它从上到下移动，同时它的宽度变大，当完成这些效果后，让它以淡出的方式隐藏。

实现这些功能的 jQuery 代码如下：

```
$(function(){
    $("#panel").css("opacity", "0.5");//设置不透明度
    $("#panel").click(function(){
        $(this).animate({left:"400px",height:"200px",opacity:"1"},3000)
            .animate({top: "200px", width :"200px"}, 3000 )
            .fadeOut("slow");
    });
});
```

运行代码后，动画效果一步步执行完毕。通过这个例子可以看出，为同一元素应用多重效果时，可以通过链式方式对这些效果进行排队。

4.2.5　动画回调函数

在上例中，如果想在最后一步切换元素的 CSS 样式，而不是隐藏元素：

```
css("border","5px solid blue");
```

如果只是按照常规的方式，将 fadeOut ("slow") 改为 css ("border","5px solid blue")

这样并不能得到预期效果。预期的效果是在动画的最后一步改变元素的样式，而实际的效果是，刚开始执行动画的时候，css()方法就被执行了。

出现这个问题的原因是 css()方法并不会加入到动画队列中，而是立即执行。可以使用回调函数（callback）对非动画方法实现排队。只要把 css()方法写在最后一个动画的回调函数里即可。代码如下：

```
$("#panel").click(function(){
        $(this).animate({left: "400px", height:"200px" ,opacity: "1"}, 3000)
              .animate({top: "200px" , width :"200px"}, 3000, function(){
                  $(this).css("border","5px solid blue");
              })
    });
```

这样一来，css()方法就加入到动画队列中了，从而满足了上文提出的需求。

> **注意：** callback 回调函数适用于 jQuery 所有的动画效果方法，例如 slideDown()方法的回调函数：
>
> ```
> $("#element").slideDown("normal", function(){
> //在效果完成后做其他的事情
> });
> ```
>
> 这段代码表示 id = "element"的元素将在 0.4 秒内（正常速度）向下完全展开。当动画完成后，执行回调函数体内的代码。

4.2.6　停止动画和判断是否处于动画状态

1. 停止元素的动画

很多时候需要停止匹配元素正在进行的动画，例如上例的动画，如果需要在某处停止动画，需要使用 stop()方法。stop()方法的语法结构为：

```
stop([clearQueue],[gotoEnd]);
```

参数 clearQueue 和 gotoEnd 都是可选的参数，为 Boolean 值（ture 或 flase）。clearQueue 代表是

否要清空未执行完的动画队列，gotoEnd 代表是否直接将正在执行的动画跳转到末状态。

如果直接使用 stop()方法，则会立即停止当前正在进行的动画，如果接下来还有动画等待继续进行，则以当前状态开始接下来的动画。经常会遇到这种情况，在为一个元素绑定 hover 事件之后，用户把光标移入元素时会触发动画效果，而当这个动画还没结束时，用户就将光标移出这个元素了，那么光标移出的动画效果将会被放进队列之中，等待光标移入的动画结束后再执行。因此如果光标移入移出得过快就会导致动画效果与光标的动作不一致。此时只要在光标的移入、移出动画之前加入 stop()方法，就能解决这个问题。stop()方法会结束当前正在进行的动画，并立即执行队列中的下一个动画。以下代码就可以解决刚才的问题。

```
$("#panel").hover(function() {
    $(this).stop()
          .animate({height : "150",width : "300"} , 200 ):
  }.function() {
      $(this).stop()
          .animate({height : "22",width : "60" } , 300 ):
});
```

如果遇到组合动画，例如：

```
$("#panel").hover(function() {
      $(this).stop()
          .animate({height : "150"},200)        //如果在此时触发了光标移出的事件
                                                 //将执行下面的动画
                                                 //而非光标移出事件中的动画

          .animate({width : "300" } , 300 );
    }.function() {
      $(this).stop()
          .animate({height : "22" } , 200 )
          .animate({width : "60" } , 300 );
  });
```

此时只用一个不带参数的 stop()方法就显得力不从心了。因为 stop()方法只会停止正在进行的动画，如果动画正执行在第 1 阶段（改变 height 的阶段），则触发光标移出事件后，只会停止当前的动画，并继续进行下面的 animate({width : "300" } , 300) 动画，而光标移出事件中的动画要等这个动画结束后才会继续执行，这显然不是预期的结果。这种情况下 stop()方法的第 1 个参数就发挥作用了，可以把第 1 个参数（clearQueue）设置为 true，此时程序会把当前元素接下来尚未执行完的动画队列都清空。把上面的代码改成如下代码，就能实现预期的效果。

```
$("#panel").hover(function() {
      $(this).stop(true)
          .animate({height:"150"}. 200 )        //如果在此时触发了光标移出事件
                                                 //直接跳过后面的动画队列

          .animate({width : "300" } . 300 )
```

```
},function() {
    $(this).stop(true)
        .animate({height : "22" } , 200 )
        .animate({width : "60" } , 300 )
});
```

第 2 个参数（gotoEnd）可以用于让正在执行的动画直接到达结束时刻的状态，通常用于后一个动画需要基于前一个动画的末状态的情况，可以通过 stop(false,true)这种方式来让当前动画直接到达末状态。

当然也可以两者结合起来使用 stop(true,true)，即停止当前动画并直接到达当前动画的末状态，并清空动画队列。

注意，jQuery 只能设置正在执行的动画的最终状态，而没有提供直接到达未执行动画队列最终状态的方法。例如有一组动画：

```
$("div.content")
    .animate({width : "300" } , 200 )
    .animate({height : "150" } , 300 )
    .animate({ opacity : "0.2" } , 2000 );
```

无论怎么设置 stop()方法，均无法在改变"width"或者"height"时，将此<div>元素的末状态变成 300×150 的大小，并且设置透明度为 0.2。

2. 判断元素是否处于动画状态

在使用 animate()方法的时候，要避免动画积累而导致的动画与用户的行为不一致。当用户快速在某个元素上执行 animate()动画时，就会出现动画积累。解决方法是判断元素是否正处于动画状态，如果元素不处于动画状态，才为元素添加新的动画，否则不添加。代码如下：

```
if(! $(element).is(":animated")){          //判断元素是否正处于动画状态
    //如果当前没有进行动画，则添加新动画
}
```

这个判断方法在 animate()动画中经常被用到，需要特别注意。

3. 延迟动画

在动画执行的过程中，如果想对动画进行延迟操作，那么可以使用 delay()方法，使用方式如下：

```
$(this).animate({left: "400px", height:"200px" ,opacity: "1"}, 3000)
    .delay(1000)
    .animate({top: "200px" , width :"200px"}, 3000 )
    .delay(2000)
    .fadeOut("slow");
```

delay()方法允许我们将队列中的函数延时执行。它既可以推迟动画队列中函数的执行，也可以用于自定义队列。

4.2.7 其他动画方法

除了上面提到的动画方法，jQuery 中还有 4 个专门用于交互的动画方法。

- toggle(speed, [callback])。
- slideToggle(speed, [easing], [callback])。
- fadeTo(speed, opacity, [callback])。
- fadeToggle (speed, [easing], [callback])。

1. toggle()方法

toggle()方法可以切换元素的可见状态。如果元素是可见的，则切换为隐藏的；如果元素是隐藏的，则切换为可见的。

给"内容"添加 toggle()事件，代码如下：

```
$("#panel h5.head").click(function(){
    $(this).next().toggle();
});
```

当单击"标题"链接后，"内容"会在可见和隐藏两种状态之间切换。

相当于以下 jQuery 代码：

```
$("#panel h5.head").toggle(function(){
    $(this).next().hide();
},function(){
    $(this).next().show();
});
```

2. slideToggle()方法

slideToggle()方法通过高度变化来切换匹配元素的可见性。这个动画效果只调整元素的高度。

给"内容"添加 slideToggle()事件，代码如下：

```
$("#panel h5.head").click(function(){
    $(this).next().slideToggle();
});
```

当单击"标题"链接后，"内容"会在可见和隐藏两种状态之间切换，不过是通过改变元素的高度来实现的。

相当于以下 jQuery 代码：

```
$("#panel h5.head").toggle(function(){
    $(this).next().slideUp();
},function(){
    $(this).next().slideDown();
});
```

3. fadeTo()方法

fadeTo()方法可以把元素的不透明度以渐进方式调整到指定的值。这个动画只调整元素的不透明度，即匹配的元素的高度和宽度不会发生变化。

给"内容"添加 fadeTo()事件，代码如下：

```
$("#panel h5.head").click(function(){
    $(this).next().fadeTo(600, 0.2);
});
```

当"标题"链接被单击后，"内容"会渐渐地调整到指定的不透明度（20%）。

4. fadeToggle()方法

fadeToggle()方法通过不透明度变化来切换匹配元素的可见性。这个动画效果只调整元素的不透明度。

给"内容"添加 fadeToggle()事件，代码如下：

```
$("#panel h5.head").click(function(){
    $(this).next().fadeToggle();
});
```

相当于以下 jQuery 代码：

```
$("#panel h5.head").toggle(function(){
    $(this).next().fadeOut();
},function(){
    $(this).next().fadeIn();
});
```

4.2.8　动画方法概括

从基本动画方法 hide()和 show()到 fadeIn()和 fadeOut()，然后到 slideUp()和 slideDown()，再到自定义动画方法 animate()，最后到交互动画方法 toggle()、slideToggle()，fadeTo()和 fadeToggle()。在介绍了如此多的动画方法后，现总结概括如下。

1. 改变样式属性

表 4-1   动画方法说明

方 法 名	说　　　明
hide()和 show()	同时修改多个样式属性即高度、宽度和不透明度
fadeIn()和 fadeOut()	只改变不透明度
slideUp()和 slideDown()	只改变高度
fadeTo()	只改变不透明度
toggle()	用来代替 hide()方法和 show()方法，所以会同时修改多个样式属性即高度、宽度和不透明度
slideToggle()	用来代替 slideUp()方法和 slideDown()方法，所以只能改变高度
fadeToggle()	用来代替 fadeIn()方法和 fadeOut()方法，所以只能改变不透明度
animate()	属于自定义动画的方法，以上各种动画方法实质内部都调用了 animate()方法。此外，直接使用 animate()方法还能自定义其他的样式属性，例如："left"、"marginLeft"、"scrollTop"等

需要特别注意 animate()方法，可以使用它来替代其他所有的动画方法。

● 用 animate()方法代替 show()方法：

```
$("p").animate({height : "show" , width : "show" , opacity : "show" } , 400 );
```

等价于：

```
$("p").show(400);
```

● 用 animate()方法代替 fadeIn()方法：

```
$("p").animate({ opacity : "show" } , 400 );
```

等价于：

```
$("p").fadeIn(400);
```

● 用 animate()方法代替 slideDown()方法：

```
$("p").animate({height : "show" } , 400 );
```

等价于：

```
$("p").slideDown(400);
```

● 用 animate()方法代替 fadeTo()方法：

```
$("p").animate({ opacity : "0.6" } , 400 );
```

等价于：

```
$("p").fadeTo( 400 , 0.6 );
```

事实上，这些动画就是 animate()方法的一种内置了特定样式属性的简写形式。在 animate()方法中，这些特定样式的属性值可以为 "show"、"hide" 和 "toggle"，也可以是自定义数字（值）。

2．动画队列

（1）一组元素上的动画效果

● 当在一个 animate()方法中应用多个属性时，动画是同时发生的。

● 当以链式的写法应用动画方法时，动画是按照顺序发生的（除非 queue 选项值为 false）。

（2）多组元素上的动画效果

● 默认情况下，动画都是同时发生的。

● 当以回调的形式应用动画方式时（包括动画的回调函数和 queue()方法的回调函数），动画是按照回调顺序发生的。

另外，在动画方法中，要注意其他非动画方法会插队，例如 css()方法要使非动画方法也按照顺序执行，需要把这些方法写在动画方法的回调函数中或者 queue()方法中。

4.3　视频展示效果实例

下面通过制作某视频网的视频展示效果，使读者对 jQuery 的事件和动画效果有一个更为全面的了解。视频展示效果如图 4-28 所示。

图 4-28　视频展示效果

用户可以单击左上角的左右箭头，来控制视频展示的左右滚动。当单击向右箭头时，下面的展示视频会向左滚动隐藏，同时新的视频展示会以滚动方式显示出来。在模拟这个效果之前，需要明确哪些是必须要做的。

● 当视频展示内容处于最后一个版面的时候，如果再向后，则应该跳转到第一个版面。

● 当视频展示内容处于第一个版面的时候，如果再向前，就应该跳转到最后一个版面。

● 左上角的箭头旁边的蓝色圆点应该与动画一起切换，它代表着当前所处的版面。

理清思路后，就可以开始动手制作这个效果。

首先把页面结构设计好，可以把 HTML 结构简化成如下形式：

```
<div class="v_show">
  <div class="v_caption">
        //头部标题，按钮等
  </div>
  <div class="v_content">
        //视频内容展示区域
  </div>
</div>
```

最终实际页面的 HTML 代码如下：

```
<div class="v_show">
    <div class="v_caption">
        <h2 class="cartoon" title="卡通动漫">卡通动漫</h2>
        <div class="highlight_tip">
            <span class="current">1</span><span>2</span><span>3</span> <span> 4</span>
        </div>
        <div class="change_btn">
            <span class="prev" >上一页</span>
            <span class="next">下一页</span>
        </div>
        <em><a href="#">更多>></a></em>
    </div>
    <div class="v_content">
        <div  class="v_content_list">
            <ul>
                <li><a href="#"><img src="img/01.jpg" alt="海贼王" /> </a><h4><a href="#">海贼王
</a></h4><span>播放:<em>28,276</em></span></li>
                [ ..中间的 li 元素省略...]
                <li><a href="#"><img  src="img/04.jpg" alt="龙珠" /></a> <h4><a href="#">龙珠
</a></h4><span>播放 <em>57,865</em></span></li>
            </ul>
        </div>
    </div>
</div>
```

为页面的 HTML 代码应用 CSS 后，初始化页面如图 4-29 所示。

图 4-29　初始化页面

接下来的工作是按照需求编写脚本，来控制页面的交互。

首先通过 jQuery 选择器获取向右的箭头的元素，然后为它绑定 click 事件。

因为"向右箭头"和"视频展示区域"在同一个祖先元素下，所以可以通过"向右箭头"来找到"视频展示区域"。首先获取"向右箭头"的祖先元素，然后在祖先元素下寻找"视频展示区域"。

jQuery 代码如下：

```
$("span.next").click(function(){                      //绑定 click 事件
    var $parent = $(this).parents("div.v_show");      //根据当前单击的元素获取到父元素
    var $v_show = $parent.find("div.v_content_list");  //找到"视频内容展示区域"
    var  $v_content=$parent.find("div.v_content");     //找到"视频内容展示区域"外围的 div
})
```

找到相应的元素之后，就可以给相应的元素添加动画效果了。可以通过使用 animate()方法控制"视频展示区域"的 left 样式属性的值来达到动画效果。很容易就可以获取 left 的值，left 的值就等于每个版面的宽度。

可以使用 width()方法来获取每个版面的宽度，代码如下：

```
var v_width = $v_content.width() ;   //获取区域内容的宽度，带单位
```

完成这一步后，此时的代码如下：

```
$("span.next").click(function(){                      //绑定 click 事件
    var $parent = $(this).parents("div.v_show");      //根据当前单击的元素获取到父元素
    var $v_show = $parent.find("div.v_content_list");  //找到"视频内容展示区域"
    var $v_content = $parent.find("div.v_content");

                                                      //找到"视频内容展示区域"外围的 div
    var v_width = $v_content.width();
    if( 当动画到最后一版面 ){
        $v_show.animate({ left : '0px'}, "normal");

                                                      //通过改变 left 值，跳转到第 1 版面
    }else{
        $v_show.animate({ left : '-='+v_width }, "normal");

                                                      //改变 left 值，达到每次换一个版面
    }
});
```

现在的问题是如何知道动画已经到达最后一版。

"视频展示区域"每个版面摆放了 4 张视频图片，如果能够获取到视频图片的总数，然后用总数除以 4 就可以得到总的版面数。例如总共有 8 张视频图片，那么就是 2 个版面；如果有 12 张视

频图片，那么就是 3 个版面；如果只有 9 张视频图片，则必须把小数向上舍入，即 3 个版面。在还没有到达最后一个版面之前，需要在当前版面数的基础上加 1，当到达最后一个版面时（即当前的版面数等于总的版面数），则需要把当前的版面数设置为 1，使之重新开始动画效果。

首先初始化当前的版面数为 1，即第 1 个版面：

```
var  page = 1;
```

然后根据刚才的分析，写出如下代码：

```
var page = 1;
var i = 4;                                    //每版放 4 个图片
$("span.next").click(function(){              //绑定 click 事件
    var $parent = $(this).parents("div.v_show");      //根据当前单击的元素获取到父元素
    var $v_show = $parent.find("div.v_content_list");//找到"视频内容展示区域"
    var $v_content = $parent.find("div.v_content");
                                              //找到"视频内容展示区域"外围的 div
    var v_width = $v_content.width() ;
    var len = $v_show.find("li").length;      //总的视频图片数
    var page_count = Math.ceil(len / i) ;
                                              //只要不是整数，就往大的方向取最小的整数
    if( page == page_count ){
                          //已经到最后一个版面了，如果再向后，必须跳转到第 1 个版面。
        $v_show.animate({ left : '0px'}, "slow");
                                              //通过改变 left 值，跳转到第 1 个版面
        page = 1;
        }else{
        $v_show.animate({ left : '-='+v_width }, "slow");
                                              //改变 left 值，达到每次换一个版面
        page++;
    }
});
```

这一步完成后，还需要使左上角的箭头旁边的蓝色圆点跟随动画一起切换，来标识当前所处的版面。只需要把样式 "current" 添加到代表当前版面的 "蓝色圆点" 上就可以了。

如果想知道当前的版面数，方法很简单，其实前面的代码已经完成了这个任务，变量 page 的值就是版面数。由于 eq() 方法的下标是从 0 开始，因此只要把 page 减去 1 就可得到当前的版面数，然后使用下面的代码来标识当前版面：

```
$parent.find("span").eq((page-1)).addClass("current").siblings().removeClass("current");
//给指定的 span 元素添加 current 样式，然后去掉 span 元素的同辈元素上的 current 样式
```

此时，把代码整合，如下所示：

```
var page = 1;
var i = 4;                                           //每版放 4 张图片
// "向右" 按钮
$("span.next").click(function(){                     //绑定 click 事件
    var $parent = $(this).parents("div.v_show");     //根据当前单击的元素获取到父元素
    var $v_show = $parent.find("div.v_content_list");//寻找到 "视频内容展示区域"
    var $v_content = $parent.find("div.v_content");

                                                     //寻找到 "视频内容展示区域" 外围的 div
    var v_width = $v_content.width() ;
    var len = $v_show.find("li").length;             //总的视频图片数
    var page_count = Math.ceil(len / i) ;

                                                     //只要不是整数，就往大的方向取最小的整数

    if( page == page_count ){
                               //已经到最后一个版面了，如果再向后，必须跳转到第 1 个版面。
        $v_show.animate({ left : '0px'}, "slow");
                                                     //通过改变 left 值，跳转到第 1 个版面
        page = 1;
    }else{
        $v_show.animate({ left : '-='+v_width }, "slow");
                                               //改变 left 值，达到每次换一个版面
        page++;
    }
    $parent.find("span").eq((page-1)).addClass("current").siblings().removeClass("current");
});
```

运行上面的代码，慢慢地单击向右按钮，并没有发现任何问题，但是如果快速地单击 "向右" 按钮，就会出现问题了：放开光标，图片还在滚动。

在前面已经介绍过动画队列，这里的问题就是由动画队列引起的。当快速单击 "向右" 按钮时，单击产生的动画会追加到动画队列中，从而出现放开光标之后，图片还在继续滚动的情况。

为了解决这个问题，可以在动画方法外围加一段判断元素是否处于动画状态的代码，如下所示：

```
if( !$v_show.is(":animated")  ){ //判断 "视频内容展示区域" 是否正在处于动画
```

如果不处于动画，则给它添加下一个动画。

最终的 jQuery 代码如下：

```
$(function(){
    var page = 1;
    var i = 4;                                       //每版放 4 张图片
    $("span.next").click(function(){                 //绑定 click 事件
```

```
            var $parent = $(this).parents("div.v_show");
                                                            //根据当前单击元素获取到父元素
            var $v_show = $parent.find("div.v_content_list");
                                                            //寻找到"视频内容展示区域"
             var $v_content = $parent.find("div.v_content");
                                                            //寻找"视频内容展示区域"外围 div
            var v_width = $v_content.width() ;
            var len = $v_show.find("li").length;
            var page_count = Math.ceil(len / i) ;
                                                            //只要不是整数，就往大的方向取最小的整数
            if( !$v_show.is(":animated") ){
                                                            //判断"视频内容展示区域"是否正在处于动画
                //已经到最后一个版面了，如果再向后，必须跳转到第 1 个版面
                if( page == page_count ){
                    $v_show.animate({ left : '0px'}, "slow");
                                                            //改变 left 值，跳转到第 1 个版面
                    page = 1;
                }else{
                    //通过改变 left 值，达到每次换一个版面
                    $v_show.animate({ left : '-='+v_width }, "slow");
                    page++;
                }
                $parent.find("span").eq((page-1)).addClass("current")
                    .siblings().removeClass("current");
            }
        });
    });
```

运行代码后，单击"向右"按钮，效果一切正常。此时已经把"向右"按钮的交互效果完成了。"向左"按钮的交互代码与"向右"按钮类似，区别是在当前的版面数已经为第 1 版时，如果再往前，则需要把版面跳转到最后一个版面，操作代码如下：

```
if( !$v_show.is(":animated") ){        //判断"视频内容展示区域"是否正在处于动画
    if( page == 1 ){                   //已经到第 1 个版面了，如果再向前，必须跳转到最后一个版面
        $v_show.animate({ left : '-='+v_width*(page_count-1) }, "slow");
        page = page_count;
    }else{
        $v_show.animate({ left : '+='+v_width }, "slow");
        page--;
    }
}
```

此时，效果就完成了，"向右"和"向左"按钮都可以单击，动画效果也能正常运行，并且当

前版面也能被标识。效果如图 4-30 所示。

图 4-30　动画效果

> **注意：** JavaScript 的动画效果跟 CSS 密不可分，在上例中，为元素设置合适的 CSS 属性也至关重要，
> 比如，我们为 "v_content" 设置了 overflow: hidden; position: relative;，而后为它的子元素设
> 置了 position: absolute;。

4.4　小结

本章主要讲解了 jQuery 里的事件和动画。

本章上半部分讲解的是 jQuery 中的事件。从最开始的页面装载讲起，在这个过程中，进一步介绍了 ready()方法；其次介绍了如何为元素绑定事件；接下来介绍了 jQuery 的两个自定义事件 hover()方法和 toggle()方法；然后通过例子来讲解事件冒泡和阻止默认操作；最后讲解了移除事件 unbind()方法，模拟事件 trigger()方法和 bind()方法的其他用法。

本章下半部分讲解的是 jQuery 中的动画。首先从最简单的动画方法 show()和 hide()方法开始介绍，通过带参数和不带参数两种方法来实现动画效果，参数可以使用速度关键字 slow.fast 和 normal，也可以自己定义数字。接下来讲解了 fadeIn()和 fadeOut()方法，slideUp()和 slideDown()方法，通过这些方法也能达到同样的动画效果。最后，介绍了最重要的一种方法即 animate()方法，通过此方法不仅能实现前面的所有动画，也能自定义动画。在做动画的过程中，需要特别注意动画的执行顺序，也要注意非动画方法会插队，可以通过动画方法的回调函数解决这个问题。

本章最后通过某视频网站的动画效果，进一步加深了读者对事件和动画的了解。

第 5 章　jQuery 对表单、表格的操作及更多应用

通过前面 4 章的介绍和学习，读者已经对 jQuery 比较熟悉了，本章将通过讲解 jQuery 在表单（Form）和表格（Table）中的应用来加深对 jQuery 的理解。表单和表格都是 HTML 的重要组成部分，分别用于采集、提交用户输入的信息和显示列表数据。通过本章的实战锻炼，相信读者的 jQuery 技能又有一个极大的提高。

5.1　表单应用

一个表单有 3 个基本组成部分。

（1）表单标签：包含处理表单数据所用的服务器端程序 URL 以及数据提交到服务器的方法。

（2）表单域：包含文本框、密码框、隐藏域、多行文本框、复选框、单选框、下拉选择框和文件上传框等。

（3）表单按钮：包括提交按钮、复位按钮和一般按钮，用于将数据传送到服务器上或者取消传送，还可以用来控制其他定义了处理脚本的处理工作。

本节主要讲解 jQuery 在表单域中的应用。

5.1.1　单行文本框应用

文本框是表单域中最基本的元素，基于文本框的应用有很多。此处只简单介绍其中的一个应用——获取和失去焦点改变样式。

首先，在网页中创建一个表单，HTML 代码如下：

```html
<form action="#" method="POST" id="regForm">
    <fieldset>
        <legend>个人基本信息</legend>
        <div>
            <label for="username">名称:</label>
            <input id="username" type="text">
```

```
            </div>
            <div>
                <label for="pass">密码:</label>
                <input id="pass" type="password">
            </div>
            <div>
                <label for="msg">详细信息:</label>
                <textarea id="msg"></textarea>
            </div>
        </fieldset>
    </form>
```

应用样式后，初始化网页效果如图 5-1 所示。

当文本框获取焦点后，它的颜色需要有变化；当它失去焦点后，则要恢复为原来的样式。此功能可以极大地提升用户体验，使用户的操作可以得到及时的反馈。可以使用 CSS 中的伪类选择符来实现以上的功能。

图 5-1　初始化网页效果

CSS 代码如下：

```
input:focus , textarea:focus{
        border: 1px solid #f00;
        background: #fcc;
}
```

但是 IE 6 并不支持除超链接元素之外的:hover 伪类选择符，此时可以用 jQuery 来弥补 I E6 对 CSS 支持的不足。

首先在 CSS 中添加一个类名为 focus 的样式。

CSS 代码如下：

```
.focus {
        border: 1px solid #f00;
        background: #fcc;
}
```

然后为文本框添加获取和失去焦点事件。

jQuery 代码如下：

```
$(function(){
    $(":input").focus(function(){
        $(this).addClass("focus");
    }).blur(function(){
```

```
                $(this).removeClass("focus");
        });
    });
```

当文本框获得焦点时，会出现图 5-2 所示的效果。

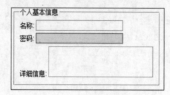

图 5-2　文本框获取焦点

经过处理后，在 I E6 下也可以呈现令人满意的效果。

5.1.2　多行文本框应用

1.　高度变化

例如某网站的评论框，如图 5-3 所示。

在图 5-3 的右上角，有"+（放大）"和"-（缩小）"的按钮，它们的功能就是用来控制评论框的高度的。例如单击"-"按钮，评论框的高度将会缩小，如图 5-4 所示。

图 5-3　某网站评论框

图 5-4　评论框高度缩小

评论框也需要设置最小高度和最大高度，当达到界限后再单击按钮，评论框的高度就不会再有任何变化。

首先创建一个表单，其中包含评论框，HTML 代码如下：

```
<form>
    <div class="msg">
        <div class="msg_caption">
            <span class="bigger" >放大</span>
            <span class="smaller" >缩小</span>
        </div>
```

```
            <div>
                <textarea id="comment" rows="8" cols="20">多行文本框高度变化.多行文本框高度变化.多行文
本框高度变化.多行文本框高度变化.多行文本框高度变化.多行文本框高度变化.多行文本框高度变化.多行文本框高度变
化.多行文本框高度变化.</textarea>
            </div>
        </div>
    </form>
```

然后需要思考以下两种情况。

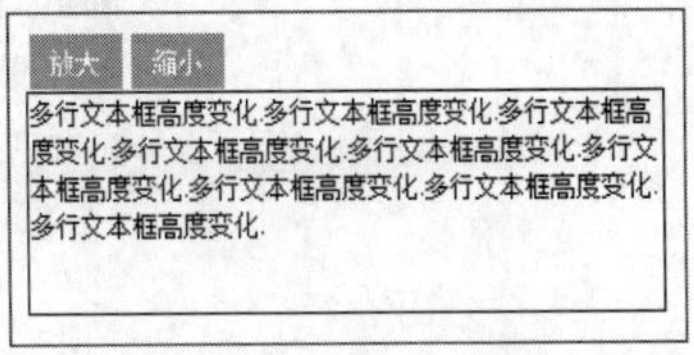

（1）当单击"放大"按钮后，如果评论框的高度小于 500px，则在原有高度的基础上增加 50px。

（2）当单击"缩小"按钮后，如果评论框的高度大于 50px，则在原有高度的基础上减去 50px。

图 5-5　初始化网页效果

jQuery 代码如下：

```
$(function(){
    var $comment = $('#comment');                    //获取评论框
    $('.bigger').click(function(){                    // "放大" 按钮绑定单击事件
        if( $comment.height() < 500 ){
        //重新设置高度，在原有的基础上加 50
        $comment.height( $comment.height() + 50 );
        }
    });
    $('.smaller').click(function(){                   // "缩小" 按钮绑定单击事件
        if( $comment.height() > 50 ){
            //重新设置高度，在原有的基础上减 50
            $comment.height( $comment.height() - 50 );
        }
    });
});
```

当单击"放大"或"缩小"按钮后，评论框就有了相应的变化，但此时评论框的变化效果很呆板，缺乏缓冲效果。在动画章节里，讲解过自定义动画方法 animate()，此处可以将其中的一段代码：

```
$comment.height(  $comment.height() + 50 );
```

改为：

```
$comment.animate({ height : "+=50" },400);
```

因此，当单击"放大"按钮后，评论框的高度会在 0.4 秒内将增大 50 px。

注意在动画的过程中，需要判断评论框是否正处于动画，如果处于动画过程中，则不追加其他动画，以免造成动画队列不必要的累积，使效果出现问题。

最终的 jQuery 代码为如下：

```
$(function(){
    var $comment = $('#comment');                         //获取评论框
    $('.bigger').click(function(){                        // "放大"按钮绑定单击事件
        if(!$comment.is(":animated")){                    //判断是否处于动画
            if( $comment.height() < 500 ){
                //重新设置高度，在原有的基础上加 50
                $comment.animate({ height : "+=50" },400);
            }
        }
    })
    $('.smaller').click(function(){                       // "缩小"按钮绑定单击事件
        if(!$comment.is(":animated")){                    //判断是否处于动画
            if( $comment.height() > 50 ){
                //重新设置高度，在原有的基础上减 50
                $comment.animate({ height : "-=50" },400);
            }
        }
    });
});
```

此时评论框的高度变化具有一定的缓冲效果，比直接用 height()方法的效果好多了。

2. 滚动条高度变化

在多行文本框中，还有另外一个应用，就是通过控制多行文本框的滚动条的变化，使文本框里的内容滚动。

与控制高度的方法相同，只不过此处需要控制的是另一个属性，即 scrollTop。将以上代码改成如下：

```
$(function(){
    var $comment = $('#comment');                         //获取评论框
    $('.up').click(function(){                            // "向上"按钮绑定单击事件
        if(!$comment.is(":animated")){                    //判断是否处于动画
            $comment.animate({ scrollTop : "-=50" } , 400);
        }
    })
    $('.down').click(function(){                          // "向下"按钮绑定单击事件
        if(!$comment.is(":animated")){                    //判断是否处于动画
            $comment.animate({ scrollTop : "+=50" } , 400);
```

```
        }
    });
});
```

当单击"向上"或者"向下"按钮时，评论框的滚动条就会滚动到指定的位置，效果如图 5-6
所示。

图 5-6　通过控制 scrollTop，使内容滚动

5.1.3　复选框应用

对复选框最基本的应用，就是对复选框进行全选、反选和全不选等操作。复杂的操作需要与选
项挂钩，来达到各种级联反应效果。

首先在空白网页中创建一个表单，其中放入一组复选框，HTML 代码如下：

```
<form>
    你爱好的运动是? <br/>
    <input type="checkbox" name="items" value="足球"/>足球
    <input type="checkbox" name="items" value="篮球"/>篮球
    <input type="checkbox" name="items" value="羽毛球"/>羽毛球
    <input type="checkbox" name="items" value="乒乓球"/>乒乓球<br/>
    <input type="button" id="CheckedAll" value="全　选"/>
    <input type="button" id="CheckedNo" value="全不选"/>
    <input type="button" id="CheckedRev" value="反　选"/>
    <input type="button" id="send" value="提　交"/>
</form>
```

如果需要使复选框处于选中或者不选状态，必须通过控制元素的 checked 属性来达到目的。如
果属性 checked 的值为 true，说明被选中；如果值为 false，说明没被
选中。因此可以基于这个属性来完成需求。

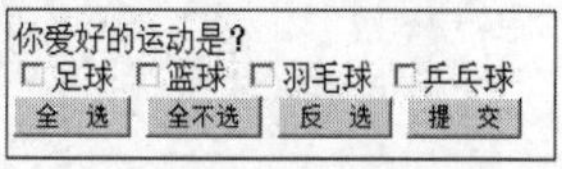

全选操作就是当用户单击"全选"按钮时，需要将复选框组全部

图 5-7　网页初始化呈现效果

选中。此时，需要为"全选"按钮绑定单击事件，然后使用选择符寻找符合要求的复选框，最后通
过 attr()方法来设置属性 checked 的值，使之选中。jQuery 代码如下：

```
$("#CheckedAll").click(function(){
    $('[name=items]:checkbox').attr('checked', true);
});
```

全不选操作，只需要将复选框的 checked 属性的值设置为 false，就可以实现，jQuery 代码如下：

```
$("#CheckedNo").click(function(){
        $('[name=items]:checkbox').attr('checked', false);
});
```

反选操作稍微有些复杂，需要循环每一个复选框进行设置，取它们值的反值，即如果是 true，就设置为 false；如果是 false，就设置为 true，此种情况下可以使用非运算符"!"。

使用下面的代码来实现反选操作：

```
$("#CheckedRev").click(function(){
    $('[name=items]:checkbox').each(function(){
        $(this).attr("checked", !$(this).attr("checked") );
    });
});
```

此处用 jQuery 的 attr() 方法来设置属性 checked 的有些复杂，如果改用 JavaScript 原生的 DOM 方法，将比创建 jQuery 对象更有效、简洁。

简化后的代码为如下：

```
$("#CheckedRev").click(function(){
    $('[name=items]:checkbox').each(function(){
        this.checked=!this.checked;
    });
});
```

复选框被选中后，用户单击"提交"按钮，需要将选中的项的值输出。可以通过 val() 方法获取选中的值。jQuery 代码如下：

```
$("#send").click(function(){
    var str="你选中的是：\r\n";
    $('[name=items]:checkbox:checked').each(function(){
        str += $(this).val()+"\r\n";
    });
    alert(str);
});
```

单击"提交"按钮后，显示效果如图 5-8 所示。

此处不用按钮来控制复选框的全选与全不选，而用另一个复选框来控制，将按钮代码用一个复选框来代替，HTML 代码如下：

```
<form>
    你爱好的运动是？
```

```
    <input type="checkbox" id="CheckedAll" />全选/全不选<br/>
    <input type="checkbox" name="items" value="足球"/>足球
    <input type="checkbox" name="items" value="篮球"/>篮球
    <input type="checkbox" name="items" value="羽毛球"/>羽毛球
    <input type="checkbox" name="items" value="乒乓球"/>乒乓球<br/>
    <input type="button" id="send" value="提　交"/>
</form>
```

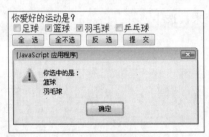

图 5-8　选中输出

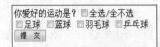

图 5-9　对另一个复选框控制

首先需要对另一个复选框控制，如图 5-9 所示。根据前面的功能代码，可以写出下面的代码：

```
$("#CheckedAll").click(function(){
    if(this.checked){                      //如果当前单击的复选框被选中
        $('[name=items]:checkbox').attr("checked", true );
    }else{
        $('[name=items]:checkbox').attr("checked", false );
    }
});
```

进一步观察思考后发现，所有复选框的 checked 属性的值和控制全选的复选框的 checked 属性的值是相同的，因此可以省略 if 判断，直接赋值，代码如下：

```
$("#CheckedAll").click(function(){
    $('[name=items]:checkbox').attr("checked", this.checked );
});
```

当单击 id 为“CheckedAll”的复选框后，复选框组将被选中。当在复选框组里取消某一个选项的选中状态时，id 为“CheckedAll”的复选框并没有被取消选中状态，而此时需要它和复选框组能够联系起来，即复选框组里如果有一个或者更多没选中时，则取消 id 为“CheckedAll”的复选框的选中状态；如果复选框组都被选中时，则 id 为“CheckedAll”的复选框也自动被选中。

因此需要对复选框组进行操作，以通过它们来控制 id 为“CheckedAll”的复选框。具体实现思路如下。

（1）对复选框组绑定单击事件。

（2）定义一个 flag 变量，默认为 true。

（3）循环复选框组，当有没被选中的项时，则把变量 flag 的值设置为 false。

（4）根据变量 flag 的值来设置 id 为 "CheckedAll" 的复选框是否选中。

① 如果 flag 为 true，说明复选框组都被选中。

② 如果 flag 为 false，说明复选框组至少有一个未被选中。

根据以上的思路，可以写出如下 jQuery 代码：

```
$('[name=items]:checkbox').click(function(){
    var flag=true;
    $('[name=items]:checkbox').each(function(){
        if(!this.checked){
            flag = false;
        }
    });
    $('#CheckedAll').attr('checked', flag);
});
```

此时 id 为 "CheckedAll" 的复选框和复选框组就可以联动起来了，如图 5-10 所示。

除了上述的思路之外，也可以用下面的思路来实现。

（1）对复选框组绑定单击事件。

（2）判断复选框的总数是否与选中的复选框数量相等。

图 5-10　复选框和复选框组相互影响

（3）如果相等，则说明全选中了，id 为 "CheckedAll" 的复选框应当处于选中状态，否则不选中。

根据提供的思路，可以写出如下 jQuery 代码：

```
$('[name=items]:checkbox').click(function(){
    //定义一个临时变量，避免重复使用同一个选择器选择页面中的元素，提高程序效率
    var $tmp=$('[name=items]:checkbox');
    //用 filter()方法筛选出选中的复选框，并直接给 CheckedAll 赋值
    $('#CheckedAll').attr('checked' ,
$tmp.length==$tmp.filter(':checked').length );
});
```

注意：在之前的 jQuery 版本中，都是使用 attr() 来访问对象的属性，比如取一个图片的 alt 属性，就可以这样做$('#img').attr('alt')；但是在某些时候，比如访问 input 的 disabled 属性的时候，会有些问题。在有些浏览器里，只要写了 disabled 属性就可以，有些则要写：disabled = "disabled"。所以，从 1.6 版开始，jQuery 提供新的方法 prop() 来获取这些属性。使用 prop() 的时候，返回值是标准属性：true/false，比如$('#checkbox').prop('disabled')，不会返回 "disabled" 或者 ""，只会返回 true/false。当然赋值的时候也是如此。这样，便统一了所有操作，无论是从语法上还是语义上。

那么，哪些属性应该用 attr() 访问，哪些应该用 prop() 访问呢？

第一个原则：只添加属性名称该属性就会生效应该使用 prop()；

第二个原则：只存在 true/false 的属性应该使用 prop()。

按照官方说明，如果是设置 disabled 和 checked 这些属性，应使用 prop()方法，而不是使用 attr()方法。所以，在上例中，建议把所有 attr()改成 prop()。

5.1.4　下拉框应用

下拉框有非常多的应用，这里也只选择其中一个常用、典型的应用来进行介绍。

图 5-11 是某网站的一个后台新增界面，在"负责频道"这个区域，用户可以通过中间的按钮将左边选中的选项添加到右边，也可以将右边的选项添加到左边，或者双击选项，将其添加给对方。

图 5-11　下拉框应用

首先在网页中增加一左一右两个下拉框，然后在它们下方分别加上几个功能按钮。

HTML 代码如下：

```
<div class="centent">
    <select multiple id="select1" style="width:100px;height:160px;">
        <option value="1">选项 1</option>
        <option value="2">选项 2</option>
        <option value="3">选项 3</option>
```

```
                <option value="4">选项 4</option>
                <option value="5">选项 5</option>
                <option value="6">选项 6</option>
                <option value="7">选项 7</option>
                <option value="8">选项 8</option>
        </select>
        <div>
                <span id="add" >选中添加到右边&gt;&gt;</span>
                <span id="add_all" >全部添加到右边&gt;&gt;</span>
        </div>
    </div>
    <div class="centent">
        <select multiple id="select2" style="width: 100px;height:160px;">
        </select>
        <div>
                <span id="remove">&lt;&lt;选中删除到左边</span>
                <span id="remove_all">&lt;&lt;全部删除到左边</span>
        </div>
    </div>
</div>
```

初始化后，网页效果如图 5-12 所示。

需要实现的功能如下。

（1）将选中的选项添加给对方。

（2）将全部选项添加给对方。

（3）双击某个选项将其添加给对方。

图 5-12　初始化效果

首先实现第 1 个功能，即将下拉列表中被选中的选项添加给对方。

首先要获取下拉列表中被选中的选项，然后将当前下拉列表中选中的选项删除，最后将删除的选项添加给对方。

假设先将左边的选项添加到右边。jQuery 代码如下：

```
$('#add').click(function() {
        var $options = $('#select1 option:selected');        //获取选中的选项
        var $remove = $options.remove();                      //删除下拉列表中选中的选项
        $remove.appendTo('#select2');                         //追加给对方
});
```

在前面的章节提到过，删除和追加这两个步骤可以用 appendTo() 方法直接完成，因此可以将上面代码简化如下：

```
$('#add').click(function() {
    var $options = $('#select1 option:selected');        //获取选中的选项
    $options.appendTo('#select2');                        //追加给对方
});
```

然后实现第 2 个功能，即将全部的选项添加给对方。

将全部的选项添加给对方和将选中的选项添加给对方之间的惟一区别就是获取的对象不同，因此只要稍微修改代码就可以实现，jQuery 代码如下：

```
$('#add_all').click(function() {
    var $options = $('#select1 option');                  //获取全部的选项
    $options.appendTo('#select2');                        //追加给对方
});
```

最后实现第 3 个功能，即双击某个选项将其添加给对方。

首先给下拉列表绑定双击事件。

jQuery 代码如下：

```
$('#select1').dblclick(function(){                        //绑定双击事件
    // 将选中的选项添加给对方
});
```

然后可以通过 $("option:selected",this)方法来获取被选中的选项，这样就可以完成第 3 个功能了，jQuery 代码如下：

```
$('#select1').dblclick(function(){                        //绑定双击事件
    var $options = $("option:selected",this);            //获取选中的选项
    $options.appendTo('#select2');                        //追加给对方
});
```

前面 3 个功能都是将左边的选项添加给右边，如果要将右边的选项添加给左边，代码也完全相同，此处不再赘述。最终效果如图 5-13 所示。

图 5-13　最终效果

5.1.5 表单验证

表单作为 HTML 最重要的一个组成部分，几乎在每个网页上都有体现，例如用户提交信息、用户反馈信息和用户查询信息等，因此它是网站管理者与浏览者之间沟通的桥梁。在表单中，表单验证的作用也是非常重要的，它能使表单更加灵活、美观和丰富。

以一个简单的用户注册为例。首先新建一个表单，HTML 代码如下：

```html
<form method="post" action="">
    <div class="int">
        <label for="username">用户名:</label>
        <input type="text" id="username" class="required" />
    </div>
    <div class="int">
        <label for="email">邮箱:</label>
        <input type="text" id="email" class="required" />
    </div>
    <div class="int">
        <label for="personinfo">个人资料:</label>
        <input type="text" id="personinfo" />
    </div>
    <div class="sub">
        <input type="submit" value="提交" id="send"/><input type="reset" id="res"/>
    </div>
</form>
```

显示效果如图 5-14 所示。

在表单内 class 属性为"required"的文本框是必须填写的，因此需要将它与其他的非必须填写表单元素加以区别，即在文本框后面追加一个红色的小星星标识。可以使用 append()方法来完成，代码如下：

```javascript
$("form :input.required").each(function(){
    var $required = $("<strong class='high'> *</strong>");    //创建元素
    $(this).parent().append($required);  //将它追加到文档中
});
```

显示效果如图 5-15 所示。

当用户在"用户名"文本框中填写完信息后，将光标的焦点从"用户名"移出时，需要即时判断用户名是否符合验证规则。当光标的焦点从"邮箱"文本框移出时，需要即时判断"邮箱"填写是否正确，因此需要给表单元素添加失去焦点事件，即 blur。jQuery 代码如下：

图 5-14　表单初始化　　　　　　　　图 5-15　红色小星星标识

```
$('form :input').blur(function(){          //为表单元素添加失去焦点事件
    // … 省略代码
})
```

验证表单元素步骤如下。

（1）判断当前失去焦点的元素是"用户名"还是"邮箱"，然后分别处理。

（2）如果是"用户名"，判断元素的值的长度是否小于 6，如果小于 6，则用红色提醒用户输入不正确，反之，则用绿色提醒用户输入正确。

（3）如果是"邮箱"，判断元素的值是否符合邮箱的格式，如果不符合，则用红色提醒用户输入不正确，反之，则用绿色提醒用户输入正确。

（4）将提醒信息追加到当前元素的父元素的最后。

根据以上分析，可以写出如下 jQuery 代码：

```
$('form :input').blur(function(){    //为表单元素添加失去焦点事件
    var $parent = $(this).parent();
    //验证用户名
    if( $(this).is('#username') ){
        if( this.value=="" || this.value.length < 6 ){
            var errorMsg = '请输入至少 6 位的用户名.';
            $parent.append('<span class="formtips onError">'+error Msg+'</span>');
        }else{
            var okMsg = '输入正确.';
            $parent.append('<span class="formtips onSuccess">'+ok Msg+'</span>');
        }
    }
    //验证邮箱
    if( $(this).is('#email') ){
        if( this.value=="" || ( this.value!="" && !/.+@.+\.[a-zA-Z]{2,4}$/.test(this.value) ) ){
            var errorMsg = '请输入正确的 E-Mail 地址.';
            $parent.append('<span class="formtips onError">'+error Msg+'</span>');
        }else{
            var okMsg = '输入正确.';
            $parent.append('<span class="formtips onSuccess">'+ok Msg+'</span>');
        }
```

```
    }
});
```

当连续几次输入错误的格式后，会出现图 5-16 所示的效果。

图 5-16　操作多次的提示效果

由于每次在元素失去焦点后，都会创建一个新的提醒元素，然后将它追加到文档中，最后就出现了多次的提醒信息。因此，需要在创建提醒元素之前，将当前元素以前的提醒元素都删除。可以使用 remove()方法来完成，代码如下：

```
$('form :input').blur(function(){   //为表单元素添加失去焦点事件
    var $parent = $(this).parent();
    $parent.find(".formtips").remove();   //删除以前的提醒元素
    // ...省略代码
});
```

显示效果如图 5-17 所示。

当鼠标在表单元素中多次失去焦点时，都可以提醒用户填写是否正确。但是，如果用户无视错误提醒，执意要单击"提交"按钮时，为了使表单填写准确，在表单提交之前，需要对表单的

图 5-17　正确效果

必须填写元素进行一次整体的验证。可以直接用 trigger()方法来触发 blur 事件，从而达到验证效果。如果填写错误，就会以红色提醒用户；如果用户名和邮箱都不符合规则，那么就有两处错误，即有两个 class 为"onError"的元素，因此可以根据 class 为"onError"元素的长度来判断是否可以提交。如果长度为 0，即 true，说明已经可以提交了；如果长度大于 0，即 false，说明有错误，需要阻止表单提交。阻止表单提交可以直接用"return false"语句。

根据上面的分析，可以在提交事件中写出如下 jQuery 代码：

```
$('#send').click(function(){
    $("form .required:input").trigger('blur');
    var numError = $('form .onError').length;
    if(numError){
        return false;
    }
    alert("注册成功,密码已发到你的邮箱,请查收.");
});
```

显示效果如图 5-18 所示。

用户也许会提出：为什么每次都要等字段元素失去焦点后，才提醒输入是否正确？如果输入时就可以提醒，这样就可以更加即时了。

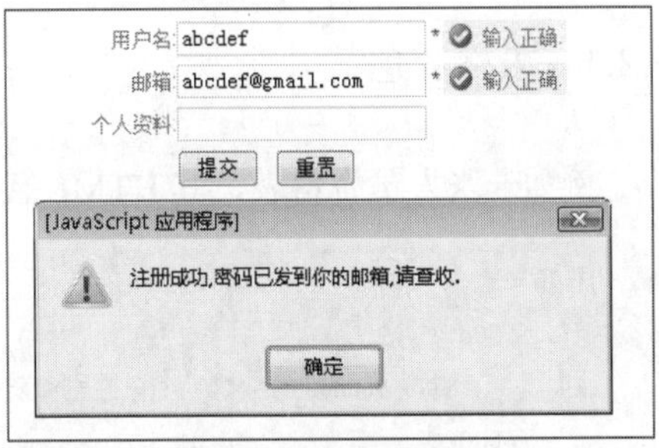

为了达到用户提出的需求，需要给表单元素绑定 keyup 事件和 focus 事件，keyup 事件能在用户每次松开按键时触发，实现即时提醒；focus 事件能在元素得到焦点的时候触发，也可以实现即时提醒。

图 5-18　正确提交

代码如下：

```
$('form :input').blur(function(){
        //失去焦点处理函数.
        //代码省略 …
    }).keyup(function(){
        $(this).triggerHandler("blur");
    }).focus(function(){
        $(this).triggerHandler("blur");
});
```

这样当用户将光标定位到文本框上和改变文本框的值时，表单就会即时提醒用户填写是否正确，从而符合了用户的需求。

在前面的章节已经提过，trigger("blur")不仅会触发为元素绑定的 blur 事件，也会触发浏览器默认的 blur 事件，即不能将光标定位到文本框上。而 triggerHandler("blur")只会触发为元素绑定的 blur 事件，而不触发浏览器默认的 blur 事件。

至此，表单验证过程就全部完成。读者可以根据自己的实际需求修改验证规则。

> **注意**：客户端的验证仅用于提升用户操作体验，而服务器端仍需对用户输入的数据的合法性进行校验。对于禁用了脚本的用户和用户自制的网页提交操作，必须在服务器端验证。

5.2　表格应用

在 CSS 技术之前，网页的布局基本都是依靠表格制作，当有了 CSS 之后，表格就被很多设计师所抛弃。但笔者认为，在进行网页布局时不能盲目地抛弃表格，在该用表格的时候，还要用表格。例如数据列表。用表格来显示非常适合。

下面以表格中几个常用的应用作为示例来讲解。

5.2.1 表格变色

例如一张人员资料表，其 HTML 代码如下：

```
<table>
    <thead>
        <tr><th>姓名</th><th>性别</th><th>暂住地</th></tr>
    </thead>
    <tbody>
        <tr><td>张山</td><td>男</td><td>浙江宁波</td></tr>
        <tr><td>李四</td><td>女</td><td>浙江杭州</td></tr>
        <tr><td>王五</td><td>男</td><td>湖南长沙</td></tr>
        <tr><td>赵六</td><td>男</td><td>浙江温州</td></tr>
        <tr><td>Rain</td><td>男</td><td>浙江杭州</td></tr>
        <tr><td>MAXMAN</td><td>女</td><td>浙江杭州</td></tr>
    </tbody>
</table>
```

应用样式后，显示效果如图 5-19 所示。

这是一张非常普通的表格，现在需要给表格进行隔行变色操作。

1. 普通的隔行变色

首先定义两个样式。

姓名	性别	暂住地
张山	男	浙江宁波
李四	女	浙江杭州
王五	男	湖南长沙
赵六	男	浙江温州
Rain	男	浙江杭州
MAXMAN	女	浙江杭州

图 5-19　初始化效果

CSS 代码如下：

```
.even{ background:#FFF38F;}                    /* 偶数行样式*/
.odd{ background:#FFFFEE;}                     /* 奇数行样式*/
```

然后选择表格奇数行和偶数行分别添加样式，可以使用选择器来完成，代码如下：

```
$(function(){
    $("tr:odd").addClass("odd");              /* 给奇数行添加样式*/
    $("tr:even").addClass("even");            /* 给偶数行添加样式*/
});
```

显示效果如图 5-20 所示。

注意：$("tr:odd")和$("tr:even")选择器中索引是从 0 开始的，因此第 1 行是偶数。

上面的代码会将表头也算进去，因此需要排除表格头部<thead>中的<tr>，将选择符改成如下代码：

```
$(function(){
    $("tbody>tr:odd").addClass("odd");          //给 tbody 中的奇数行添加样式
    $("tbody>tr:even").addClass("even");         //给 tbody 中的偶数行添加样式
})
```

显示效果如图 5-21 所示。

图 5-20　普通的隔行变色

图 5-21　表格隔行变色

如果还需要将某一行变为高亮显示状态，那么可以使用 contains 选择器来实现。例如"王五"这行，代码如下：

```
$("tr:contains('王五')").addClass("selected");
```

显示效果如图 5-22 所示。

2. 单选框控制表格行高亮

在以上表格的基础上，在第 1 列前加上一列单选框，如图 5-23 所示。

图 5-22　高亮显示"王五"这行

图 5-23　带单选框的表格

当单击某一行后，此行被选中高亮显示，并且单选框被选中。实现该过程需要以下几个步骤。

（1）为表格行添加单击事件。

（2）给单击的当前行添加高亮样式，然后将它的兄弟行的高亮样式去掉，最后将当前行里的单选框设置为选中。

根据分析，可以写出如下 jQuery 代码：

```
$('tbody>tr').click(function() {
    $(this)
        .addClass('selected')
```

```
            .siblings().removeClass('selected')
            .end()
            .find(':radio').attr('checked',true);
});
```

这样，就可以通过单击每行来实现表格行高亮，同时此行所在的单选框也被选中。

上面代码中使用了 end()方法，当前对象是$(this)，当进行 addClass('selected')操作时，对象并未发生变化，当执行 siblings().removeClass('selected')操作时，对象已经变为$(this).siblings()，因此后面的操作都是针对这个对象的，如果需要重新返回到$(this)对象，就可以使用 end()方法，这样后面的

```
.find(':radio').attr('checked',true);
```

操作就是：

```
$(this).find(':radio').attr('checked',true);
```

而不是：

```
$(this).siblings().find(':radio').attr('checked',true);
```

另外，初始化表格的时候，如果默认已经有单选框被选中，那么也需要处理，代码如下：

```
$('table :radio:checked').parent().parent().addClass('selected');
```

这样当初始化表格的时候，默认已经选中的行将被高亮显示，如图 5-24 所示。

	姓名	性别	暂住地
○	张山	男	浙江宁波
○	李四	女	浙江杭州
◉	王五	男	湖南长沙
○	赵六	男	浙江温州
○	Rain	男	浙江杭州
○	MAXMAN	女	浙江杭州

图 5-24　默认选中行被高亮显示

注意：$('table :radio:checked').parent().parent().addClass('selected'); 是通过 parent()方法逐步向父节点获取相应的元素的，也可以使用 parents()方法直接获取：

```
$('table :radio:checked').parents("tr").addClass('selected');
```

此外，如果通过 has 选择器也可以进一步简化，表示含有选中的单选框的<tr>行将被高亮显示：

```
$('tbody>tr:has(:checked)').addClass('selected');
```

3. 复选框控制表格行高亮

复选框控制表格行与单选框不同，复选框能选择多行变色，并没有限制被选择的个数。当单击

某行时，如果已经高亮了，则移除高亮样式并去掉当前行复选框的选中状态；如果还没高亮，则添加高亮样式并将当前行的复选框选中。

判断是否已经高亮，可以使用 hasClass()方法来完成。jQuery 代码如下：

```
$('tbody>tr').click(function() {
    if ($(this).hasClass('selected')) {          //判断是否含有 selected 高亮样式
        $(this)
            .removeClass('selected')
            .find(':checkbox').attr('checked',false);
    }else{
        $(this)
            .addClass('selected')
            .find(':checkbox').attr('checked',true);
    }
});
```

显示效果如图 5-25 所示。

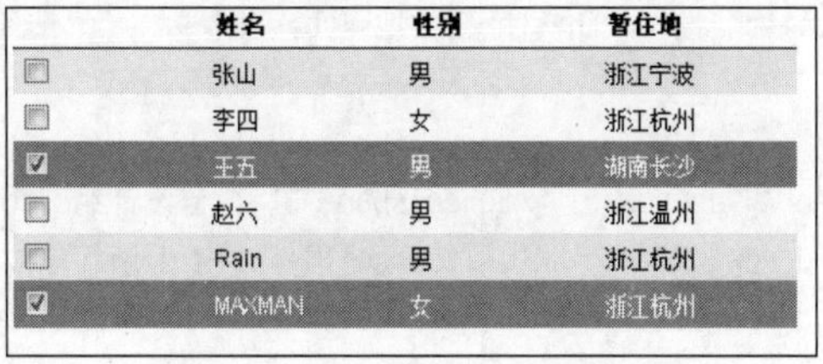

	姓名	性别	暂住地
☐	张山	男	浙江宁波
☐	李四	女	浙江杭州
☑	王五	男	湖南长沙
☐	赵六	男	浙江温州
☐	Rain	男	浙江杭州
☑	MAXMAN	女	浙江杭州

图 5-25　复选框控制行高亮

此外，在不改变设计思路的前提下，上面的代码还可以再简化成如下代码：

```
$('tbody>tr').click(function() {
    //判断当前是否选中
    var hasSelected=$(this).hasClass('selected');
    //如果选中，则移出 selected 类，否则就加上 selected 类
    $(this)[hasSelected?"removeClass":"addClass"]('selected');
    //查找内部的 checkbox，设置对应的属性
        .find(':checkbox').attr( 'checked' , !hasSelected );
});
```

> **注意**：在$(this)[hasSelected?"removeClass":"addClass"]('selected'); 中：
> [hasSelected?"removeClass":"addClass"]这是一个三元运算，结果为："removeClass"或者
> "addClass"。因此
> $(this)[hasSelected?"removeClass":"addClass"]('selected');
> 其实代表这 2 种情况：

```
$(this)["removeClass"]('selected');
或者$(this)["addClass"]('selected');
```

它们等价于：

```
$(this).removeClass('selected');
或者$(this).addClass('selected');
```

当用户刚进入页面时，也要处理已经被选中的表格行。jQuery 代码如下：

```
$('tbody>tr:has(:checked)').addClass('selected');
```

5.2.2 表格展开关闭

在上例的人员表格的基础上，增加人员分类。

HTML 代码如下：

```
<table>
    <thead>
        <tr><th>姓名</th><th>性别</th><th>暂住地</th></tr>
    </thead>
    <tbody>
        <tr class="parent" id="row_01"><td colspan="3">前台设计组</td></tr>
        <tr class="child_row_01"><td>张山</td><td>男</td><td>浙江宁波</td></tr>
        <tr class="child_row_01"><td>李四</td><td>女</td><td>浙江杭州</td></tr>

        <tr class="parent" id="row_02"><td colspan="3">前台开发组</td></tr>
        <tr class="child_row_02"><td>王五</td><td>男</td><td>湖南长沙</td></tr>
        <tr class="child_row_02"><td>赵六</td><td>男</td><td>浙江温州</td></tr>

        <tr class="parent" id="row_03"><td colspan="3">后台开发组</td></tr>
        <tr class="child_row_03"><td>Rain</td><td>男</td><td>浙江杭州</td></tr>
        <tr class="child_row_03"><td>MAXMAN</td><td>女</td><td>浙江杭州</td></tr>
    </tbody>
</table>
```

显示效果如图 5-26 所示。

现在需要实现的是当单击分类行时，可以关闭相应的内容。例如单击"前台设计组"行，则它对应的"张山和李四"两行将收缩。

在这个表格中，给每个<tr>元素设置属性是非常重要的，读者可以在 HTML 代码中看出一些规则，即给分类行设置了 class="parent"属性，同时也分别给它们设置了 id 值，而在它们下面的行，只设置了 class 属性，并且这个 class 的值是在 id 值的基础上通过加上"child_"来设置的。基于以上规则，jQuery 实现代码如下：

```
$(function(){
    $('tr.parent').click(function(){          //获取所谓的父行
        $(this)
        .toggleClass("selected")              //添加/删除高亮
        .siblings('.child_'+this.id).toggle();  //隐藏/显示所谓的子行
    });
});
```

运行代码后，当单击表格的父行后，相应的子行会收缩，如图 5-27 所示。

图 5-26　人员分类

图 5-27　单击某行，对齐的子行会收缩

在图 5-26 中，人员分类默认是展开的，如果当用户刚进入页面时，默认需要收缩起来，也是很简单的。只要触发 click()事件即可。jQuery 代码如下：

```
$('tr.parent').click(function(){              // 获取所谓的父行
    $(this)
        .toggleClass("selected")              // 添加/删除高亮
        .siblings('.child_'+this.id).toggle();  // 隐藏/显示所谓的子行
}).click();
```

5.2.3　表格内容筛选

在前面的例子中，如果要高亮显示"王五"那一行，可以使用 contains 选择器来完成，代码如下：

```
$("tr:contains('王五')").addClass("selected");
            //选择器 contains，能匹配包含指定文本的元素
```

利用该选择器再结合 jQuery 的 filter()筛选方法，可以实现表格内容的过滤。

例如使用下面的 jQuery 代码就可以筛选出含有文本"李"的表格行。

```
$(function(){
```

```
$("table tbody tr").hide()
        filter(":contains('李')").show();
});
```

显示效果如图 5-28 所示。

首先在表格上方添加一个文本框，用于根据用户输入的内容来
筛选表格内容，然后为文本框绑定 keyup 事件，代码如下：

姓名	性别	暂住地
李四	女	浙江杭州
李宇	女	浙江杭州
李四	男	湖南长沙

图 5-28　筛选之后效果

```
$(function(){
    $("#filterName").keyup(function(){
        // …
    });
});
```

最后将 .filter(":contains('李')") 代码中的"李"用变量值代替，代码如下：

```
$(function(){
    $("#filterName").keyup(function(){
        $("table tbody tr").hide()
            .filter(":contains('"+( $(this).val() )+"')").show();
    });
});
```

当在文本框中输入"王"时，就会筛选出相应的表格行，显示效果如图 5-29 所示。

注意表单元素有个特点，就是刷新网页后，其值会保持不变。例如在刚才筛选操作后，刷新网
页，则会出现图 5-30 所示的现象，表单元素的值还存在，但表格内容已经被刷新了。

筛选：	王	
姓名	性别	暂住地
王五	男	湖南长沙
王六	男	浙江杭州

图 5-29　根据用户输入的文本来筛选

筛选：	王	
姓名	性别	暂住地
张山	男	浙江宁波
李四	女	浙江杭州
王五	男	湖南长沙
赵六	男	浙江温州
Rain	男	浙江杭州
MAXMAN	女	浙江杭州
王六	男	浙江杭州
李宇	女	浙江杭州
李四	男	湖南长沙

图 5-30　刷新后显示的表格数据

要解决这个问题，只需要在 DOM 刚加载完时，为表单元素绑定事件并且立即触发该事件
即可。

```
$(function(){
    $("#filterName").keyup(function(){
        $("table tbody tr").hide()
```

```
            .filter(":contains('"+( $(this).val() )+"')").show();
    }).keyup();                        //DOM 加载完时，绑定事件完成之后立即触发
});
```

这样，当页面被刷新后，就会立即执行 id 为"filterName"的 keyup 事件，因此表格内容就会保持刚才筛选出来的结果。

5.3　其他应用

5.3.1　网页字体大小

在某些网站经常有"放大"和"缩小"字号的控制按钮，通过单击它们，可以使网页的文字呈现不同的大小。

首先在空白的网页上添加两个字号控制按钮和一些文字，HTML 代码如下：

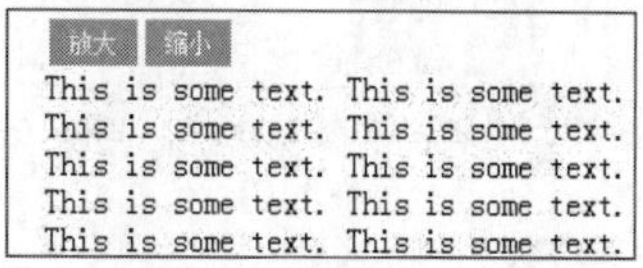

```
<div class="msg">
    <div class="msg_caption">
        <span class="bigger" >放大</span>
        <span class="smaller" >缩小</span>
    </div>
    <div>
        <p id="para">
        This is some text. This is some text. This is some text. This is some text. This is some text.
This is some text. This is some text. This is some text. This is some text. This is some text. This is some
text. This is some text. This is some text. This is some text. This is some text. This is some text. This is
some text. This is some text. This is some text.
        </p>
    </div>
</div>
```

显示效果如图 5-31 所示。

当单击这两个按钮时可以分别控制文本字体的放大和缩小。因此，需要对"放大"按钮和"缩小"按钮进行相应的处理，代码如下：

图 5-31　网页初始化效果

```
$(function(){
    $("span").click(function(){
        var thisEle = $("#para").css("font-size");
        var textFontSize = parseInt(thisEle , 10);
        var unit = thisEle.slice(-2);
        var cName = $(this).attr("class");
```

```
            if(cName == "bigger"){
                textFontSize += 2;
            }else if(cName == "smaller"){
                textFontSize -= 2;
            }
            $("#para").css("font-size", textFontSize + unit );
        });
    });
```

下面详细讲解以上代码所完成的操作。

```
$(function(){
    $("span").click(function(){
        //…
    });
});
```

当文档加载完毕后，为所有的<span>元素绑定单击事件。

```
var thisEle = $("#para").css("font-size");
var textFontSize = parseInt(thisEle , 10);
```

获取 id 为 "para" 的元素的字体大小。获取的值是将返回的数字和单位，即 16px。然后使用 parseInt()方法去掉单位，因此 16px 就变成了 16。parseInt()方法的第 2 个参数表示进制，代码中表示的是十进制。

```
var unit = thisEle.slice(-2);
```

上面这段代码是获取单位，slice()方法返回字符串中从指定的字符开始的一个子字符串。因为这里使用的度量单位 px 是两个字符，所以指定字符串应该从倒数第 2 个字符开始。在后面再次设置字体大小时，就可以直接把单位拼接上。

```
var cName = $(this).attr("class");
if(cName == "bigger"){
    textFontSize += 2;
}else if(cName == "smaller"){
    textFontSize -= 2;
}
```

if 语句用于判断当前被单击的<span>元素的 class 是否为 "bigger"。如果是 "bigger"，则需要为字体变量（textFontSize）增加 2px。如果单击的是 "smaller"，则要为字体变量（textFontSize）减掉 2px。

```
$("#para").css("font-size", textFontSize + unit );
```

最后，再次获取 "para" 元素并为它的 font-size 属性赋予新的值（textFontSize），并且一定要拼接上单位。

如果发现无限放大和缩小不太合适，可以判断一下最小字体和最大字体，代码如下：

```
//…省略代码
if(cName == "bigger"){
    if( textFontSize <= 22 ){
        textFontSize += 2;
    }
}else if(cName == "smaller"){
    if( textFontSize >= 12 ){
        textFontSize -= 2;
    }
}
$("#para").css("font-size", textFontSize + unit );
```

显示效果如图 5-32 所示。

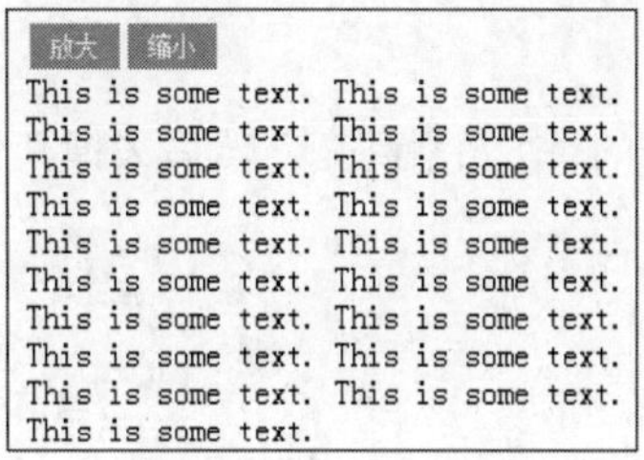

图 5-32　字体大小变化

5.3.2　网页选项卡

制作选项卡的原理比较简单，通过隐藏和显示来切换不同的内容。

与前面例子相同，首先构建 HTML 结构，代码如下：

```
<div class="tab">
    <div class="tab_menu">
        <ul>
            <li class="selected">时事</li>
            <li>体育</li>
            <li>娱乐</li>
        </ul>
    </div>
    <div class="tab_box">
        <div>时事</div>
        <div class="hide">体育</div>
```

```
            <div class="hide">娱乐</div>
        </div>
    </div>
</div>
```

应用样式后，网页呈现效果如图 5-33 所示。

图 5-33　选项卡效果

默认是选项卡的第 1 个选项被选中，然后下面区域显示相应的内容。例如图 5-33 所示，当单击"体育"选项卡时，"体育"选项卡将处于高亮状态，同时下面的内容也切换成"体育"了。当单击"娱乐"选项卡时，也显示相应的内容。下面将详细介绍实现选项卡的过程。

首先需要为<li>元素绑定单击事件，代码如下：

```
var $div_li =$("div.tab_menu ul li");
$div_li.click(function(){                              //绑定单击事件
    // …
});
```

绑定事件后，需要将当前单击的<li>元素高亮，然后去掉其他同辈<li>元素的高亮。

```
var $div_li =$("div.tab_menu ul li");
$div_li.click(function(){
    $(this).addClass("selected")                       //当前<li>元素高亮
        .siblings().removeClass("selected");           //去掉其他同辈<li>元素的高亮
});
```

单击选项卡后，当前<li>元素处于高亮状态，而其他的<li>元素已去掉了高亮状态。但选项卡下面的内容还没被切换，因此需要将下面的内容也对应切换。显示效果如图 5-34 所示。

从选项卡的基本结构可以知道，每个<li>元素都分别对应一个<div>区域。因此可以根据当前单击的<li>元素在所有<li>元素中的索引，然后通过索引来显示对应的区域，代码如下：

```
var $div_li =$("div.tab_menu ul li");
$div_li.click(function(){
    $(this).addClass("selected")                       //当前<li>元素高亮
        .siblings().removeClass("selected");           //去掉其他同辈<li>元素的高亮
    var index =  $div_li.index(this); //获取当前单击的<li>元素在全部<li>元素中的索引
    $("div.tab_box > div")                             //选取子节点
        .eq(index).show()                              //显示<li>元素对应的<div>元素
        .siblings().hide();                            //隐藏其他几个同辈的<div>元素
});
```

这样，当单击<li>元素后，选项卡相应的内容也将切换，效果如图 5-35 所示。

图 5-34　内容没被切换

图 5-35　对应的内容被切换

在上面的代码中，要注意$("div.tab_box > div")这个子选择器，如果用$("div.tab_box　div")选择器，当子节点里再包含<div>元素的时候，就会引起程序错乱。因此获取当前选项卡下的子节点，才是这个例子所需要的。

至此制作选项卡的过程就完成了。如果读者还想加强些效果，例如光标滑入滑出效果，可以添加 hover 事件，代码如下：

```
var $div_li =$("div.tab_menu ul li");
$div_li.click(function(){
    $(this).addClass("selected")                      //当前<li>元素高亮
        .siblings().removeClass("selected");          //去掉其他同辈<li>元素的高亮
    var index =  $div_li.index(this);
                                                      //获取当前单击的<li>元素在全部<li>元素中的索引
    $("div.tab_box > div")                            //选取子节点
        .eq(index).show()                             //显示<li>元素对应的<div>元素
        .siblings().hide();                           //隐藏其他几个同辈的<div>元素
}).hover(function(){                                  //添加光标滑过效果
    $(this).addClass("hover");
},function(){
    $(this).removeClass("hover");
});
```

这样当光标滑过其他选项时，选项的样式会发生变化，如图 5-36 所示。

图 5-36　滑过"娱乐"选项

5.3.3　网页换肤

自从 Web 2.0 开始流行后，很多网站更加注重用户自定义，例如在网页上用户可以自定义新闻内容，可以任意拖动网页内容，也可以给网页选择一套自己喜欢的颜色等。

网页换肤的原理就是通过调用不同的样式表文件来实现不同皮肤的切换，并且需要将换好的皮肤记入 Cookie 中，这样用户下次访问时，就可以显示用户自定义的皮肤了。

首先设置 HTML 的结构，在网页中添加皮肤选择按钮（<li>元素）和基本内容，代码如下：

```
<ul id="skin">
    <li id="skin_0" title="灰色" class="selected">灰色</li>
    <li id="skin_1" title="紫色">紫色</li>
    <li id="skin_2" title="红色">红色</li>
    <li id="skin_3" title="天蓝色">天蓝色</li>
    <li id="skin_4" title="橙色">橙色</li>
    <li id="skin_5" title="淡绿色">淡绿色</li>
</ul>
<div id="div_side_0">
    <div id="news">
        <h1 class="title">时事新闻</h1>
    </div>
</div>
<div id="div_side_1">
    <div id="game">
        <h1 class="title">娱乐新闻</h1>
    </div>
</div>
```

然后根据 HTML 代码预定义几套换肤用的样式，分别有灰色、紫色、红色等 6 套。默认是灰色。

注意：在设计 HTML 代码时，用了一些小技巧，就是将皮肤选择按钮<li>元素的 id 与网页皮肤的样式文件名称设置的相同。这样就可以使完成换肤操作简化很多。

然后为 HTML 代码添加样式，注意 HTML 结构要有一个带 id 的样式表链接，通过操作该链接的 href 属性的值，从而实现换肤。代码如下：

```
<link href="css/skin_0.css" rel="stylesheet" type="text/css" id="cssfile" />
```

运行后网页的初始化效果如图 5-37 所示。

最后为皮肤选择按钮添加单击事件，有如下两个步骤。

（1）当皮肤选择按钮被单击后，当前皮肤就被勾选。

（2）将网页内容换肤。

首先完成第 1 步，它与前面选项卡例子中高亮当前选项的代码相同，代码如下：

图 5-37 初始化效果

```
var $li =$("#skin li");
$li.click(function(){
        $("#"+this.id).addClass("selected")                    //当前<li>元素被选中
            .siblings().removeClass("selected");                //去掉其他同辈<li>元素的选中
});
```

然后完成第 2 步，即设置网页内容皮肤。前面为<link>元素设置的 id，此时可以通过 attr()方法为<link>元素的 href 属性设置不同的值，代码如下：

```
var $li =$("#skin li");
$li.click(function(){
        $("#"+this.id).addClass("selected")                    //当前<li>元素被选中
            .siblings().removeClass("selected");                //去掉其他同辈<li>元素的选中
        $("#cssfile").attr("href","css/"+this.id+".css");        //设置不同皮肤
});
```

完成后，当单击皮肤选择按钮时，就可以切换网页皮肤了，如图 5-38 所示，但是当用户刷新网页或者关闭浏览器后，皮肤又会被初始化，因此需要将当前选择的皮肤进行保存。

图 5-38　单击按钮后换肤

在 jQuery 中有一款 Cookie 插件，它能简化 Cookie 的操作，此处就将其引入，代码如下：

```
<!--  引入 jQuery 的 cookie 插件 -->
<script src="js/jquery.cookie.js" type="text/javascript"></script>
```

注意：Cookie 插件的具体用法可以参考第 7 章。

将当前皮肤保存进 Cookie，代码如下：

```
var $li =$("#skin li");
$li.click(function(){
        $("#"+this.id).addClass("selected")                    //当前<li>元素被选中
            .siblings().removeClass("selected");                //去掉其他同辈<li>元素的选中
        $("#cssfile").attr("href","css/"+ (this.id) +".css");    //设置不同皮肤
        $.cookie( "MyCssSkin" , this.id , { path: '/', expires: 10 });
                                                                //计入 Cookie
});
```

保存后，就可以通过 Cookie 来获取当前的皮肤了。如果 Cookie 确实存在，则将当前皮肤设置为 Cookie 记录的值，代码如下：

```
//...省略代码
var cookie_skin = $.cookie( "MyCssSkin");                        //获取 Cookie 的值
```

```
if (cookie_skin) {   //如果确实存在 Cookie
    $("#"+cookie_skin).addClass("selected")                    //当前<li>元素被选中
        .siblings().removeClass("selected");                   //去掉其他同辈<li>元素的选中
    $("#cssfile").attr("href","css/"+ cookie_skin +".css");    //设置不同皮肤
    $.cookie( "MyCssSkin" , cookie_skin , { path: '/', expires: 10 });
}
//…省略代码
```

完成的 jQuery 代码如下：

```
$(function(){
    var $li =$("#skin li");
    $li.click(function(){
        $("#"+this.id).addClass("selected")                       //当前<li>元素被选中
            .siblings().removeClass("selected");                  //去掉其他同辈<li>元素的选中
        $("#cssfile").attr("href","css/"+ (this.id) +".css");     //设置不同皮肤
        $.cookie( "MyCssSkin" , this.id , { path: '/', expires: 10 });
    });
    var cookie_skin = $.cookie( "MyCssSkin");
    if (cookie_skin) {
        $("#"+cookie_skin).addClass("selected")                   //当前<li>元素被选中
            .siblings().removeClass("selected");                  //去掉其他同辈<li>元素的选中
        $("#cssfile").attr("href","css/"+ cookie_skin +".css");   //设置不同皮肤
        $.cookie( "MyCssSkin" , cookie_skin , { path: '/', expires: 10 });
    }
});
```

此时，网页换肤功能不仅能正常切换，而且也能保存到 Cookie 中，当用户刷新网页后，仍然是当前选择的皮肤。

在上面代码中，click 事件中的函数内容与 if (cookie_skin) { } 内的判断内容类似，只是有一个变量不同，因此可以通过给函数传递不同的参数，这样就可以多次调用（抽象化），代码如下：

```
function switchSkin(skinName){
    $("#"+skinName).addClass("selected")                      //当前<li>元素被选中
        .siblings().removeClass("selected");                  //去掉其他同辈<li>元素的选中
    $("#cssfile").attr("href","css/"+ skinName +".css");      //设置不同皮肤
    $.cookie( "MyCssSkin" , skinName , { path: '/', expires: 10 });
}
```

然后在单击事件和 if (cookie_skin) { } 内分别调用对应的参数：

```
$(function(){
    var $li =$("#skin li");
    $li.click(function(){
```

```
            switchSkin( this.id );
    });
    var cookie_skin = $.cookie( "MyCssSkin");
    if (cookie_skin) {
            switchSkin( cookie_skin );
    }
});
```

至此，网页换肤功能就完成了，效果如图 5-39 所示。

图 5-39　完成网页换肤

5.4　小结

　　本章以 jQuery 对表单和表格的一些常用操作为例，介绍了从最基本的文本框得到和失去焦点到表单验证，从表格最基本的变色到筛选表格内容，最后还列举了选项卡，网页换肤等其他类型的应用。在实际开发中，相信这些案例也能为大家帮上大忙。

第6章 jQuery 与 Ajax 的应用

Ajax 全称为"Asynchronous JavaScript and XML"（异步 JavaScript 和 XML），它并不是指一种单一的技术，而是有机地利用了一系列交互式网页应用相关的技术所形成的结合体。它的出现，揭开了无刷新更新页面的新时代，并有代替传统的 Web 方式和通过隐藏的框架来进行异步提交的趋势，是 Web 开发应用的一个里程碑。

6.1 Ajax 的优势和不足

6.1.1 Ajax 的优势

1. 不需要插件支持

Ajax 不需要任何浏览器插件，就可以被绝大多数主流浏览器所支持，用户只需要允许 JavaScript 在浏览器上执行即可。

2. 优秀的用户体验

这是 Ajax 技术的最大优点，能在不刷新整个页面的前提下更新数据，这使得 Web 应用程序能更为迅速地回应用户的操作。

3. 提高 Web 程序的性能

与传统模式相比，Ajax 模式在性能上的最大区别就在于传输数据的方式，在传统模式中，数据提交是通过表单（Form）来实现的，而数据获取是靠全页面刷新来重新获取整页的内容。Ajax 模式只是通过 XMLHttpRequest 对象向服务器端提交希望提交的数据，即按需发送。

4. 减轻服务器和带宽的负担

Ajax 的工作原理相当于在用户和服务器之间加了一个中间层，使用户操作与服务器响应异步化。它在客户端创建 Ajax 引擎，把传统方式下的一些服务器负担的工作转移到客户端，便于客户端资源来处理，减轻服务器和带宽的负担。

6.1.2　Ajax 的不足

世界上并没有完美的事物，同样 Ajax 也并不是一项非常完美的技术。Ajax 主要有以下几点不足之处。

1.　浏览器对 XMLHttpRequest 对象的支持度不足

Ajax 的不足之一首先来自于浏览器。Internet Explorer 在 5.0 及以后的版本才支持 XMLHttpRequest 对象（现阶段大部分客户端上的 IE 浏览器是 IE 6 及以上），Mozilla、Netscape 等浏览器支持 XMLHttpRequest 则更在其后。为了使得 Ajax 应用能在各个浏览器中正常运行，程序员必须花费大量的精力编码以兼顾各个浏览器之间的差别，来让 Ajax 应用能够很好地兼容各个浏览器。这使得 Ajax 开发的难度比普通的 Web 开发高出很多，许多程序员因此对 Ajax 望而生畏。

2.　破坏浏览器前进、"后退"按钮的正常功能

在传统的网页中，用户经常会习惯性的使用浏览器自带的"前进"和"后退"按钮，然而 Ajax 改变了此 Web 浏览习惯。在 Ajax 中"前进"和"后退"按钮的功能都会失效，虽然可以通过一定的方法（添加锚点）来使得用户可以使用"前进"和"后退"按钮，但相对于传统的方式却麻烦了很多，对于大多数程序员来说宁可放弃前进、后退的功能，也不愿意在繁琐的逻辑中去处理该问题。然而，对于用户来说，他们经常会碰到这种情况，当单击一个按钮触发一个 Ajax 交互后又觉得不想这样做，接着就去习惯性地单击"后退"按钮，结果发生了最不愿意看到的结果，浏览器后退到了先前的一个页面，通过 Ajax 交互得到的内容完全消失了。

3.　对搜索引擎的支持的不足

对于搜索引擎的支持也是 Ajax 的一项缺憾。通常搜索引擎都是通过爬虫程序来对互联网上的数以亿计的海量数据来进行搜索整理的，然而爬虫程序现在还不能理解那些奇怪的 JavaScript 代码和因此引起的页面内容的变化，这使得应用 Ajax 的站点在网络推广上相对于传统站点明显处于劣势。

4.　开发和调试工具的缺乏

JavaScript 是 Ajax 的重要组成部分，在目前，由于缺少很好的 JavaScript 开发和调试工具，使很多 Web 开发者对 JavaScript 望而生畏，这对于编写 Ajax 代码就更加困难了。同时，目前许多 Web 开发者已经习惯使用可视化的工具，对亲自动手编写代码有畏惧感，这也在一定程度上影响了大家对 Ajax 的应用。

6.2　Ajax 的 XMLHttpRequest 对象

Ajax 的核心是 XMLHttpRequest 对象，它是 Ajax 实现的关键——发送异步请求、接收响应及执行回调都是通过它来完成的。XMLHttpRequest 对象最早是在 Microsoft Internet Explorer 5.0 ActiveX 组件中被引入的，之后各大浏览器厂商都以 JavaScript 内置对象的方式来实现

XMLHttpRequest 对象。虽然大家对它的实现方式有所区别，但是绝大多数浏览器都提供了类似的属性和方法，而且在实际脚本编写方法上的区别也不大，实现得到的效果也基本相同。目前 W3C 组织正致力于制定一个各浏览器厂商可以统一遵照执行的 XMLHttpRequest 对象标准，用来推进 Ajax 技术的推广与发展。

XMLHttpRequest 对象提供了一个相对精简易用的 API，本书在附录 C 中进行了详细介绍，读者可以自行查看。

6.3　安装 Web 环境——AppServ

由于讲解后面的 Ajax 方法需要与 Web 服务器端进行交互，因此这里将引用一个工具包——AppServ，它是 PHP 网页架站工具组合包，能够帮助初学者快速完成网页架站。AppServ 所包含的软件有 Apache、Apache Monitor、PHP、MySQL、PHP-Nuk 和 phpMy Admin。

1. 下载 AppServ

下载地址为：http://www.appservnetwork.com。

2. 安装 AppServ

安装 AppServ 非常简单，只要连续轻松地单击“Next”按钮，输入网址、电子邮箱、密码等常用信息即可。端口默认为 80，当然也可以在安装时进行修改。

3. 配置示例程序

将本书提供的示例程序复制到安装好后的 AppServ\www 文件夹中，然后在地址栏输入“http://localhost/Ch6/php/”，即可显示图 6-1 所示的页面。

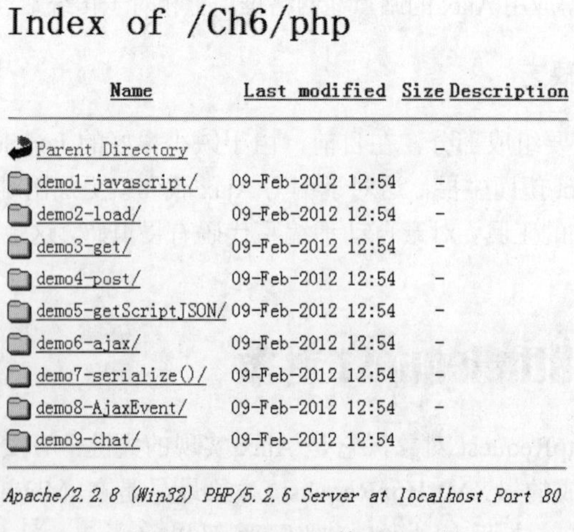

Index of /Ch6/php

Name	Last modified	Size	Description
Parent Directory		-	
demo1-javascript/	09-Feb-2012 12:54	-	
demo2-load/	09-Feb-2012 12:54	-	
demo3-get/	09-Feb-2012 12:54	-	
demo4-post/	09-Feb-2012 12:54	-	
demo5-getScriptJSON/	09-Feb-2012 12:54	-	
demo6-ajax/	09-Feb-2012 12:54	-	
demo7-serialize()/	09-Feb-2012 12:54	-	
demo8-AjaxEvent/	09-Feb-2012 12:54	-	
demo9-chat/	09-Feb-2012 12:54	-	

Apache/2.2.8 (Win32) PHP/5.2.6 Server at localhost Port 80

图 6-1　AppServ 下的 Ajax 示例

单击相应文件夹，选定 HTML 页面，即可运行相应的 Ajax 示例。

> **注意：** 本书还提供了另外两种主流语言 JSP 和 ASP 编写的对应的示例程序，读者可以自行配置相应环境进行测试和学习。

6.4 编写第 1 个 Ajax 例子

在正式接触 jQuery 的 Ajax 操作之前，先看一个用传统的 JavaScript 实现的 Ajax 例子。例子描述：单击一个按钮，然后通过传统的 JavaScript 的 Ajax 的方式从服务器端取回一个 "Hello Ajax!" 的字符串并显示在页面上。

首先在前台页面中书写 HTML 代码，代码如下：

```
<input type="button"  value="Ajax 提交" onclick="Ajax();" />
<div id="resText" ></div>
```

<button>按钮用来触发 Ajax，id 为 "resText" 的元素用来显示从服务器返回的 HTML 文本。

接下来的任务就是完成 Ajax()函数，实现步骤如下。

（1）定义一个函数，通过该函数来异步获取信息，代码如下：

```
function Ajax(){
  // …
}
```

（2）声明一个空对象用来装入 XMLHttpRequest 对象，代码如下：

```
var xmlHttpReq = null;
```

（3）给 XMLHttpRequest 对象赋值，代码如下：

```
if (window.ActiveXObject){          //IE 5 IE 6 是以 ActiveXObject 的方式
                                    //引入 XMLHttpRequest 对象的
    xmlHttpReg = new Active XObject("Microsoft.XMLHTTP");
} else if (window.XMLHttpRequest){  //除 IE 5 IE 6 以外的浏览器
                                    //XMLHttpRequest 是 window 的子对象
    xmlHttpReq = new XMLHttpRequest(); //实例化一个 XMLHttpRequest 对象
}
```

IE 5、IE 6 是以 ActiveXObject 的方式引入 XMLHttpRequest 对象的，而其他浏览器的 XMLHttpRequest 对象是 window 的子对象。

（4）实例化成功后，使用 open()方法初始化 XMLHttpRequest 对象，指定 HTTP 方法和要使用的服务器 URL，代码如下：

```
xmlHttpReq.open("GET","test.php",true);    //调用 open()方法并采用异步方式
```

默认情况下，使用 XMLHttpRequest 对象发送的 HTTP 请求是异步进行的，但是可以显式地把
async 参数设置为 true，如上面代码所示。

（5）因为要做一个异步调用，所以需要注册一个 XMLHttpRequest 对象将调用的回调事件处理
器当它的 readyState 值改变时调用。当 readyState 值被改变时，会激发一个 readystatechange 事件，
可以使用 onreadystatechange 属性来注册该回调事件处理器，代码如下：

```
xmlHttpReq.onreadystatechange=RequestCallBack；//设置回调函数
```

（6）使用 send()方法发送该请求，因为这个请求使用的是 HTTP 的 GET 方式，所以可以在不
指定参数或使用 null 参数的情况下调用 send()方法，代码如下：

```
xmlHttpReq.send(null);  //因为使用 GET 方法提交，所以可以使用 null 作为参数调用
```

当请求状态改变时，XMLHttpRequest 对象调用 onreadystatechange 属性注册的事件处理器。因
此，在处理该响应之前，事件处理器应该首先检查 readyState 的值和 HTTP 状态。当请求完成加载
（readyState 值为 4）并且响应已经成功（HTTP 状态值为 200）时，就可以调用一个 JavaScript 函数
来处理该响应内容，代码如下：

```
function RequestCallBack(){//一旦 readyState 值改变，将会调用该函数
     if(xmlHttpReq.readyState == 4){
          if(xmlHttpReq.status == 200){
               //将 xmlHttpReq.responseText 的值赋予 id 为 resText 的元素
               document.getElementById("resText").innerHTML= xmlHttp Req.responseText;
          }
     }
}
```

最后，如果单击"Ajax 提交"按钮后发现网页上出现了"Hello Ajax!"，那么就完成了第 1 个
Ajax 调用。如图 6-2 所示。

以上就是实现 XMLHttpRequest 对象使用的所有细节，它不必将 Web
页面的所有内容都发送到服务器，而是按需发送。使用 JavaScript 启动一
个请求并处理相应的返回值，然后使用浏览器的 DOM 方法更新页面中的数据。显然，这种无刷新
的模式能给网站带来更好的用户体验。但是 XMLHttpRequest 对象的很多属性和方法，对于想快速
入门 Ajax 的人来说，似乎并不是个容易的过程。

幸运的是，jQuery 提供了一些日常开发中需要的快捷操作，例如 load、ajax、get 和 post 等，使
用 jQuery 开发 Ajax 将变得极其简单。这样开发人员就可以将程序开发集中在业务和用户体验上，而不
需要理会那些繁琐的 XMLHttpRequest 对象。下面开始介绍 jQuery 中的 Ajax。

6.5　jQuery 中的 Ajax

jQuery 对 Ajax 操作进行了封装，在 jQuery 中$.ajax()方法属于最底层的方法，第 2 层是 load()、$.get()和$.post()方法，第 3 层是$.getScript()和$.getJSON()方法。首先介绍第 2 层的方法，因为其使用频率很高。

6.5.1　load()方法

1. 载入 HTML 文档

load()方法是 jQuery 中最为简单和常用的 Ajax 方法，能载入远程 HTML 代码并插入 DOM 中。它的结构为：

```
load( url [, data] [, callback] )
```

load()方法参数解释如表 6-1 所示。

表 6-1　　　　　　　　　　　load()方法参数解释

参 数 名 称	类　　型	说　　明
url	String	请求 HTML 页面的 URL 地址
data（可选）	Object	发送至服务器的 key/value 数据
callback（可选）	Function	请求完成时的回调函数，无论请求成功或失败

首先构建一个被 load()方法加载并追加到页面中的 HTML 文件，名字为 test.html，HTML 代码如下：

```html
<div class="comment">
    <h6>张三:</h6>
    <p class="para">沙发.</p>
</div>
<div class="comment">
    <h6>李四:</h6>
    <p class="para">板凳.</p>
</div>
<div class="comment">
    <h6>王五:</h6>
    <p class="para">地板.</p>
</div>
```

然后新建一个空白页面，在上面添加两个元素：<button>按钮用来触发 Ajax 事件，id 为 "resText" 的元素用来显示追加的 HTML 内容。HTML 代码如下：

```
<input type="button" id="send" value="Ajax 获取" />
<div class="comment">已有评论:</div>
<div id="resText" ></div>
```

接下来就可以开始编写 jQuery 代码了。等 DOM 元素加载完毕后，通过单击 id 为 "send" 的按钮来调用 load()方法，然后将 test.html 的内容加载到 id 为 "resText" 的元素里。

jQuery 代码如下：

```
$(function(){
    $("#send").click(function(){
        $("#resText").load("test.html");
    });
});
```

当按钮被单击后，出现图 6-3 所示的界面。

显然，load()方法完成了原本很繁琐的工作。开发人员只需要使用 jQuery 选择器为 HTML 片段指定目标位置，然后将要加载的文件的 URL 作为参数传递给 load()方法即可。当单击按钮后，test.html 页面的 HTML 内容就会被加载并插入主页面<div id="resText"></div>的元素中。

注意：test.html 页面里并没有添加样式，但现在加载的内容有样式了。这些样式是在主页面中添加的，即主页面相应的样式会立即应用到新加载的内容上。

2. 筛选载入的 HTML 文档

上个例子是将 test.html 页面中的内容都加载到 id 为 "resText" 的元素里。如果只需要加载 test.html 页面内的某些元素，那么可以使用 load()方法的 URL 参数来达到目的。通过为 URL 参数指定选择符，就可以很方便地从加载过来的 HTML 文档里筛选出所需要的内容。

load()方法的 URL 参数的语法结构为："url selector"。注意，URL 和选择器之间有一个空格。

例如只需要加载 test.html 页面中 class 为 "para" 的内容，可以使用如下代码来完成：

```
$("#resText").load("test.html .para");
```

运行效果如图 6-4 所示。

3. 传递方式

load()方法的传递方式根据参数 data 来自动指定。如果没有参数传递，则采用 GET 方式传递；反之，则会自动转换为 POST 方式。关于 GET 和 POST 传递方式的区别，将在后面进行讲解。

```
//无参数传递，则是 GET 方式
$("#resText").load("test.php",function(){
```

```
    //…
});
//有参数传递，则是 POST 方式
$("#resText").load("test.php", {name: "rain", age: "22"}, function(){
    //…
});
```

图 6-3　load()方法调用成功　　　　图 6-4　用 load()方法加载一部分 HTML 元素

4．回调参数

对于必须在加载完成后才能继续的操作，load()方法提供了回调函数（callback），该函数有 3 个参数，分别代表请求返回的内容、请求状态和 XMLHttpRequest 对象，jQuery 代码如下：

```
$("#resText").load("test.html" , function (responseText, textStatus, XMLHttpRequest){
    // responseText :      请求返回的内容
    // textStatus :        请求状态: success、error、notmodified、timeout 4 种
    // XMLHttpRequest :    XMLHttpRequest 对象
});
```

注意：在 load()方法中，无论 Ajax 请求是否成功，只要当请求完成（complete）后，回调函数（callback）就被触发。对应下面将介绍的$.ajax()方法中的 complete 回调函数。

6.5.2　$.get()方法和$.post()方法

load()方法通常用来从 Web 服务器上获取静态的数据文件，然而这并不能体现 Ajax 的全部价值。在项目中，如果需要传递一些参数给服务器中的页面，那么可以使用$.get()或者$.post()方法（或者是后面要讲解的$.ajax()方法）。

注意：$.get()和$.post()方法是 jQuery 中的全局函数，而在此之前讲的 jQuery 方法都是对 jQuery 对象进行操作的。

1. $.get()方法

$.get()方法使用 GET 方式来进行异步请求。

它的结构为：

```
$.get( url [, data] [, callback] [, type] )
```

$.get()方法参数解释如表 6-2 所示。

表 6-2 $.get()方法参数解释

参 数 名 称	类 型	说 明
url	String	请求的 HTML 页的 URL 地址
data（可选）	Object	发送至服务器的 key/value 数据会作为 QueryString 附加到请求 URL 中
callback（可选）	Function	载入成功时回调函数（只有当 Response 的返回状态是 success 才调用该方法）自动将请求结果和状态传递给该方法
type（可选）	String	服务器端返回内容的格式，包括 xml、html、script、json、text 和_default

下面是一个评论页面的 HTML 代码，通过该段代码来介绍$.get()方法的使用。

```
<form id="form1" action="#">
    <p>评论:</p>
    <p>姓名: <input type="text" name="username" id="username" /></p>
    <p>内容: <textarea name="content" id="content"  rows="2" cols="20"> </textarea></p>
    <p><input type="button" id="send" value="提交"/></p>
</form>
<div  class='comment'>已有评论: </div>
    <div id="resText" >
</div>
```

本段代码将生成图 6-5 所示的页面。

将姓名和内容填写好后，就可以准备提交评论了。如图 6-6 所示。

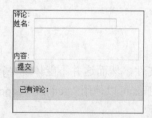

图 6-5　评论初始化页面

图 6-6　填写好数据

（1）使用参数

首先，需要确定请求页面的 URL 地址。代码如下：

```
$("#send").click(function(){
    $.get( "get1.php"        data 参数 ,  回调函数 );
});
```

然后，在提交之前，需要获取"姓名"和"内容"的值作为 data 参数传递给后台。

代码如下：

```
$("#send").click(function(){
    $.get( "get1.php" , {
            username :  $("#username").val() ,
            content :  $("#content").val()
    } ,  回调函数 );
});
```

如果服务器端接收到传递的 data 数据并成功返回，那么就可以通过回调函数将返回的数据显示到页面上。

$.get()方法的回调函数只有两个参数，代码如下：

```
function (data, textStatus){
    // data :              返回的内容，可以是 XML 文档、JSON 文件、HTML 片段等等
    // textStatus :         请求状态: success、error、notmodified、timeout 4 种
}
```

data 参数代表请求返回的内容，textStatus 参数代表请求状态，而且回调函数只有当数据成功返回（success）后才被调用，这点与 load()方法不一样。

（2）数据格式

服务器返回的数据格式可以有多种，它们都可以完成同样的任务。以下是几种返回格式的对比。

◉　HTML 片段

由于服务器端返回的数据格式是 HTML 片段，因此并不需要经过处理就可以将新的 HTML 数据插入到主页面中。jQuery 代码如下：

```
$(function(){
    $("#send").click(function(){
        $.get("get1.php", {
            username :  $("#username").val() ,
            content :  $("#content").val()
        }, function (data, textStatus){
            $("#resText").html(data); //将返回的数据添加到页面上
        });
```

```
        })
    })
```

HTML 片段实现起来只需要很少的工作量，但这种固定的数据结构并不一定能够在其他的 Web 应用程序中得到重用。

  ◯   XML 文档

由于服务器端返回的数据格式是 XML 文档，因此需要对返回的数据进行处理，前面的章节已经介绍过 jQuery 强大的 DOM 处理能力，处理 XML 文档与处理 HTML 文档一样，也可以使用常规的 attr()、find()、filter()以及其他方法。jQuery 代码如下：

```
$(function(){
    $("#send").click(function(){
        $.get("get2.php", {
            username :  $("#username").val() ,
            content :  $("#content").val()
        }, function (data, textStatus){
            var username = $(data).find("comment").attr("username");
            var content = $(data).find("comment content").text();
            var txtHtml = "<div class='comment'><h6>"
                        +username+":</h6><p class='para'>"
                        +content+"</p></div>";
            $("#resText").html(txtHtml); //将返回的数据添加到页面上
        });
    })
})
```

返回数据格式为 XML 文档的过程实现起来比 HTML 片段要稍微复杂些，但 XML 文档的可移植性是其他数据格式无法比拟的，因此以这种格式提供的数据的重用性将极大提高。例如 del.icio.us（http://del.icio.us），Flickr（http://flickr.com）和某些开放平台都是以 XML 格式输出数据，读者可以利用它们提供的 API，将获得的内容整合到自己的网站中（Mashup 应用）。不过，XML 文档体积相对较大，与其他文件格式相比，解析和操作它们的速度要慢一些。

> 注意：由于期待服务器端返回的数据格式是 XML 文档，因此需要在服务端设置 Content-Type 类型，
> 代码如下：
> ```
> header("Content-Type:text/xml; charset=utf-8"); // php
> ```

  ◯   JSON 文件

之所以会出现这种数据格式的文件，很大程度上是因为 XML 文档体积大和难以解析。JSON 文件和 XML 文档一样，也可以方便的被重用。而且，JSON 文件非常简洁，也容易阅读。想了解更多的 JSON 文档知识，可以访问 http://json.org/网址。

　　由于服务器端返回的数据格式是 JSON 文件，因此需要对返回的数据进行处理之后，才可以将新的 HTML 数据添加到主页面中。jQuery 代码如下：

```
$(function(){
    $("#send").click(function(){
        $.get("get3.php", {
            username :  $("#username").val() ,
            content :  $("#content").val()
        }, function (data, textStatus){
            var username = data.username;
            var content = data.content;
            var txtHtml = "<div class='comment'><h6>"
                            +username+":</h6><p class='para'>"
                            +content+"</p></div>";
            $("#resText").html(txtHtml); //将返回的数据添加到页面上
        },"json");
    })
});
```

　　在上面的代码中，将$.get()方法的第 4 个参数（type）设置为"json"来代表期待服务器端返回的数据格式。

注意：（1）在不远的将来，新版的 JavaScript 中 XML 将会和 JSON 一样容易解析，相信到时候通用且容易解析的 XML 将会成为主流的数据交换格式。不过在它到来之前，JSON 依然有很强的生命力。

（2）JSON 的格式非常严格，构建的 JSON 文件必须完整无误，任何一个括号的不匹配或者缺少逗号，都会导致页面上的脚本终止运行，甚至还会带来其他更加严重的负面影响。比如，我们返回的数据都必须要有双引号，必须是：{ "username" : "张三" }，而不能是：{ username: "张三" }。

　　以上 3 种返回方式都可以达到图 6-7 所示的效果。

　　通过对 3 种数据格式的优缺点进行分析，可以得知在不需要与其他应用程序共享数据的时候，使用 HTML 片段来提供返回数据一般来说是最简单的；如果数据需要重用，那么 JSON 文件是不错的选择，它在性能和文件大小方面具有优势；而当远程应用程序未知时，XML 文档是明智的选择，它是 Web 服务领域的"世界语"。具体选择哪种数据格式，并没有严格的规定，读者可以根据需求来选择最适合的返回格式来进行开发。

图 6-7　将返回的数据添加到页面上

2. $.post()方法

它与$.get()方法的结构和使用方式都相同，不过它们之间仍然有以下区别。

● GET 请求会将参数跟在 URL 后进行传递，而 POST 请求则是作为 HTTP 消息的实体内容发送给 Web 服务器。当然，在 Ajax 请求中，这种区别对用户是不可见的。

● GET 方式对传输的数据有大小限制（通常不能大于 2KB），而使用 POST 方式传递的数据量要比 GET 方式大得多（理论上不受限制）。

● GET 方式请求的数据会被浏览器缓存起来，因此其他人就可以从浏览器的历史记录中读取到这些数据，例如账号和密码等。在某种情况下，GET 方式会带来严重的安全性问题，而 POST 方式相对来说就可以避免这些问题。

● GET 方式和 POST 方式传递的数据在服务器端的获取也不相同。在 PHP 中，GET 方式的数据可以用$_GET[]获取，而 POST 方式可以用$_POST[]获取。两种方式都可以用$_REQUEST[]来获取。

由于 POST 和 GET 方式提交的所有数据都可以通过$_REQUEST[]来获取，因此只需要改变jQuery 函数，就可以将程序在 GET 请求和 POST 请求之间切换。代码如下：

```
$(function(){
    $("#send").click(function(){
        $.post("post1.php", {
            username :  $("#username").val() ,
            content :  $("#content").val()
        }, function (data, textStatus){
            $("#resText").append(data); //将返回的数据添加到页面上
        });
    });
})
```

另外，当 load()方法带有参数传递时，会使用 POST 方式发送请求。因此也可以使用 load()方法来完成同样的功能。代码如下：

```
$(function(){
    $("#send").click(function(){
        $("#resText").load("post1.php",{
            username :  $("#username").val() ,
            content :  $("#content").val()
        })
    })
})
```

上面使用 load()、$.get()和$.post()方法完成了一些常规的 Ajax 程序，如果还需要编写一些复杂的 Ajax 程序，那么就要用到 jQuery 中的$.ajax()方法。$.ajax()方法不仅能实现与 load()、$.get()和

$.post()方法同样的功能，而且还可以设定 beforeSend（提交前回调函数）、error（请求失败后处理）、success（请求成功后处理）以及 complete（请求完成后处理）回调函数，通过这些回调函数，可以给用户更多的 Ajax 提示信息。另外，还有一些参数，可以设置 Ajax 请求的超时时间或者页面的"最后更改"状态等。关于$.ajax()方法将在后面的章节中进行讲解。

6.5.3　$.getScript()方法和$.getJson()方法

1. $.getScript()

有时候，在页面初次加载时就取得所需的全部 JavaScript 文件是完全没有必要的。虽然可以在需要哪个 JavaScript 文件时，动态地创建<script>标签，jQuery 代码如下：

```
$(document.createElement("script")).attr("src"."test.js").appendTo("head");
```

或者

```
$("<script type='text/javascript' src='test.js'/>").appendTo("head");
```

但这种方式并不理想。为此，jQuery 提供了$.getScript()方法来直接加载.js 文件，与加载一个 HTML 片段一样简单方便，并且不需要对 JavaScript 文件进行处理，JavaScript 文件会自动执行。

jQuery 代码如下：

```
$(function(){
    $('#send').click(function() {
        $.getScript('test.js');
    });
})
```

当"加载"按钮被单击后，出现如图 6-8 所示的效果。

图 6-8　$.getScript('test.js')方法调用成功

与其他 Ajax 方法一样，$.getScript()方法也有回调函数，它会在 JavaScript 文件成功载入后运行。例如想载入 jQuery 官方颜色动画插件（jquery.color.js），成功后给元素绑定颜色变化动画，就可以用到$.getScript()方法的回调函数。代码如下：

```
$(function(){
    $.getScript('jquery.color.js',function(){
        $("#go").click(function(){
            $(".block").animate( { backgroundColor: 'pink' }, 1000)
                       .animate( { backgroundColor: 'blue' }, 1000);
        });
    });
});
```

当 jquery.color.js 动画插件加载完毕后，单击 id 为"go"按钮时，class 为 block 的元素就有了颜色动画变化。

2. $.getJSON()

$.getJSON()方法用于加载 JSON 文件，与$.getScript()方法的用法相同。

jQuery 代码如下：

```
$(function(){
    $('#send').click(function() {
        $.getJSON('test.json');
    });
})
```

当单击"加载"按钮后，网页上看不到任何效果。虽然函数加载了 JSON 文件，但是并没有告诉 JavaScript 对返回的数据如何处理。为此，jQuery 提供了回调函数，在回调函数里处理返回的数据。代码如下：

```
$(function(){
    $('#send').click(function() {
        $.getJSON('test.json', function(data) {
            // data ：返回的数据
        });
    });
})
```

可以在函数中通过 data 变量来遍历相应的数据，也可以使用迭代方式为每个项构建相应的 HTML 代码。虽然在这里可以使用传统的 for 循环来实现，但既然是讲解 jQuery，那么还是使用 jQuery 里的方法。jQuery 提供了一个通用的遍历方法$.each()，可以用于遍历对象和数组。

$.each()函数不同于 jQuery 对象的 each()方法，它是一个全局函数，不操作 jQuery 对象，而是以一个数组或者对象作为第 1 个参数，以一个回调函数作为第 2 个参数。回调函数拥有两个参数：第 1 个为对象的成员或数组的索引，第 2 个为对应变量或内容。代码如下：

```
$(function(){
    $('#send').click(function() {
        $.getJSON('test.json', function(data) {
            $('#resText').empty();
            var html = ' ';
            $.each( data , function(commentIndex, comment) {
                html += '<div class="comment"><h6>'
                    + comment['username'] + ':</h6><p class="para">'
                    + comment['content'] + '</p></div>';
            });
            $('#resText').html(html);
        });
    });
})
```

在上面的代码中，当返回数据成功后，首先清空 id 为"resText"的元素的内容，以便重新构造新的 HTML，然后通过$.each()循环函数依次遍历每个项，并将遍历出来的内容构建成 HTML 代码拼接起来，最后将构建好的 HTML 添加到 id 为"resText"的元素中。

当"加载"按钮被单击后，出现如图 6-9 所示的效果。

图 6-9　$.getJSON('test.json')函数执行成功

不仅如此，还能通过使用 JSONP 形式的回调函数来加载其他网站的 JSON 数据，例如从图片网站（http://Flickr.com）搜索汽车类别的 4 张最新图片。代码如下：

```
$(function(){
    $('#send').click(function() {
        $.getJSON("http://api.flickr.com/services/feeds/
        photos_public.gne?tags=car&tagmode=any&format=json&jsoncall back=?",
        function(data){
```

```
            $.each(data.items, function( i,item ){
                $("<img class='para'/> ").attr("src", item.media.m )
                                .appendTo("#resText");
                if ( i == 3 ) {
                        return false;
                }
            });
        });
    });
});
})
```

上面的代码中再次用到全局函数$.each()来遍历数据，因为只需要 4 张图片，所以当 i=3 的时候就需要退出循环。在$.each()函数中，如果需要退出 each 循环，只要返回 false 即可。

当"加载"按钮被单击后，从 Flickr 网站加载的 4 张最新的汽车图片就会被添加到页面中。效果如图 6-10 所示。

图 6-10　加载 Flickr 网站的图片

> 注意：（1）jQuery 将自动把 URL 里的回调函数，例如 "url?callback=?" 中的后一个 "?" 替换为正确的函数名，以执行回调函数。
> （2）JSONP（JSON with Padding）是一个非官方的协议，它允许在服务器端集成 Script tags 返回至客户端，通过 JavaScript Callback 的形式实现跨域访问。由于 JSON 只是一种含有简单括号结构的纯文本，因此许多通道都可以交换 JSON 消息。而由于同源策略的限制，开发人员不能在与外部服务器进行通信的时候使用 XMLHttpRequest。而 JSONP 是一种可以绕过同源策略的方法，即通过使用 JSON 与<script>标记相结合的方法，从服务器端直接返回可执行的 JavaScript 函数调用或者 JavaScript 对象。目前 JSONP 已经成为各大公司的 Web 应用程序跨域首选，例如 Youtube GData、Google Social Graph、Digg、豆瓣、Del.icio.us 等。

6.5.4　$.ajax()方法

$.ajax()方法是 jQuery 最底层的 Ajax 实现。

它的结构为：

`$.ajax(options)`

该方法只有 1 个参数,但在这个对象里包含了$.ajax()方法所需的请求设置以及回调函数等信息,参数以 key/value 的形式存在,所有参数都是可选的,常用参数如表 6-3 所示。

表 6-3 　　　　　　　　　　　　　　$.ajax()方法常用参数解释

参 数 名 称	类 型	说 明
url	String	(默认为当前页地址)发送请求的地址
type	String	请求方式(POST 或 GET)默认为 GET。注意其他 HTTP 请求方法,例如 PUT 和 DELETE 也可以使用,但仅部分浏览器支持
timeout	Number	设置请求超时时间(毫秒)。此设置将覆盖$.ajaxSetup()方法的全局设置
data	Object 或 String	发送到服务器的数据。如果已经不是字符串,将自动转换为字符串格式。GET 请求中将附加在 URL 后。防止这种自动转换,可以查看 processData 选项。对象必须为 key/value 格式,例如{foo1 :"bar1", foo2 :"bar2"}转换为 &foo1=bar1&foo2=bar2。如果是数组,jQuery 将自动为不同值对应同一个名称。例如{foo:["bar1", "bar2"]}转换为&foo=bar1&foo=bar2
dataType	String	预期服务器返回的数据类型。如果不指定,jQuery 将自动根据 HTTP 包 MIME 信息返回 responseXML 或 responseText,并作为回调函数参数传递。 可用的类型如下。 xml:返回 XML 文档,可用 jQuery 处理。 html:返回纯文本 HTML 信息;包含的 script 标签会在插入 DOM 时执行。 script:返回纯文本 JavaScript 代码。不会自动缓存结果。除非设置了 cache 参数。注意在远程请求时(不在同一个域下),所有 POST 请求都将转为 GET 请求。 json:返回 JSON 数据。 jsonp:JSONP 格式。使用 JSONP 形式调用函数时,例如 myurl?call back=?,jQuery 将自动替换后一个 "?" 为正确的函数名,以执行回调函数。 text:返回纯文本字符串

beforeSend	Function	发送请求前可以修改 XMLHttpRequest 对象的函数,例如添加自定义 HTTP 头。在 beforeSend 中如果返回 false 可以取消本次 Ajax 请求。XMLHttpRequest 对象是惟一的参数。
		function (XMLHttpRequest) {
		　　this; //调用本次 Ajax 请求时传递的 options 参数
		}

complete	Function	请求完成后调用的回调函数(请求成功或失败时均调用)。
		参数:XMLHttpRequest 对象和一个描述成功请求类型的字符串。
		function (XMLHttpRequest, textStatus) {
		　　this; //调用本次 Ajax 请求时传递的 options 参数
		}

success	Function	请求成功后调用的回调函数,有两个参数。
		(1)由服务器返回,并根据 dataType 参数进行处理后的数据。
		(2)描述状态的字符串。
		function (data, textStatus) {
		　　// data 可能是 xmlDoc、jsonObj、html、text 等等
		　　this; //调用本次 Ajax 请求时传递的 options 参数
		}

参 数 名 称	类　　型	说　　明

error	Function	请求失败时被调用的函数。该函数有 3 个参数，即 XMLHttpRequest 对象、错误信息、捕获的错误对象（可选）。 Ajax 事件函数如下。
		function (XMLHttpRequest, textStatus, errorThrown) {
		//通常情况下 textStatus 和 errorThown 只有其中一个包含信息
		this; //调用本次 Ajax 请求时传递的 options 参数
		}

global	Boolean	默认为 true。表示是否触发全局 Ajax 事件。设置为 false 将不会触发全局 Ajax 事件，AjaxStart 或 AjaxStop 可用于控制各种 Ajax 事件

如果需要使用$.ajax()方法来进行 Ajax 开发，那么上面这些常用的参数都必须了解。此外，$.ajax()方法还有其他参数，读者可以参考附录 D 的具体介绍。

前面用到的$.load()、$.get()、$.post()、$.getScript()和$.getJSON()这些方法，都是基于$.ajax()方法构建的，$.ajax()方法是 jQuery 最底层的 Ajax 实现，因此可以用它来代替前面的所有方法。

例如，可以使用下面的 jQuery 代码代替$.getScript()方法：

```
$(function(){
    $('#send').click(function() {
        $.ajax({
            type: "GET",
            url: "test.js",
            dataType: "script"
        });
    });
})
```

再例如，可以使用以下 jQuery 代码来代替$.getJSON()方法：

```
$(function(){
    $('#send').click(function() {
        $.ajax({
            type: "GET",
            url: "test.json",
            dataType: "json",
            success : function(data){
                $('#resText').empty();
                var html = '';
                $.each( data , function(commentIndex, comment) {
                    html += '<div class="comment"><h6>'
                        + comment['username'] + ':</h6><p class= "para">'
```

```
                                    + comment['content'] + '</p></div>';
                });
                $('#resText').html(html);
            }
        });
    });
})
```

6.6　序列化元素

1. serialize()方法

做项目的过程中，表单是必不可少的，经常用来提供数据，例如注册、登录等。常规的方法是使表单提交到另一个页面，整个浏览器都会被刷新，而使用 Ajax 技术则能够异步地提交表单，并将服务器返回的数据显示在当前页面中。

前面在讲解$.get()和$.post()方法的时候，表单的 HMTL 代码如下：

```
<form id="form1" action="#">
    <p>评论:</p>
    <p>姓名: <input type="text" name="username" id="username" /></p>
    <p>内容: <textarea name="content" id="content"  rows="2" cols="20"> </textarea></p>
    <p><input type="button" id="send" value="提交"/></p>
</form>
```

为了获取姓名和内容，必须将字段的值逐个添加到 data 参数中。代码如下：

```
$("#send").click(function(){
    $.get("get1.php", {
        username :  $("#username").val() ,
        content :  $("#content").val()
    }, function (data, textStatus){
        $("#resText").html(data);             //将返回的数据添加到页面上
    });
});
```

这种方式在只有少量字段的表单中，勉强还可以使用，但如果表单元素越来越复杂，使用这种方式在增大工作量的同时也使表单缺乏弹性。jQuery 为这一常用的操作提供了一个简化的方法——serialize()。与 jQuery 中其他方法一样，serialize()方法也是作用于一个 jQuery 对象，它能够将 DOM 元素内容序列化为字符串，用于 Ajax 请求。通过使用 serlialize()方法，可以把刚才的 jQuery 代码改为如下：

```
$("#send").click(function(){
    $.get("get1.php", $("#form1").serialize() , function (data, textStatus){
        $("#resText").html(data);          //将返回的数据添加到页面上
    });
});
```

当单击"提交"按钮后，也能达到同样的效果。如图 6-11 所示。

图 6-11　使用 serialize()方法

即使在表单中再增加字段，脚本仍然能够使用，并且不需要做其他多余工作。

需要注意的是，$.get()方法中 data 参数不仅可以使用映射方式，如以下 jQuery 代码：

```
{
    username :   $("#username").val() ,
    content  :   $("#content").val()
}
```

也可以使用字符串方式，如以下 jQuery 代码：

```
"username="+encodeURIComponent($('#username').val())
+"&content="+encodeURIComponent($('#content').val() )
```

用字符串方式时，需要注意对字符编码（中文问题），如果不希望编码带来麻烦，可以使用 serialize()方法，它会自动编码。

因为 serialize()方法作用于 jQuery 对象，所以不光只有表单能使用它，其他选择器选取的元素也都能使用它，如以下 jQuery 代码：

```
$(":checkbox,:radio").serialize();
```

把复选框和单选框的值序列化为字符串形式，只会将选中的值序列化。

2. serializeArray()方法

在 jQuery 中还有一个与 serialize()类似的方法——serializeArray()，该方法不是返回字符串，而是将 DOM 元素序列化后，返回 JSON 格式的数据。jQuery 代码如下：

```
var fields = $(":checkbox,:radio").serializeArray();
console.log(fields);  //用 Firebug 输出
```

通过 console.log()方法输出 fields 对象，然后在 Firebug 中查看该对象，如图 6-12 所示。

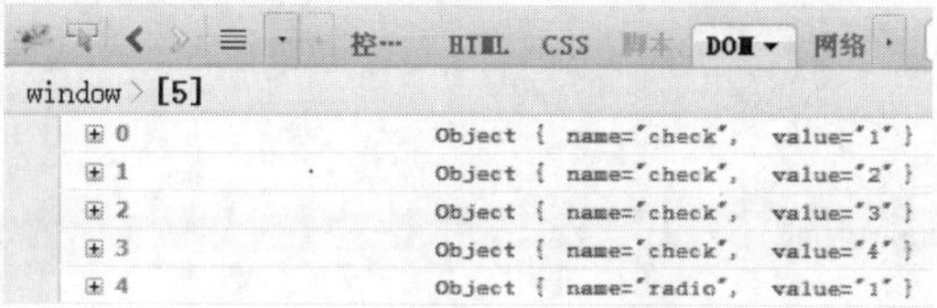

图 6-12　用 Firebug 查看对象

既然是一个对象，那么就可以使用$.each()函数对数据进行迭代输出。代码如下：

```
$(function(){
    var fields = $(":checkbox,:radio").serializeArray();
    console.log(fields);  //用 Firebug 输出
    $.each( fields, function( i , field ){
        $("#results").append(field.value + " , ");
    });
})
```

3. $.param()方法

它是 serialize()方法的核心，用来对一个数组或对象按照 key/value 进行序列化。

比如将一个普通的对象序列化：

```
var obj = {a:1,b:2,c:3};
var  k = $.param(obj);
alert(k);  // 输出 a=1&b=2&c=3
```

6.7　jQuery 中的 Ajax 全局事件

　　jQuery 简化 Ajax 操作不仅体现在调用 Ajax 方法和处理响应方面，而且还体现在对调用 Ajax 方法的过程中的 HTTP 请求的控制。通过 jQuery 提供的一些自定义全局函数，能够为各种与 Ajax 相关的事件注册回调函数。例如当 Ajax 请求开始时，会触发 ajaxStart()方法的回调函数；当 Ajax 请求结束时，会触发 ajaxStop()方法的回调函数。这些方法都是全局的方法，因此无论创建它们的代码位于何处，只要有 Ajax 请求发生时，就会触发它们。在前面例子中，远程读取 Flickr.com 网站的图片速度可能会比较慢，如果在加载的过程中，不给用户提供一些提示和反馈信息，很容易让用户误认为按钮单击无用，使用户对网站失去信心。

此时，就需要为网页添加一个提示信息，常用的提示信息是"加载中…"，代码如下：

```
<div id="loading">加载中…</div>
```

然后用 CSS 控制元素隐藏，当 Ajax 请求开始的时候，将此元素显示，用来提示用户 Ajax 请求正在进行。当 Ajax 请求结束后，将此元素隐藏。代码如下：

```
$("#loading").ajaxStart(function(){
    $(this).show();
});
$("#loading").ajaxStop(function(){
    $(this).hide();
}); //也可以使用链式写法
```

这样一来，在 Ajax 请求过程中，只要图片还未加载完毕，就会一直显示"加载中..."的提示信息，看似很简单的一个改进，却将极大地改善用户的体验。效果如图 6-13 所示。

如果在此页面中的其他地方也使用 Ajax，该提示信息仍然有效，因为它是全局的。如图 6-14 所示。

图 6-13　显示"加载中..."的提示信息　　　　图 6-14　demo2 也使用同一个提示信息

jQuery 的 Ajax 全局事件中还有几个方法，也可以在使用 Ajax 方法的过程中为其带来方便。如表 6-4 所示。

表 6-4　　　　　　　　　　　　　　　　另外几个方法

方 法 名 称	说 明
ajaxComplete(callback)	Ajax 请求完成时执行的函数
ajaxError(callback)	Ajax 请求发生错误时执行的函数，捕捉到的错误可以作为最后一个参数传递
ajaxSend(callback)	Ajax 请求发送前执行的函数
ajaxSuccess(callback)	Ajax 请求成功时执行的函数

注意：1，如果想使某个 Ajax 请求不受全局方法的影响，那么可以在使用$.ajax(options)方法时，将
　　　参数中的 global 设置为 false，jQuery 代码如下：

```
$.ajax({
    url : "test.html",
    global : false                          //不触发全局 Ajax 事件
});
```

　　　2，在 jQuery1.5 版本之后，如果 Ajax 请求不触发全局方法，那么可以设置：

```
$.ajaxPrefilter(function( options ) {       //每次发送请求之前
    options.global = true;
});
```

　　　具体原因请查看：http://bugs.jquery.com/ticket/8338

6.8　基于 jQuery 的 Ajax 聊天室程序

通过前面的介绍，相信读者已经对 jQuery 的 Ajax 有了较深的认识。下面，将讲解一个较为复杂的 Ajax 实例，可以帮助读者更好地掌握 Ajax 的精髓——一个基于 Ajax 无需刷新技术开发的聊天室程序，该程序允许多用户在网页上聊天，并且可以实时地更新信息。

6.8.1　基本设想

首先设计聊天室的外观，如图 6-15 所示。

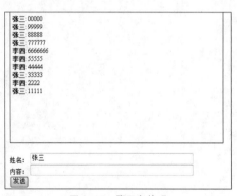

图 6-15　聊天室外观

6.8.2　设计数据库

这里使用 MySql 数据库来存储信息。

首先构建一个聊天信息表 messages，它有 4 个字段，即消息编号（id）、姓名（user）、内容（msg）以及一个数字时间戳（time）。下面是创建该表的 SQL 代码：

```
CREATE TABLE 'messages' (
    'id' int(7) NOT NULL auto_increment,
    'user' varchar(255) NOT NULL,
    'msg' text NOT NULL,
    'time' int(9) NOT NULL,
    PRIMARY KEY (`id`)
);
```

6.8.3 服务器端处理

服务器端主要用来处理用户提交的信息以及输出返回。

- 首先需要在服务器端链接数据库。
- 其次如果有用户提交新信息，则把信息插入数据库，同时删除旧的数据信息（保持数据库中只有 10 条信息）。
- 最后从数据库中获取新的信息并以 XML 格式输出返回。

这里可以先模拟服务端输出的 XML 代码结构，XML 文档代码如下：

```
<?xml version="1.0" encoding="UTF-8"?>
<response>
    <status>1</status>
    <time>1170323512</time>
    <message>
        <author>张三</author>
        <text>沙发!</text>
    </message>
    <message>
        <author>李四</author>
        <text>板凳!</text>
    </message>
</response>
```

在这个 XML 结构中，不光只有消息的实体（包括作者及其聊天信息），还增加了一个"status"标签和一个"time"标签。其中"status"标签用来表示信息请求的状态，如果值为 1，则表示新信息请求成功；如果值为 2，则表示请求成功但没有新信息。"time"标签用来记录信息请求的时间，可以被用来读取该时间戳后用户提交的新数据。

6.8.4 客户端处理

在客户端需要做两项工作。

○ 首先提交用户聊天信息，然后处理服务器端返回的聊天信息，将信息实时呈现出来。

○ 每隔一定时间发起查询数据库中聊天记录的请求，然后处理服务端返回的聊天信息，将信息实时呈现出来。

（1）提交用户聊天信息

使用 POST 方式向服务器发送请求，将用户填写的姓名和内容等数据传递到服务器端，在服务器端处理后返回相应的 XML 数据，然后使用回调函数处理服务器端返回的这些数据，并将新信息追加到客户端的消息显示区中。

（2）浏览器每隔一定时间更新数据

增加一个定时器，并且每隔一定时间调用一次。然后使用回调函数处理服务器端返回的 XML 数据，并将新信息追加到客户端的消息显示区中。

由于上面的两项工作都需要对 XML 文档进行解析，然后追加到信息显示区，因此可以将此操作进行封装，以便于重复利用。在设计该 XML 文档操作函数时，应注意通过状态（"status"标签）和时间戳（"time"标签）来控制获取聊天信息。

6.8.5 客户端代码

1. 客户端 HTML 代码

首先建立一个 HTML 页面。从前面的外观设计可以知道页面需要一个外围<div>、一个消息段落（用来显示聊天信息）、姓名文本框、消息文本、提交按钮的表单和一个加载信息时的提示。HTML 代码如下：

```
<div id="wrapper">
    <p id="messagewindow"><span id="loading">加载中…</span></p>
    <form id="chatform">
        姓名: <input type="text" id="author" size="50"/><br />
        内容: <input type="text" id="msg"  size="50"/><br />
        <input type="submit" value="发送" /><br />
    </form>
</div>
```

当用户第 1 次进入聊天室的时候，显示效果如图 6-16 所示。

图 6-16　初始化页面效果

2. 客户端 jQuery 代码

首先，需要设置当前消息的时间戳为 0，并且调用函数来加载数据库已有的聊天消息，代码如下：

```
timestamp = 0;                    //时间戳
updateMsg();                      //调用更新信息函数（后面讲解该函数的具体内容）
```

然后，为表单添加一个 submit 事件，代码如下：

```
$("#chatform").submit(function(){
    //代码
});
```

在 submit 事件函数中，可以使用 jQuery 的$.post()方法来发送一个 POST 请求，把要传递的数据都放入第 2 个参数中，用{ }包裹，代码如下：

```
$.post("backend.php",{
    message: $("#msg").val(),
    name: $("#author").val(),
    action: "postmsg",
    time: timestamp
}, function(xml) {
    //处理 xml
});
```

接下来，如何响应返回的 XML 呢？为了使代码能被重用，这里创建一个处理 XML 的函数并且调用该函数（在 updateMsg()方法中，也要用到这个解析 XML 的函数）。函数如下：

```
addMessages(xml);        //处理 xml
```

addMessages()函数里的具体内容将在后边实现。

现在就可以列出表单提交的全部代码了，代码如下：

```
$("#chatform").submit(function(){
    $.post("backend.php",{
        message: $("#msg").val(),
        name: $("#author").val(),
        action: "postmsg",
        time: timestamp
    }, function(xml) {
        $("#msg").val("");                //清空信息文本框内容
        addMessages(xml)                  //调用解析 xml 的函数
    });
    return false;                         //阻止表单提交
});
```

在表单提交事件的最后一行添加了 "return false;" 语句，可以用来阻止浏览器提交表单。

现在再看 addMessages()函数，它是用来处理 XML 响应信息的。前面讲解过，jQuery 遍历 XML 文档与遍历 DOM 一样。使用 XML 文档中的状态码，其代码如下：

```
function addMessages(xml) {
    if($("status",xml).text() == "2") return;     //如果值为 2，则表示请求成功但没有新信息
    //…
}
```

上段代码中使用$("status",xml)方法来通知 jQuery 去 XML 文档中寻找 "status" 标签。如果状态代码为 2，则表示完成了请求但没有新信息需要添加到该客户端的消息显示区中，因此使用 "return;" 语句终止函数调用。如果状态代码不为 2，则继续往下执行。

接下来需要为 XML 的时间戳设定新的值，用来传递给后台去查询新的数据。获取时间戳的代码如下：

```
timestamp = $("time",xml).text();
```

然后使用$.each()函数将 XML 文档里的数据遍历出来。在示例中，需要显示到客户端消息显示区的元素就是服务器端返回的每一个 "message" 标签的实例，每个实例代表一条要显示的消息。以下代码展示如何遍历数据：

```
$("message",xml).each(function() {
    var author = $("author",this).text();        //发布者
    var content = $("text",this).text();         //内容
    var htmlcode = "<strong>"+author+"</strong>: "+content+"<br />";
});
```

得到了所需的数据之后，就可以将其追加到消息显示区里。消息显示窗体的 id 为

"messagewindow"，因此可以使用$("#messagewindow")来选择到它并且使用 prepend()方法来追加数据，代码如下：

```
$("#messagewindow").prepend( htmlcode );
```

将它们整合后，addMessages(xml)函数的代码如下：

```
function addMessages(xml) {
    //如果状态为 2，则终止
    if($("status",xml).text() == "2") return;
        timestamp = $("time",xml).text();                  //更新时间戳
        $("message",xml).each(function() {                 //使用$.each()方法循环数据
            var author = $("author",this).text();          //发布者
            var content = $("text",this).text();           //内容
            var htmlcode = "<strong>"+author+"</strong>: "+content+" <br />";
            $("#messagewindow").prepend( htmlcode );        //添加到文档中
        });
    }
}
```

最后，只剩下刚开始调用的函数 updateMsg()还未完成。该函数的功能是到服务器查询新信息，并且调用 addMessages()函数来响应返回的 XML 文档，同时需要设置一个间隔时间，让聊天窗口自动更新。要开始做这些工作，只需要向服务器提交一个时间戳，引用这个$.post()调用即可，代码如下：

```
$.post("backend.php",{ time: timestamp }, function(xml) {
    //处理 xml 文档
});
```

在回调函数里，首先应该移除 loading 消息，可以在这个元素上调用 remove()方法，代码如下：

```
$("#loading").remove();
```

然后，在回调函数中将接受到的 XML 文档对象传递给 addMessages()函数，代码如下：

```
addMessages(xml);
```

最后调用 JavaScript 的 setTimeout()方法来每隔一定时间执行 updateMsg()函数。

updateMsg()函数的代码如下：

```
function updateMsg(){
    $.post("backend.php",{ time: timestamp }, function(xml) {
        //移除 loading 消息，等待提示
        $("#loading").remove();
        //调用解析 xml 的函数
```

```
        addMessages(xml);
    });
    //每隔4秒，读取一次
    setTimeout('updateMsg()', 4000);
}
```

6.8.6　整合代码

```
<!--  引入 jQuery -->
<script src="../scripts/jquery.js" type="text/javascript"></script>
<script type="text/javascript">
$(function(){
    timestamp = 0;                              //定义时间戳
    updateMsg();                                //调用更新信息函数
    $("#chatform").submit(function(){           //表单提交
        $.post("backend.php",{
            message: $("#msg").val(),
            name: $("#author").val(),
            action: "postmsg",
            time: timestamp
            }. function(xml) {
            $("#msg").val("");                  //清空信息文本框内容
            addMessages(xml);                   //调用解析 xml 的函数
        });
        return false;                           //阻止表单提交
    });
});
//更新信息函数，每隔一定时间去服务端读取数据
function updateMsg(){
    $.post("backend.php",{ time: timestamp }. function(xml) {
        $("#loading").remove();                 //移除 loading 消息，等待提示
        addMessages(xml);                       //调用解析 xml 的函数
    });
    setTimeout('updateMsg()', 4000);            //每隔4秒，读取一次
}
//解析 xml 文档函数，将数据显示到页面上
function addMessages(xml) {
    if($("status",xml).text() == "2") return;   //如果状态为 2，则终止
    timestamp = $("time",xml).text(); //更新时间戳
    $("message",xml).each(function() {          //使用$.each()方法循环数据
        var author = $("author",this).text();   //发布者
        var content = $("text",this).text();    //内容
```

```
            var htmlcode = "<strong>"+author+"</strong>: "+content+" <br />";
            $("#messagewindow").prepend( htmlcode );   //添加到文档中
    });
}
</script>
<div id="wrapper">
    <p id="messagewindow"><span id="loading">加载中…</span></p>
    <form id="chatform">
            姓名: <input type="text" id="author" size="50"/><br />
            内容: <input type="text" id="msg"  size="50"/>   <br />
            <input type="submit" value="发送" /><br />
    </form>
</div>
```

聊天界面如图 6-17 所示。

正如读者所看到的，仅用了少量的 jQuery 代码，就实现了一个完整的基于 Ajax 的 Web 聊天室应用程序。用 jQuery 可以如此简单的实现一个复杂的 Ajax 应用，不得不令人叹服。

图 6-17 最终的聊天室程序

6.9 小结

本章首先对 Ajax 进行了简介，并且介绍了 Ajax 的优势与不足，让读者充分了解到 Ajax 的适用范围。接下来介绍了 Ajax 的 XMLHttpRequest 对象，并展示了传统的 Ajax 程序的编写，然后系统地讲解了 jQuery 中的 Ajax 方法。在介绍了序列化元素和 Ajax 全局事件两个重要的概念后，讲解了一个稍微复杂的 Ajax 聊天室程序。

第7章 jQuery 插件的使用和写法

插件（Plugin）也称为扩展（Extension），是一种遵循一定规范的应用程序接口编写出来的程序。

jQuery 的易扩展性，吸引了来自全球的开发者来共同编写 jQuery 的插件。目前，已经有超过几千种的插件应用在全球不同类型的项目上。使用这些经过无数人检验和完善的优秀插件，可以帮助用户开发出稳定的应用系统，节约项目成本。

最新最全的插件可以从 jQuery 官方网站的插件板块中获取，网站地址为：http://plugins.jquery.com/。如图 7-1 所示，不仅可以在右上方或左中方的 Search 区域搜索 jQuery 插件，也可以在右中方的 Categories 区域，通过选择不同的类型来查找插件。

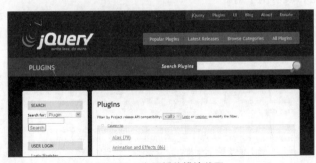

图 7-1 官网插件模块截图

下面介绍几个常用的 jQuery 插件，并对如何编写 jQuery 插件进行全面地讲解。

> 注意：因垃圾邮件、不规范的插件、数据备份、版本维护以及对目前插件站点功能的不满足等多种因素，jQuery 官方已经将项目托管于 GitHub。地址为：https://github.com/jquery/plugins.jquery.com。

7.1 jQuery 表单验证插件——Validation

7.1.1 Validation 简介

最常使用 JavaScript 的场合就是表单的验证，而 jQuery 作为一个优秀的 JavaScript 库，也提供了一个优秀的表单验证插件——Validation。Validation 是历史最悠久的 jQuery 插件之一，经过了全球范围内不同项目的验证，并得到了许多 Web 开发者的好评。作为一个标准的验证方法库，Validation 拥有如下特点。

- 内置验证规则：拥有必填、数字、E-Mail、URL 和信用卡号码等 19 类内置验证规则。
- 自定义验证规则：可以很方便地自定义验证规则。
- 简单强大的验证信息提示：默认了验证信息提示，并提供自定义覆盖默认提示信息的功能。
- 实时验证：可以通过 keyup 或 blur 事件触发验证，而不仅仅在表单提交的时候验证。

Jörn Zaefferer 设计了 Validation 插件，并从 2006 年 7 月开始一直在对该插件进行改善和维护。

7.1.2 下载地址

jQuery Validation 插件的下载地址：

http://bassistance.de/jquery-plugins/jquery-plugin-validation/

在图 7-2 所示的界面中，不仅可以下载该插件，也可以查看所有历史版本的更新说明。在该页面还可以查看英文文档和演示例子等。

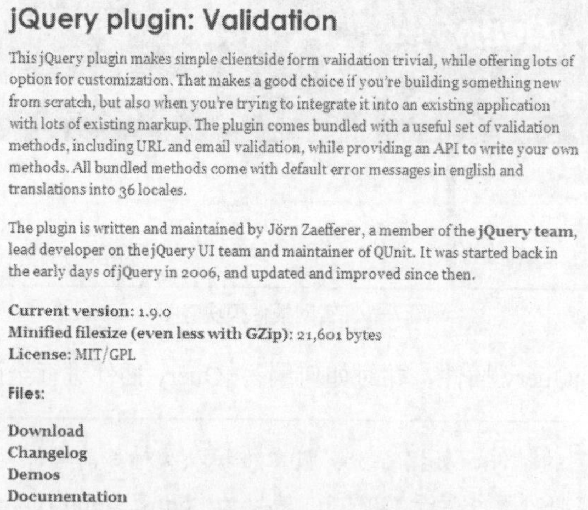
jQuery plugin: Validation

This jQuery plugin makes simple clientside form validation trivial, while offering lots of option for customization. That makes a good choice if you're building something new from scratch, but also when you're trying to integrate it into an existing application with lots of existing markup. The plugin comes bundled with a useful set of validation methods, including URL and email validation, while providing an API to write your own methods. All bundled methods come with default error messages in english and translations into 36 locales.

The plugin is written and maintained by Jörn Zaefferer, a member of the **jQuery team**, lead developer on the jQuery UI team and maintainer of QUnit. It was started back in the early days of jQuery in 2006, and updated and improved since then.

Current version: 1.9.0
Minified filesize (even less with GZip): 21,601 bytes
License: MIT/GPL

Files:

Download
Changelog
Demos
Documentation

图 7-2 Validation 插件页面截图

7.1.3 快速上手

先看一个简单的例子 7-1-1，HTML 和 jQuery 代码如下：

```
<!DOCTYPE HTML PUBLIC "-//W3C//DTD HTML 4.01 Transitional//EN"
         "http://www.w3.org/TR/html4/loose.dtd">
```

```html
<html>
<head>
<meta http-equiv="Content-Type" content="text/html; charset=utf-8" />
<script src="../../scripts/jquery.js"type="text/javascript"></script>
<script src="lib/jquery.validate.js"type="text/javascript"></script>
<style type="text/css">
    * { font-family: Verdana; font-size: 96%; }
    label { width: 10em; float: left; }
    label.error { float: none; color: red; padding-left: .5em;vertical- align: top; }
    p { clear: both; }
    .submit { margin-left: 12em; }
    em { font-weight: bold; padding-right: 1em; vertical-align: top; }
</style>
<script type="text/javascript">
    $(document).ready(function(){
        $("#commentForm").validate();
    });
</script>
</head>
<body>
    <form class="cmxform" id="commentForm" method="get" action="#">
        <fieldset>
            <legend>一个简单的验证带验证提示的评论例子</legend>
            <p>
                <label for="cusername">姓名</label><em>*</em>
                <input id="cusername" name="username"
                    size="25" class="required" minlength="2" />
            </p>
            <p>
                <label for="cemail">电子邮件</label><em>*</em>
                <input id="cemail" name="email"
                    size="25" class="required email" />
            </p>
            <p>
                <label for="curl">网址</label><em> </em>
                <input id="curl" name="url"
                    size="25" class="url" value="" />
            </p>
            <p>
                <label for="ccomment">你的评论</label><em>*</em>
                <textarea id="ccomment" name="comment"
                    cols="22" class="required"></textarea>
            </p>
```

```
            <p>
                <input class="submit" type="submit" value="提交"/>
            </p>
        </fieldset>
    </form>
</body>
</html>
```

上面代码完成了以下验证。

（1）对"姓名"的必填和长度至少是两位的验证。

（2）对"电子邮件"的必填和是否为 E-mail 格式的验证。

（3）对"网址"是否为 url 的验证。

（4）对"你的评论"的必填验证。

当用户单击"提交"按钮后，显示图 7-3 所示的效果。

图 7-3 快速上手例子

当用户在"姓名"对应的文本框中输入字符时，表单元素也会实时响应验证，产生图 7-4 所示的效果。

图 7-4 字段实时验证

当用户输入字符时，表单元素就会实时响应验证信息，而不是只在用户单击"提交"按钮后才出现。这样做的好处是极大地方便了用户，促使用户填写出符合格式的数据。

从例子中可以看到，只需完成以下几步操作，就可以将一个普通的表单改造为可以进行 Validation 验证的表单。

（1）引入 jQuery 库和 Validation 插件。

```
<script src="../../scripts/jquery.js" type="text/javascript"></script>
<script src="lib/jquery.validate.js" type="text/javascript"> </script>
```

（2）确定哪个表单需要被验证。

```
$("#commentForm").validate();
```

（3）针对不同的字段，进行验证规则编码，设置字段相应的属性。

- class="required"为必须填写，minlength="2"为最小长度为 2。
- class="required　email"为必须填写和内容需要符合 E-mail 格式。
- class="url"为 url 格式验证。

7.1.4　不同的验证写法

在上节的例子中，开发者必须把 required、url 和 email 写到 class 属性里，才能完成必填验证、url 验证和 E-mail 验证；把 minlength 属性的值设置为 2，才能完成最小长度为 2 的验证。虽然 class 和 minlength 属性都符合 W3C 规范，但对于开发者来说，时而将与验证相关的信息写在 class 属性里面，时而又写在 minlength 属性里面实在很麻烦。Validation 充分考虑到了这一点，读者可以将所有的与验证相关的信息写到 class 属性中方便管理。为了实现这个功能，需要经过以下几个步骤。

（1）引入一个新的 jQuery 插件——jquery.metadata.js。

```
<script src="lib/jquery.metadata.js" type="text/javascript"></script>
```

注意：jquery.metadata.js 是一个支持固定格式解析的 jQuery 插件，Validation 插件将其很好地融合到验证规则编码中。通过下面的例子 7-1-2，读者可以很容易地了解到需要掌握的格式，更加详细的 metadata 插件参见网址 http://plugins.jquery.com/project/metadata。

（2）改变调用的验证方法。

将

```
$("#commentForm").validate();
```

改为

```
$("#commentForm").validate({meta: "validate"});
```

（3）将验证规则全部编写到 class 属性中，例 7-1-2 的 HTML 代码如下：

```
//... 省略其他代码
<p>
<label for="cusername">姓名</label><em>*</em>
```

```
<input id="cusername" name="username" size="25"
        class="{validate:{required:true, minlength:2}}" />
</p>
<p>
<label for="cemail">电子邮件</label><em>*</em>
<input id="cemail" name="email"
        size="25" class="{validate:{required:true,email: true}}" />
</p>
<p>
<label for="curl">网址</label><em> </em>
<input id="curl" name="url" size="25" class="{validate:{url:true}}"/>
</p>
<p>
<label for="ccomment">你的评论</label><em>*</em>
<textarea id="ccomment" name="comment" cols="22"
        class="{validate:{required:true}}"></textarea>
</p>
//... 省略其他代码
```

此时，本段代码的验证效果与前面的例子完全一致。

在上面两个例子中，验证规则都是通过设置一定的属性值来实现的，但验证行为和 HTML 结构并没有完全脱钩。下面介绍一种与 HTML 元素属性无直接关联，而是通过 name 属性来关联字段和验证规则的验证写法，这种方法可以实现行为与结构的分离。

首先，将字段中的 class 属性移除，此时的 HTML 代码并无其他多余的属性，例 7-1-3 的 HTML 代码如下：

```
<form class="cmxform" id="commentForm" method="get" action="">
    <fieldset>
        <legend>一个简单的验证带验证提示的评论例子</legend>
        <p>
            <label for="cusername">姓名</label><em>*</em>
            <input id="cusername" name="username" size="25" />
        </p>
        <p>
            <label for="cemail">电子邮件</label><em>*</em>
            <input id="cemail" name="email" size="25"  />
        </p>
        <p>
            <label for="curl">网址</label><em> </em>
            <input id="curl" name="url" size="25"  value="" />
        </p>
        <p>
```

```
            <label for="ccomment">你的评论</label><em>*</em>
            <textarea id="ccomment" name="comment" cols="22">
            </textarea>
        </p>
        <p>
            <input class="submit" type="submit" value="提交"/>
        </p>
    </fieldset>
</form>
```

然后加入如下 jQuery 代码：

```
$(document).ready(function(){
    $("#commentForm").validate({
        rules: {
            username: {
                required: true,
                minlength: 2
            },
            email: {
                required: true,
                email: true
            },
            url:"url",
            comment: "required"
        }
    });
});
```

运行代码后，验证效果与前面的例子也是完全一致的。本例中，具体编码步骤如下。

（1）在$("#commentForm").validate()方法中增加 rules 属性。

（2）通过每个字段的 name 属性值来匹配验证规则。

（3）定义验证规则：例如 required: true，email: true，minlength: 2 等。

7.1.5　验证信息

● 国际化

Validation 插件的验证信息默认语言为英文，如果要改成中文，只需要引入 Validation 提供的中文验证信息库即可，引入代码如下：

```
<script src="lib/jquery.validate.messages_cn.js"type="text/javascript">
```

引入语言库后，显示图 7-5 所示的验证效果。

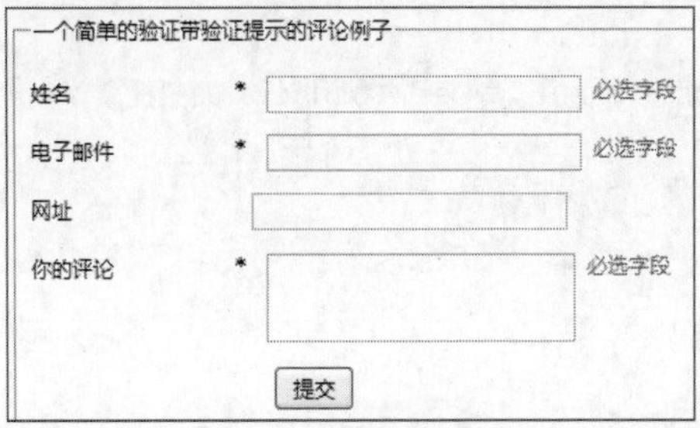

图 7-5　中文提示信息

Validation 插件也支持其他常用语言，读者可以自行引入相应的语言库进行配置。

⚫　自定义验证信息

Validation 插件可以很方便地自定义验证规则，用来代替千篇一律的默认验证信息，例如将例 7-1-2 中的字段提示信息的 class 值改成如下代码：

```
<form class="cmxform" id="commentForm" method="get" action="#">
    <fieldset>
        <legend>一个简单的验证带验证提示的评论例子</legend>
        <p>
            <label for="cusername">姓名</label><em>*</em>
            <input id="cusername" name="username" size="25"
                class="{validate:{required:true, minlength:2,
                messages:{required:'请输入姓名',
                minlength:'请至少输入两个字符'}}}" />
        </p>
        <p>
            <label for="cemail">电子邮件</label><em>*</em>
            <input id="cemail" name="email" size="25"
                class="{validate:{required:true, email:true,
                messages:{required:'请输入电子邮件',
                email:'请检查电子邮件的格式'}}}"  />
        </p>
        <p>
            <label for="curl">网址</label><em> </em>
            <input id="curl" name="url" size="25"
                class="{validate:{url:true,
                messages:{url:'请检查网址的格式'}}}" />
        </p>
```

```
        <p>
            <label for="ccomment">你的评论</label><em>*</em>
            <textarea id="ccomment" name="comment" cols="22"
                class="{validate:{required:true,
                messages:{required:'请输入您的评论'}}}" >
            </textarea>
        </p>
        <p>
            <input class="submit" type="submit" value="提交"/>
        </p>
    </fieldset>
</form>
```

运行代码后，显示图 7-6 所示的效果。

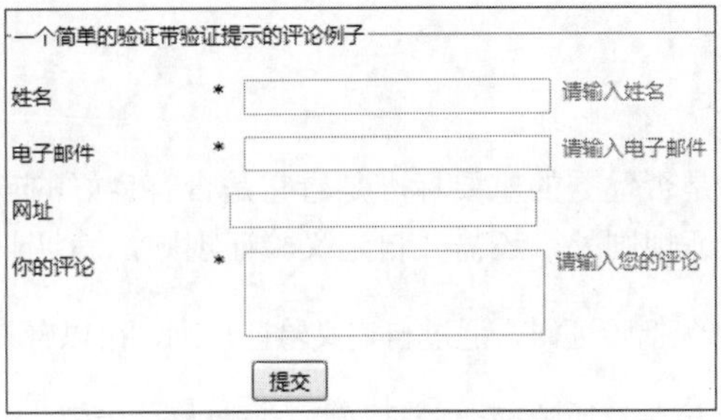

图 7-6　自定义验证信息

● 　自定义验证信息并美化

也许读者需要为验证提示信息加些漂亮的图片，这对于 Validation 插件来说，也是非常简单的事情。例如在例 7-1-3 中的 jQuery 代码中增加如下代码：

```
errorElement: "em",                    //用来创建错误提示信息标签
success: function(label) {             //验证成功后执行的回调函数
    //label 指向上面那个错误提示信息标签 em
    label.text(" ")                    //清空错误提示消息
        .addClass("success");          //加上自定义的 success 类
}
```

在 CSS 代码中增加如下代码，以便和 errorElement 相关联。

```
em.error {
    background:url("images/unchecked.gif") no-repeat 0px 0px;
    padding-left: 16px;
}
em.success {
```

```
    background:url("images/checked.gif") no-repeat 0px 0px;
    padding-left: 16px;
}
```

运行代码后，提示信息中就会包含错误提示图片，如图 7-7 所示效果。

图 7-7　错误提示

7.1.6　自定义验证规则

衡量一个表单验证插件是否优秀的重要标准是看它是否有良好的自定义验证规则。由于需求的多种多样，除提供的默认验证规则外，还需要自定义验证规则，满足业务需要。

在很多网站中，表单中都包括验证码，通过自定义验证规则，可以轻易地完成验证码的验证。

首先在上面例子的基础上，添加验证"验证码"的 HTML 代码，代码如下：

```html
<p>
    <label for="cvalcode">验证码</label>
    <input id="cvalcode" name="valcode" size="25"  value="" />=7+9
</p>
```

为了实现验证"验证码"的功能，需要完成以下几个步骤。

（1）自定义一个验证规则。

jQuery 代码：

```javascript
//自定义一个验证方法
$.validator.addMethod(
    "formula",                              //验证方法名称
    function(value, element, param) {       //验证规则
        return value == eval(param);
    },
    '请正确输入数学公式计算后的结果'          //验证提示信息
);
```

（2）调用该验证规则。

jQuery 代码中的 rules 中加入 valcode: { formula: "7+9" }，其中"7+9"这个字符串可以通过其他手段获得，例如获取页面某个元素的 text()或者通过 Ajax 来取得。这里为了简化就简单写成了"7+9"，如下面代码的加粗部分所示：

```
$("#commentForm").validate({
    rules: {
        username: {required: true, minlength: 2},
        email: {required: true, email: true},
        url:"url",
        comment: "required",
        valcode: {formula: "7+9"}
    }
});
```

运行代码后，该页面的验证显示如图 7-8 所示。

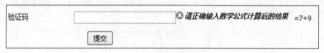

图 7-8　验证码验证

7.1.7　API

Validation 插件的官方 API 地址为：

http://docs.jquery.com/Plugins/Validation 。

关于 Validation 插件的 API 内容，读者可以参考附录 F。

7.2　jQuery 表单插件——Form

7.2.1　Form 插件简介

jQuery Form 插件是一个优秀的 Ajax 表单插件，可以非常容易地、无侵入地升级 HTML 表单以支持 Ajax。jQuery Form 有两个核心方法——ajaxForm()和 ajaxSubmit()，它们集合了从控制表单元素到决定如何管理提交进程的功能。另外，插件还包括其他的一些方法：formToArray()、formSerialize()、fieldSerialize()、fieldValue()、clearForm()、clearFields()和 resetForm()等。

Mike Alsup 设计了 jQuery Form 插件，并进行改善和维护。

7.2.2 下载地址

jQuery Form 表单插件的下载地址为：

http://jquery.malsup.com/form/#download

在图 7-9 所示的界面中，读者可以下载该插件，并在该网站上查看简单上手说明、API、实例代码。文件上传说明和 FAQ 等。

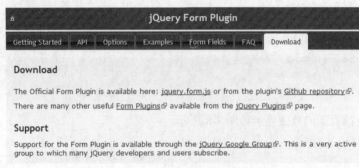

图 7-9　jQuery Form 表单插件官方网站截图

7.2.3 快速上手

在 HTML 页面上添加一个 form 表单，然后引入 jQuery 库和 Form 插件，并编写 Ajax 提交 jQuery 代码如下：

```
<head>
<script src="../../scripts/jquery.js"type="text/javascript"></script>
<script src="lib/jquery.form.js" type="text/javascript"></script>
<script type="text/javascript">
    //等待 DOM 被加载
    $(document).ready(function() {
        //绑定 id 为 myForm 的表单并提供一个简单的回调函数
        $('#myForm').ajaxForm(function() {
            $('#output1').html("提交成功！欢迎下次再来！").show();
        });
    });
</script>
</head>
<form id="myForm" action="demo.php" method="post">
    名称：  <input type="text" name="name" /> <br/>
    地址：  <input type="text" name="address" /><br/>
```

```
自我介绍：<textarea name="comment"></textarea> <br/>
<input type="submit" id="test" value="提交" /> <br/>
<div id="output1" style="display:none;"></div>
</form>
```

当表单被提交时，"姓名"、"地址"和"自我介绍"字段的值会以无刷新的方式提交到文件 demo.php 中。如果服务器返回一个成功状态，那么用户将会看到"提交成功！欢迎下次再来！"的提示。

7.2.4　核心方法——ajaxForm()和 ajaxSubmit()

正如上例的代码所示，通过核心方法 ajaxForm()，能很容易地将表单升级为 Ajax 提交方式。

```
$('#myForm').ajaxForm(function() {
    $('#output1').html("提交成功！欢迎下次再来！").show();
});
```

Form 插件还有一个核心方法 ajaxSubmit()，也能完成同样的功能，代码如下：

```
$('#myForm').submit(function() {
    $(this).ajaxSubmit(function() {
        $('#output1').html("提交成功！欢迎下次再来！").show();
    });
    return false; //阻止表单默认提交
});
```

通过调用 ajaxSubmit()方法来响应用户的提交表单操作，从而使表单的提交方式由传统的提交方式转变为 Ajax 提交方式。

通过 Form 插件的这两个核心方法，都可以在不修改表单的 HTML 代码结构的情况下，轻易地将表单的提交方式升级为 Ajax 提交方式。

7.2.5　ajaxForm()方法和 ajaxSubmit()方法的参数

ajaxForm()方法和 ajaxSubmit()方法都能接受 0 个或者 1 个参数。当为单个的参数时，该参数既可以是一个回调函数，也可以是一个 options 对象。上面例子的参数就是回调函数。接下来介绍 options 对象，通过给 ajaxForm()方法和 ajaxSubmit()方法传递 options 对象，使得它们对表单拥有更多的控制权。

首先定义一个对象 options，然后在对象里设置参数，代码如下：

```
var options = {
    target: '#output1',          //把服务器返回的内容放入 id 为 output1 的元素中
```

```
        beforeSubmit:  showRequest,     //提交前的回调函数
        success:       showResponse     //提交后的回调函数
    url: url,              //默认是 form 的 action，如果申明，则会覆盖
    type: type,           //默认是 form 的 method（'get' or 'post'），如果申明，则会覆盖
    dataType: null ,      //'xml', 'script', or 'json'（接受服务端返回的类型.)
    clearForm: true,      //成功提交后，清除所有表单元素的值
    resetForm: true ,     //成功提交后，重置所有表单元素的值
    timeout:   3000       //限制请求的时间，当请求大于 3 秒后，跳出请求.
};
```

定义 options 对象之后，就可以把这个 options 对象传递给 ajaxForm()方法，jQuery 代码如下：

```
$('#myForm').ajaxForm(options);
```

或者传递给 ajaxSubmit()方法，jQuery 代码如下：

```
$('#myForm').submit(function() {
    $(this).ajaxSubmit(options);
    return false;
});
```

在 options 对象里，指定了两个回调函数，即 beforeSubmit：showRequest 和 success: show Response，它们分别会在表单提交前和表单提交后被调用。

下面来看看这两个回调函数具体有哪些参数。

⬤　beforeSubmit——提交前的回调函数

提交前的回调函数的代码如下：

```
function showRequest(formData, jqForm, options) {
    var queryString = $.param(formData);
    return true;
}
```

这个回调函数有 3 个参数。

第 1 个参数 formdata 是数组对象。在这里，使用$.param()方法把它转化为字符串，得到如下这种格式：

```
name=1&address=2
```

需要注意的是，当表单提交时，Form 插件会以 Ajax 方式自动提交这些数据。

第 2 个参数 jqForm 是一个 jQuery 对象，它封装了表单的元素。

如果需要访问 jqForm 的 DOM 元素，可以把 jqForm 转换为 DOM 对象。

```
var formElement = jqForm[0];
var address = formElement.address.value:
```

第 3 个参数 options 就是 options 对象。前面已经声明了 options 对象里的一些属性，其他没有声明的，则会使用默认的属性。

在这个回调函数中，只要不返回 false，表单都将被允许提交；如果返回 false，则会阻止表单提交。可以利用这个特性，在表单提交之前验证数据（后面将详细讲解），如果不符合验证规则，则阻止表单提交。

● success —— 提交后的回调函数

提交后的回调函数的代码如下：

```
function showResponse(responseText, statusText , xhr, $form) {
    alert('状态: ' + statusText + '\n 返回的内容是: \n' + responseText);
}
```

success 有 4 个参数 responseText，statusText，xhr 和$form。其中 responseText 和 statusText2 个比较常用。

statusText 只是一个返回状态，例如 success、error 等。

responseText 携带着服务器返回的数据内容。responseText 会根据设置的 options 对象中的 dataType 属性来返回相应格式的内容。具体情况如下。

（1）对于缺省的 HTML 返回，回调函数的第 1 个参数是 XMLHttpRequest 对象的 responseText 属性。

（2）当 dataType 属性被设置为 xml 时，回调函数的第 1 个参数是 XMLHttpRequest 对象的 responseXML 属性。

例如声明服务器返回数据的类型为 xml，然后以 XML 方式解析数据，代码如下：

```
$('#xmlForm').ajaxForm({
    dataType:'xml',
    success:      processXml
});
function processXml(responseXML) {
    var name = $('name', responseXML).text();
    var address = $('address', responseXML).text();
    $('#xmlOut').html(name + "    " + address );
}
```

（3）当 dataType 属性被设置为 json 时，回调函数的第 1 个参数是从服务器返回的 json 数据对象。

例如声明服务器返回数据的类型为 json，然后以 json 方式解析数据，代码如下：

```
$('#myForm').ajaxForm({
    dataType: 'json',
    success:    processJson
});
function processJson(data) {
    $('#jsonOut').html( data.name + "    "+data.address );
}
```

7.2.6 表单提交之前验证表单

大多数情况下，需要在表单提交前对表单元素的值进行一次验证，如果不符合验证规则，则阻止表单提交。

beforeSubmit 会在表单提交前被调用。如果 beforeSubmit 返回 false，则会阻止表单提交，利用这个特性，就可以轻松地完成验证表单元素的任务。

首先定义一个 validate 回调函数，把它设置为 beforeSubmit 的值。

```
beforeSubmit: validate
```

然后编写 validate 函数，它有 3 个参数：

```
function validate(formData, jqForm, options) {
    /*
        在这里需要对表单元素进行验证，如果不符合规则，
        将返回 false 来阻止表单提交，直至符合规则为止
    */
    var queryString = $.param(formData); //组装数据
    return true;
}
```

通过获取表单元素的值，对表单元素进行验证。Form 插件获取表单数据的方式有多种，下面讲解其中的 3 种方式。

● 方式 1：利用参数 formData

参数 formData 是一个数组对象，其中的每个对象都有名称和值。其数据格式如下：

```
[
    { name: name , value: nameValue },
    { name: password , value: passwordValue }
]
```

由于是数组，因此可以根据循环来获取每个元素的值，然后判断元素的值是否符合验证规则（这里只判断元素是否为空），如果有一项不符合验证规则，就返回 false，来阻止表单提交。代码如下：

```
function validate(formData, jqForm, options) {
    for(var i=0; i < formData.length; i++) {
        if (!formData[i].value) {
            alert('用户名,地址和自我介绍都不能为空!');
            return false;
        }
    }
    var queryString = $.param(formData);
    return true;
}
```

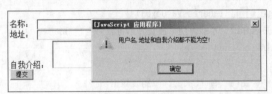

图 7-10　验证提示信息

● 方式 2：利用参数 jqForm

不仅可以利用第 1 个参数 formData 来获取表单数据，而且可以用第 2 个参数 jqForm 来达到同样的效果。

参数 jqForm 是一个 jQuery 对象，它封装了表单的元素。如果需要访问 jqForm 的 DOM 元素，可以把 jqForm 转为 DOM 对象。

```
var form = jqForm[0];
```

然后通过 form.name.value 来获取用户名的值；通过 form.address.value 来获取地址的值。代码如下：

```
function validate(formData, jqForm, options) {
    var form = jqForm[0];
    if (!form.name.value || !form.address.value) {
        alert('用户名和地址不能为空，自我介绍可以为空! ');
        return false;
    }
    var queryString = $.param(formData);
    return true;
}
```

● 方式 3：利用 fieldValue()方法

fieldValue()方法会把匹配元素的值插入到数组中，然后返回这个数组。如果表单元素的值被判定无效，则数组为空，否则数组将包含一个或多个元素的值。由于返回的是一个数组，而不是 jQuery 对象，因此不能进行链式操作。

利用 fieldValue()方法，也能很容易地获取到表单元素的值。例如可以通过$('input[name=address]').fieldValue()来获取 name 为"address"的<input>元素的值的数组集合，然后通过数组下标来获取数组中对应的值。

代码如下：

```
function validate(formData, jqForm, options) {
    var usernameValue = $('input[name=name]').fieldValue();
    var addressValue = $('input[name=address]').fieldValue();
    if (!usernameValue[0] || !addressValue[0]) {
        alert('用户名和地址不能为空，自我介绍可以为空！');
        return false;
    }
    var queryString = $.param(formData); //组装数据
    return true;
}
```

通过以上几个例子可以清楚地知道，使用 jQuery Form 插件能够很容易地把一个传统的表单提交方式改变为 Ajax 提交方式，没有比这更简单的方法了。

7.2.7　API

Form 插件拥有很多方法，这些方法可以帮助用户很容易地管理表单数据和表单提交。读者可以参考附录 F 的 API 介绍。

7.3　模态窗口插件——SimpleModal

7.3.1　SimpleModal 插件简介

SimpleModal 是一个轻量级的 jQuery 插件，它为模态窗口的开发提供了一个强有力的接口，可以把它当作模态窗口的框架。SimpleModal 非常的灵活，可以创建你能够想像到的任何东西，并且你还不需要考虑 UI 开发中的跨浏览器相关问题。

Eric Martin 设计了 SimpleModal 插件，并一直在进行改善和维护。

7.3.2　下载地址

jQuery SimpleModal 插件的下载地址为：

http://www.ericmmartin.com/projects/simplemodal/

在图 7-11 所示界面中，读者可以下载该插件、查看英文文档和版本更新说明等。

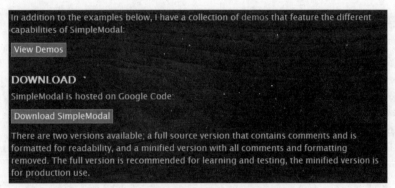

图 7-11　SimpleModal 插件页面截图

7.3.3　快速上手

SimpleModal 提供了两种简单方法来调用模态窗口。

第一种方法是作为一个链式的 jQuery 函数。你可以在一个用 jQuery 获取的元素上调用 modal() 函数，之后用这个元素的内容来显示一个模态窗口。比如：

```
$("#element-id").modal();
```

第二种方法是作为一个单独函数使用。通过传递一个 jQuery 对象，DOM 元素或纯文本（可以包含 HTML）来创建一个模态窗口。比如：

```
$.modal("<div><h1>SimpleModal</h1></div>");
```

以上的两种方法都可以接受一个可选参数，比如：

```
$("#element-id").modal({options});
$.modal("<div><h1>SimpleModal</h1></div>", {options});
```

因为 SimpleModal 不仅仅是一个模态窗口框架，以上的两个例子只是创建非常基本的没有样式模态窗口。你也可以通过外部 CSS，选项对象或两个一起来应用样式。modal overlay、container 和 data 元素的 CSS 选项分别是：overlayCss、containerCss 和 dataCss，它们都是键值对（Key/Value）

属性。SimpleModal 为显示一个模态窗口设置了必要的 CSS，另外它动态地把模态窗口置于屏幕中间，除非预先使用了 position 参数。

SimpleModal 在内部定义了如下 CSS 类：simplemodal-overlay，simplemodal-container，simplemodal-wrap（如果内容比 container 大，那么它将自动设置 overflow 为 auto）和 simplemodal-data。

SimpleModal 的 closeHTML 参数默认声明一个用于关闭模态窗口的图片样式：modalcloseImg，因为它被定义在参数里面，不能通过参数来应用样式，所以一个外部 CSS 定义是必须的。

```css
#simplemodal-container a.modalCloseImg {
    background:url(/img/x.png) no-repeat; /* adjust url as required */
    width:25px;
    height:29px;
    display:inline;
    z-index:3200;
    position:absolute;
    top:-15px;
    right:-18px;
    cursor:pointer;
}
```

如果 IE6 你也想用 PNG 图片的话，你可能要这么做：

```css
<!--[if lt IE 7]>
<style type='text/css'>
    #simplemodal-container a.modalCloseImg {
        background:none;
        right:-14px;
        width:22px;
        height:26px;
        filter: progid:DXImageTransform.Microsoft.AlphaImageLoader(
            src='img/x.png', sizingMethod='scale'
        );
    }
</style>
<![endif]-->
```

7.3.4 关闭模态窗口

SimpleModal 自动为模态窗口内 class 是 "simplemodal-close" 的元素绑定了关闭函数。所以只要在 HTML 中添加如下代码就可以关闭窗口：

```
<button type="button" class="simplemodal-close">关闭</button>
或者
<a href="#" class="simplemodal-close">关闭</a>
```

此外，你也可以通过调用$.modal.close()的方式关闭当前打开的模态窗口。

如果你不想使用"simplemodal-close"作为默认的关闭接口，而是想自己定义，那么你可以修改全局参数，代码如下：

```
$.modal.defaults.closeClass = "modalClose";
```

以上代码将会为 class 为"modalClose"绑定关闭函数。

如果要修改多个默认参数，可以使用如下代码：

```
$.extend($.modal.defaults, {
    closeClass: "modalClose",
    closeHTML: "<a href='#'>Close</a>"
});
```

7.3.5　实际应用

接下来我们使用 SimpleModal 来制作模态提示框和模态的 iframe。

首先我们在页面中插入将要弹出的内容，并把样式设置好：

```
<div id="basic-dialog-warn">
    <!-- 普通弹出层 [[ -->
    <div class="box-title show"><h2>提示</h2></div>
    <div class="box-main">
        <div class="tips">
            <span class="tips-ico">
                <span class="ico-warn"><!-- 图标 --></span>
            </span>
            <div class="tips-content">
                <div class="tips-title">系统繁忙，请稍候重试</div>
                <div class="tips-line"></div>
            </div>
        </div>
        <div class="box-buttons"><button type="button" class="simplemodal-close">关 闭</button></div>
    </div>
    <!-- 普通弹出层 ]] -->
</div>
```

然后我们就可以利用下面的代码调用 SimpleModal：

```
$('#basic-dialog-warn').modal();
```

弹出效果如图 7-12 所示。

图 7-12　弹出效果

同样，如果要弹出一个 iframe 页面，那么使用方式也类似。

首先还是在页面中新建一段 HTML 代码，代码如下：

```
<div id="ifr-dialog" >
    <!-- iframe 弹出层 [[ -->
    <iframe frameborder="0" scrolling="no" id="ifr-dialog-container"
src="javascript:;" class="box-iframe"></iframe>
    <!-- iframe 弹出层 ]] -->
</div>
```

此时 iframe 的 src 是没有指向地址，我们可以在调用 SimpleModal 的时候，给它赋一个值，代码如下：

```
$("#ifr-dialog-container").attr("src","http://www.baidu.com");
$('#ifr-dialog').modal({
 "opacity":30,
 "overlayClose":true,
 "containerId":"ifr-dialog-content"
});
```

这样，我们就能把 iframe 页面以模态窗口的方式显示出来了。在以上代码中，在调用 SimpleModal 时，设置了 3 个参数。"opacity"是用来设置遮罩层的不透明度的。"overlayClose" 设置为 true，代表着单击遮罩层也能关闭模态窗口。"containerId"是一个非常有用的参数，它用来设置模态窗口容器的 ID（默认值为 simplemodal-container），通过这个钩子，我们能为容器定义各种规则。比如本例中，容器的 ID 被设置为 ifr-dialog-content，在 CSS 样式中，为它设置的样式如下：

```
#ifr-dialog-content{
    height:300px;
```

```
        width:700px;
    }
```

7.3.6　API

SimpleModal 插件的官方 API 地址为：

http://www.ericmmartin.com/projects/simplemodal/

关于 SimpleModal 插件的 API 内容，读者可以参考附录 F 的介绍。

7.4　管理 Cookie 的插件——Cookie

7.4.1　Cookie 插件简介

Cookie 是网站设计者放置在客户端的小文本文件。Cookie 能为用户提供很多的便利，例如购物网站存储用户曾经浏览过的产品列表，或者门户网站记住用户喜欢选择浏览哪类新闻。在用户允许的情况下，还可以存储用户的登录信息，使得用户在访问网站时不必每次都键入这些信息。

jQuery 提供了一个十分简单的插件来管理网站的 Cookie，该插件的名称也是 Cookie。Carhartl 设计了该插件。

7.4.2　下载地址

jQuery Cookie 插件的下载地址为：

https://github.com/carhartl/jquery-cookie

在图 7-13 所示的界面中，读者可以下载该插件、访问 cookie 插件的主页等。

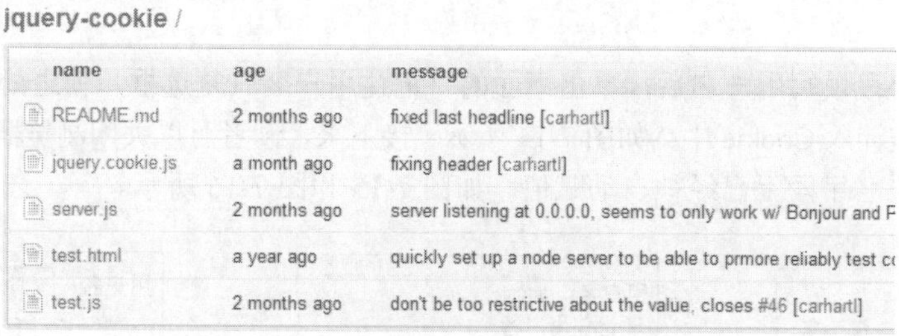

jquery-cookie /

name	age	message
README.md	2 months ago	fixed last headline [carhartl]
jquery.cookie.js	a month ago	fixing header [carhartl]
server.js	2 months ago	server listening at 0.0.0.0, seems to only work w/ Bonjour and F
test.html	a year ago	quickly set up a node server to be able to prmore reliably test co
test.js	2 months ago	don't be too restrictive about the value, closes #46 [carhartl]

图 7-13　Cookie 插件页面截图

7.4.3 快速上手

Cookie 插件是极其轻量级的插件，使用起来也比较简单。看下面的例子：

```
<!DOCTYPE html PUBLIC "-//W3C//DTD XHTML 1.0 Transitional//EN" "http://www.w3.org/TR/xhtml1/DTD/xhtml1-transitional.dtd">
<html xmlns="http://www.w3.org/1999/xhtml">
<head>
<title></title>
<meta http-equiv="Content-Type" content="text/html; charset=utf-8" />
<script src="../../scripts/jquery.js" type="text/javascript"></script>
<script src="js/jquery.cookie.js" type="text/javascript"></script>
<script type="text/javascript">
$(function() {
    var COOKIE_NAME = 'username';
    if( $.cookie(COOKIE_NAME) ){
        $("#username").val( $.cookie(COOKIE_NAME) );
    }
    $("#check").click(function(){
        if(this.checked){
            $.cookie(COOKIE_NAME, $("#username").val() , { path: '/', expires: 10 });
        }else{
            $.cookie(COOKIE_NAME, null, { path: '/' });
        }
    });
});
</script>
</head>
<body>
    用户名: <input type="text" name="username" id="username"/> <br/>
    <input type="checkbox" name="check" id="check"/>记住用户名
</body>
</html>
```

当在用户名字段填写用户名后，单击下面的"记住用户名"复选框，使之处于选中状态，此时用户名的值已经被计入 Cookie 中，如图 7-14 所示。接下来，读者可以关闭浏览器，然后重新打开这个页面，发现用户名字段上已经被自动赋值。如图 7-15 和图 7-16 所示。

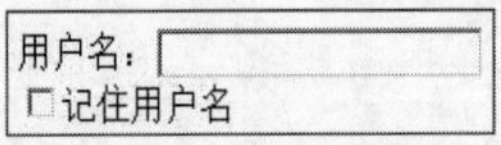

图 7-14 初始化页面 　　图 7-15 关闭浏览器之前 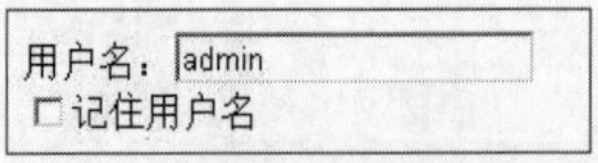　　图 7-16 重新打开浏览器

7.4.4　API

- 写入 Cookie。

```
$.cookie('the_cookie', 'the_value');
```

说明："the_cookie" 为待写入的 Cookie 名，"the_value" 为待写入的值。

- 读取 Cookie。

```
$.cookie('the_cookie');
```

说明："the_cookie" 为待读取的 Cookie 名。

- 删除 Cookie。

```
$.cookie('the_cookie', null);
```

说明："the_cookie" 为 Cookie 名，设置为 null 即删除此 Cookie。必须使用与之前设置时相同的路径（path）和域名（domain），才可以正确删除 Cookie。

- 其他可选参数。

```
$.cookie('the_cookie', 'the_value', {
    expires: 7,
    path: '/',
    domain: 'jquery.com',
    secure: true
});
```

说明：
- expires:（Number|Date）有效期。可以设置一个整数作为有效期（单位：天），也可以直接设置一个日期对象作为 Cookie 的过期日期。如果指定日期为负数，例如已经过去的日子，那么此 Cookie 将被删除；如果不设置或者设置为 null，那么此 Cookie 将被当作 Session Cookie 处理，并且在浏览器关闭后删除。
- path:（String）cookie 的路径属性。默认是创建该 Cookie 的页面路径。
- domain:（String）cookie 的域名属性。默认是创建该 Cookie 的页面域名。
- secure:（Boolean）如果设为 true，那么此 Cookie 的传输会要求一个安全协议，例如 HTTPS。

7.5 jQuery UI 插件

7.5.1 jQuery UI 简介

jQuery UI（http://ui.jquery.com）源自于一个 jQuery 插件——Interface。Interface 插件是由 Stefan Petre 创建的，Paul Bakaus 也为该插件的开发做出了重大贡献。Interface 插件最早版本为 1.2，只支持 jQuery 1.1.2 的版本，后来在 Paul Bakaus 等人领导下，将 Interface 的大部分代码基于 jQuery 1.2 的 API 进行重构，并统一了 API。由于改进重大，因此版本号不是 1.3 而是直接跳到了 1.5，并且改名为 jQuery UI，同时也确立了 jQuery UI 官方插件的地位，并逐步走向完善。由于 jQuery 本身内核的逐渐完善，因此 jQuery UI 很有可能是 jQuery 今后发展的重点，也预示着 jQuery 未来的走向。

jQuery UI 主要分为 3 个部分，交互、微件和效果库：

⬤　交互。这里都是一些与鼠标交互相关的内容。包括拖动（Draggable）、置放（Droppable）、缩放（Resizable）、选择（Selectable）和排序（Sortable）等。微件（Widget）中有部分是基于这些交互组件来制作的。此库需要一个 jQuery UI 核心库——ui.core.js 支持。

⬤　微件。这里主要是一些界面的扩展。里边包括了手风琴导航（Accordion）、自动完成（Autocomplete）、取色器（Colorpicker）、对话框（Dialog）、滑块（Slider）、标签（Tabs）、日历（Datepicker）、放大镜（Magnifier）、进度条（Progressbar）和微调控制器（Spinner）等。在将来 jQuery 1.7 中还会有历史(History)、布局（Layout）、栅格（Grid）和菜单（Menu）等。此外，工具栏（Toolbar）和上传组件（Uploader）也正在讨论中。此库需要一个 jQuery UI 核心库 ui.core.js 的支持。

⬤　效果库。此库用于提供丰富的动画效果，让动画不再局限于 animate()方法。效果库有自己的一套核心即 effects.core.js，无需 jQuery UI 的核心库 ui.core.js 支持。

7.5.2 下载地址

jQuery UI 插件的下载地址为：

http://ui.jquery.com/download。

在图 7-17 所示界面中，读者可以下载该插件。单击右上角区域的 "build custom download" 链接，可以直接下载完整套件，包括源码、发行版和测试驱动等。

或者直接访问网址：

http://jqueryui.com/download

如图 7-18 所示页面，可以挑选需要的组件，在右侧选择 jQuery UI 的版本等，然后单击左侧的 "Download" 按钮便可下载。

图 7-17 jQuery UI 插件官网截图

Build Your Download

Customize your jQuery UI download by selecting the version and specific modules you need in the form below or select a quick download package. A range of current and historical jQuery UI releases are also hosted on Google's CDN.

Quick downloads: Stable (Themes) (1.8.18: *for jQuery 1.3.2+*) | Legacy (Themes) (1.7.3: *for jQuery 1.3+*)

Source (pre-build): Stable (1.8.18: *for jQuery 1.3.2+*) | Master (unreleased) | GitHub repo

---

Components (31 of 31 selected)   ● Deselect all components

UI Core

A required dependency, contains basic functions and initializers.

☑ **Core**   The core of jQuery UI, required for all interactions and widgets.

☑ **Widget**   The widget factory, base for all widgets

☑ **Mouse**   The mouse widget, a base class for all interactions and widgets with heavy mouse interaction.

☑ **Position**   A utility plugin for positioning elements relative to other elements.

Interactions

These add basic behaviors to any element and are used by many components below.

● Deselect all

☑ **Draggable**   Makes any element on the page draggable.

☑ **Droppable**   Generated drop targets for draggable elements.

☑ **Resizable**   Makes any element on the page resizable.

☑ **Selectable**   Makes a list of elements mouse selectable by dragging a box or clicking on them.

☑ **Sortable**   Makes a list of items sortable

Theme

Select the theme you want to include or design a custom theme

UI lightness ▼

▶ Advanced Theme Settings

Version

Select the release version you want to download.

⊙ **1.8.18**
(Stable, for jQuery 1.3.2+)

○ **1.7.3**
(Legacy release, for jQuery 1.3.2)

Download

图 7-18 自助下载

7.5.3　快速上手

jQuery UI 插件的大部分 API 已经统一了。以 Draggables 为例，有 4 个基本的 API。

- draggable(options)：这是用来让一个 DOM 对象变成可拖动的对象的方法。其中的 options 可以设置各种不同的参数。
- draggable（"disable"）：让对应的 DOM 对象暂时禁用拖动。
- draggable（"enable"）：让对应的 DOM 对象重新启用拖动。
- draggable（"destroy"）：彻底移除拖动功能。

以上这些就是 jQuery UI 中大部分插件通用的用法。jQuery UI 插件系列众多，鉴于文章篇幅有限，这里只挑选出其中一个实用的拖动排序组件 Sortable 来进行简单介绍和讲解，其他组件读者可以自行参考 jQuery UI 的官方网站。

图 7-19 是某个网站右侧的一些条目，这些条目允许用户更改它们的顺序，即个性化。利用 jQuery UI 中的 Sortable 插件，可以容易地实现这本来很复杂的一系列操作。

图 7-19　某网站右侧条目

首先构建一个简单的 HTML 结构并且引入 Sortable 库，以及其依赖的 ui.core.js，完整程序代码如下：

```
<!DOCTYPE html PUBLIC "-//W3C//DTD XHTML 1.0 Transitional//EN"
        "http://www.w3.org/TR/xhtml1/DTD/xhtml1-transitional.dtd">
<html xmlns="http://www.w3.org/1999/xhtml">
<head>
    <meta http-equiv="Content-Type" content="text/html; charset=utf-8" />
    <title>jQuery UI Sortable</title>
    <style type="text/css">
        #myList {width: 80px; background: #EEE; padding: 5px; }
        #myList a{text-decoration: none; color: #0077B0; }
        #myList a:hover{text-decoration: underline; }
        #myList .qlink{font-size: 12px; color: #666; margin-left: 10px; }
    </style>
</head>
<body>
<ul id="myList">
    <li><a href="#">心情</a></li>
    <li>
        <a href="#">相册</a>
        <a href="#" class="qlink">上传</a>
    </li>
```

```
    <li>
        <a href="#">日志</a>
        <a href="#" class="qlink">发表</a>
    </li>
    <li><a href="#">投票</a></li>
    <li><a href="#">分享</a></li>
    <li><a href="#">群组</a></li>
</ul>
<script type="text/javascript" src="../../scripts/jquery.js"></script>
<script type="text/javascript" src="js/jquery.ui.core.js"></script>
<script type="text/javascript" src="js/jquery.ui.widget.js"></script>
<script type="text/javascript" src="js/jquery.ui.mouse.js"></script>
<script type="text/javascript" src="js/jquery.ui.sortable.js"></script>
<script type="text/javascript">
$(document).ready(function(){
    $("#myList").sortable(); //直接让myList下的元素可以拖动排序
});
</script>
</body>
</html>
```

运行上面的代码，列表元素就可以拖动排序了，如图 7-20 所示。

上面的代码中，引入的脚本都是 sortable 插件所必需的，没有引用多余的脚本，如果你对 ui 插件的依赖关系不是太了解，并对脚本的大小不是太关注的话，那么可以使用 jQuery UI 提供的 custom 包，它包含了 jQuery UI 的所有扩展，是一个通用包。

图 7-20　拖动排序

```
<script type="text/javascript" src="jquery-ui-版本号.custom.js"></script>
```

7.5.4　与单击事件冲突

在某些特殊情况下会因为拖动事件抢在单击事件之前而导致单击事件失效。如果出现这种情况，可以设置参数 delay 延时 1 毫秒，即改为：

```
$("#myList").sortable({delay:1});
```

jQuery 调用代码为：

```
<script type="text/javascript">
    $(document).ready(function(){
        $("#myList").sortable({delay:1});         //修复潜在链接击问题
    });
</script>
```

7.5.5　与后台结合

如果要把 Sortable 插件与后台结合，需要完成两件事情，首先是查找触发排序后的回调函数，然后取得排列的顺序并通过 Ajax 发送给后台。

首先解决回调函数。通过查找 API，知道最符合要求的回调函数是 stop，因此把前面的 jQuery 代码修改为：

```
$("#myList").sortable({
    delay:1,       //修复潜在链接点击问题
    stop:function() {
        alert("触发排序停止后回调函数");
    }
});
```

当拖动列表完成后，将会出现图 7-21 的提示效果。

图 7-21　拖动完成后触发

接下来就需要得到列表元素拖动后的顺序，可以通过 sortable('serialize')方法直接获取元素排列的顺序。但是排列要求 id 符合特定的命名规范，虽然可以自定义规则，但为了简化起见，这里还是将 id 修改为 "name_value" 的形式。例如，这里的<li>都改成如下代码：

```
<ul id="myList">
    <li id="myList_mood"><a href="#">心情</a></li>
    <li id="myList_photo">
        <a href="#">相册</a>
        <a href="#" class="qlink">上传</a>
    </li>
    <li id="myList_blog">
        <a href="#">日志</a>
        <a href="#" class="qlink">发表</a>
    </li>
    <li id="myList_vote"><a href="#">投票</a></li>
    <li id="myList_share"><a href="#">分享</a></li>
    <li id="myList_group"><a href="#">群组</a></li>
</ul>
```

然后，使用$('#myList').sortable('serialize')方法就能得到以下形式的数据：

```
myList[]=mood&myList[]=share&myList[]=photo&myList[]=blog&myList[]=vote&myList[]=group
```

最后，可以利用 Ajax 方法把这组数据传递到后台，后台得到一个名为 myList 的数组。这里使用 POST 方式把数据提交给后台，代码如下：

```
$("#myList").sortable({
    delay:1,      //修复潜在链接单击问题
    stop:function() {
        $.post(
            "sortable.php",
            $('#myList').sortable('serialize'),
            function(response) {
                alert(response);
            }
        );
    }
});
```

正确发送请求后，sortable.php 就可以获取相应的顺序，并且写入数据库，以便保存用户的个性化数据。在这里并不讨论后台如何保存，因为这已经超出了本书介绍的范围。因此在这里的后台程序中只是简单处理一下获取的数组，并且按顺序将它们返回给前台，以表示后台已成功接受到数据并返回。代码如下：

```php
<?php
    $myList = $_POST["myList"];
    foreach($myList as $list){
        echo $list."\n";
    }
?>
```

运行代码后，效果如图 7-22 所示。

图 7-22　排序后的值

7.6　编写 jQuery 插件

在前面几个章节中，已经介绍了 jQuery 的大部分的基本应用，同时也看到了一些不错的插件。这一节将介绍如何编写一个插件。

7.6.1　插件的种类

编写插件的目的是给已经有的一系列方法或函数做一个封装，以便在其他地方重复使用，方便后期维护和提高开发效率。

jQuery 的插件主要分为 3 种类型。

1. 封装对象方法的插件

这种插件是将对象方法封装起来，用于对通过选择器获取的 jQuery 对象进行操作，是最常见的一种插件。

据不完全统计，95%以上的 jQuery 插件都是封装对象方法的插件。此类插件可以发挥出 jQuery 选择器的强大优势。有相当一部分的 jQuery 的方法，都是在 jQuery 脚本库内部通过这种形式"插"在内核上的，例如 parent()方法、appendTo()方法和 addClass()方法等不少 DOM 操作方法。

有不少用户对 jQuery 没有提供 color()方法而表示遗憾，不得不用 css("color")来代替。在后面的例子中将会讲解如何编写一个 color()方法的 jQuery 插件。

2. 封装全局函数的插件

可以将独立的函数加到 jQuery 命名空间之下。例如第 1 章提到的解决冲突用的 jQuery.noConflict()方法、常用的 jQuery.ajax()方法以及去除首位空格的 jQuery.trim()方法等，都是 jQuery 内部作为全局函数的插件附加到内核上去的。

3. 选择器插件

个别情况下，会需要用到选择器插件。虽然 jQuery 的选择器十分强大，但还是会需要扩充一些自己喜欢的选择器，例如用：color(red)来选择所有红色字的元素之类的想法。

7.6.2　插件的基本要点

● 　jQuery 插件的文件名推荐命名为 jquery.[插件名].js，以免和其他 JavaScript 库插件混淆。例如命名为 jquery.color.js。

● 所有的对象方法都应当附加到 jQuery.fn 对象上，而所有的全局函数都应当附加到 jQuery 对象本身上。

● 在插件内部，this 指向的是当前通过选择器获取的 jQuery 对象，而不像一般的方法那样，例如 click()方法，内部的 this 指向的是 DOM 元素。

● 可以通过 this.each 来遍历所有元素。

● 所有的方法或函数插件，都应当以分号结尾，否则压缩的时候可能出现问题。为了更稳妥些，甚至可以在插件头部先加上一个分号，以免他人的不规范代码给插件带来影响。具体方法可以参考后面的代码。

● 插件应该返回一个 jQuery 对象，以保证插件的可链式操作。除非插件需要返回的是一些需要获取的量，例如字符串或者数组等。

● 避免在插件内部使用$作为 jQuery 对象的别名，而应使用完整的 jQuery 来表示。这样可以避免冲突。当然，也可以利用闭包这种技巧来回避这个问题，使插件内部继续使用$作为 jQuery 的别名。很多插件都是这么做的，本书也会利用这种形式。

7.6.3　插件中的闭包

关于闭包，ECMAScript 对其进行了简单的描述：允许使用内部函数（即函数定义和函数表达式位于另一个函数的函数体内），而且，这些内部函数可以访问它们所在的外部函数中声明的所有局部变量、参数和声明的其他内部函数，当其中一个这样的内部函数在包含它们的外部函数之外被调用时，就会形成闭包。即内部函数会在外部函数返回后被执行。而当这个内部函数执行时，它仍然必须访问其外部函数的局部变量、参数以及其他内部函数。这些局部变量、参数和函数声明（最初时）的值是外部函数返回时的值，但也会受到内部函数的影响。

利用闭包的特性，既可以避免内部临时变量影响全局空间，又可以在插件内部继续使用$作为 jQuery 的别名。常见的 jQuery 插件都是以下这种形式的：

```
(function(){
     /*这里置放代码*/
})();
```

首先定义一个匿名函数 function(){/*这里置放代码*/}，然后用括号括起来，变成（function(){/*这里置放代码*/}）这种形式，最后通过()这个运算符来执行。可以传递参数进去，以供内部函数使用。

```
//注意为了更好的兼容性，开始前有个分号
;(function($){              //此处将$作为匿名函数的形参
     /*这里置放代码，可以使用$作为 jQuery 的缩写别名 */
})(jQuery);                //这里就将 jQuery 作为实参传递给匿名函数了
```

上段代码是一种常见的 jQuery 插件的结构。

接下来看下面这段 jQuery 代码：

```
;(function($) {
    //这里编写插件的代码，可以继续使用$作为 jQuery 的别名
    //定义一个局部变量 foo，仅函数内部可以访问，外部无法访问
    var foo;
    var bar=function(){
        /*
            在匿名函数内部的函数都可以访问 foo，即便是在匿名函数的外部
            调用 bar()的时候，也可以在 bar()的内部访问到 foo，但在匿名函数
            的外部直接访问 foo 是做不到的
        */
    }

    /*
        下面的语句让匿名函数内部的函数 bar()逃逸到全局可访问的范围内
        这样就可以在匿名函数的外部通过调用 jQuery.BAR()来访问内部定义
        的函数 bar()，并且内部函数 bar()也能访问匿名函数内的变量 foo
    */
    $.BAR=bar;
})(jQuery);
```

这里只是简单地介绍了闭包的概念，显然闭包不是几句话就能讲清楚的。但对于插件的制作来说读者只需要知道所有的插件代码必须放置在下面这两句代码内就可以了。

```
;(function($) {
    //此处编写 jQuery 插件代码
})(jQuery);
```

如果需要获取更多关于闭包的知识，读者可以自行查阅相关资料。

7.6.4　jQuery 插件的机制

jQuery 提供了两个用于扩展 jQuery 功能的方法，即 jQuery.fn.extend()方法和 jQuery.extend()方法。前者用于扩展之前提到的 3 种类型插件中的第 1 种，后者用于扩展后两种插件。这两个方法都接受一个参数，类型为 Object。Object 对象的"名/值对"分别代表"函数或方法名/函数主体"。具体内容将会在下面讲解。

jQuery.extend()方法除了可以用于扩展 jQuery 对象之外，还有一个很强大的功能，就是用于扩展已有的 Object 对象。

jQuery 代码如下：

```
jQuery.extend(target,obj1,……[objN])
```

用一个或多个其他对象来扩展一个对象，然后返回被扩展的对象。

例如合并 settings 对象和 options 对象，修改并返回 settings 对象。

```
var settings = { validate: false, limit: 5, name: "foo" };
var options = { validate: true, name: "bar" };
var newOptions=jQuery.extend(settings, options);
```

结果为：

```
newOptions = { validate: true, limit: 5, name: "bar" };
```

jQuery.extend()方法经常被用于设置插件方法的一系列默认参数，如下面的代码所示：

```
function foo(options){
     options=jQuery.extend({
          name:"bar",
          length:5,
          dataType:"xml"              /*默认参数*/
     } , options );                   /* options 为传递的参数 */
};
```

如果用户调用 foo()方法的时候，在传递的参数 options 对象中设置了相应的值，那么就使用设置的值，否则使用默认值。代码如下：

```
foo({ name : "a" , length : "4" ,dataType : "json"});
foo({ name : "a" , length : "4" });
foo({ name : "a" });
foo();
```

通过使用 jQuery.extend()方法，可以很方便地用传入的参数来覆盖默认值。此时，对方法的调用依旧保持一致，只不过要传入的是一个映射而不是一个参数列表。这种机制比传统的每个参数都去检测的方式不仅灵活而且更简洁。此外，使用命名参数意味着再添加新选项也不会影响过去编写的代码，从而使开发者使用起来更加直观明了。

7.6.5　编写 jQuery 插件

1. 封装 jQuery 对象方法的插件

● 　编写设置和获取颜色的插件。

首先介绍如何编写一个 color()插件。该插件用于实现以下两个功能。

（1）设置匹配元素的颜色。

（2）获取匹配的元素(元素集合中的第 1 个)的颜色。

首先将该插件按规范命名为 jquery.color.js。

然后在 JavaScript 文件里搭好框架，代码如下：

```
;(function($) {
    //这里写插件代码
})(jQuery);
```

由于是对 jQuery 对象的方法扩展，因此采用扩展第 1 类插件的方法 jQuery.fn.extend()来编写，代码如下：

```
;(function($) {
    $.fn.extend({
        "color":function(value){
            //这里写插件代码
        }
    });
})(jQuery);
```

这里给这个方法提供一个参数 value，如果调用方法的时候传递了 value 这个参数，那么就是用这个值来设置字体颜色；否则就是获取匹配元素的字体颜色的值。

首先实现第 1 个功能，设置字体的颜色。

只需要简单地调用 jQuery 提供的 css()方法，直接写成 this.css("color"，value)即可。注意，插件内部的 this 指向的是 jQuery 对象，而非普通的 DOM 对象。接下来要注意的是，插件如果不需要返回字符串之类的特定值，应当使其具有可链接性。为此，直接返回这个 this 对象，由于.css()方法也会返回调用它的对象，即此处的 this，因此可以将代码写成：

```
;(function($) {
    $.fn.extend({
        "color":function(value){
            retrun this.css("color",value);
        }
    });
})(jQuery);
```

接下来实现第 2 个功能。如果没有给方法传递参数，那么就是获取集合对象中第 1 个对象的 color 的值。由于 css()方法本身就具有返回第 1 个匹配元素的样式值的功能，因此此处无需通过 eq()来获取第 1 个元素。只要将这两个功能结合起来，判断一下 value 是否是 undefined 即可。

jQuery 代码如下：

```
;(function($) {
    $.fn.extend({
        "color":function(value){
            if (value==undefined) {
                return this.css("color");
            } else {
                return this.css("color",value);
            }
        }
    });
})(jQuery);
```

此时 color()插件的功能已经全部实现了，通过该插件可以获取和设置元素的 color 值。实际上，css()方法内部已经有判断 value 是否为 undefined 的机制，所以才可以根据传递参数的不同而返回不同的值。因此，可以借助 css()方法的这个特性来处理该问题。删除 if()部分，最终剩余的代码实际上与先前那一段是一样的。jQuery 代码如下：

```
;(function($) {
    jQuery.fn.extend({
        "color":function(value){
            return this.css("color",value);
        }
    });
})(jQuery);
```

这样一来，插件也就编写完成了。现在来测试一下该插件。

构建如下代码，并放入插件以及测试代码。

```
<script type="text/javascript">
    //插件编写
    ;(function($) {
        jQuery.fn.extend({
            "color":function(value){
                return this.css("color",value);
            }
        });
    })(jQuery);

    //插件应用
    $(function(){
        //查看第 1 个 div 的 color 样式值
```

```
            alert($("div").color()+"\n 返回字符串，证明此插件可用。");
            //把所有的 div 的字体颜色都设为红色
            alert($( "div").color("red")+"\n 返回 object 证明得到的是 jQuery 对象。");
    })
</script>
<div class="a">red</div>
<div style="color:blue">blue</div>
<div style="color:green">green</div>
<div style="color:yellow">yellow</div>
```

运行代码后可以看到图 7-23 和图 7-24 所示的效果。

图 7-23　获取第 1 个元素的 color 值

图 7-24　设置元素的 color 属性为红色

另外，如果要定义一组插件，可以使用如下所示写法：

```
;(function($) {
    $.fn.extend({
        "color":function(value){
            //插件代码
        },
        "border":function(value){
            //插件代码
        },
        "background":function(value){
            //插件代码
        }
    });
})(jQuery);
```

●　表格隔行变色插件

这里将第 5 章的表格隔行变色的代码制作成一个插件，以便于重复使用。表格隔行变色的 jQuery 代码如下：

```
$("tbody>tr:odd").addClass("odd");
$("tbody>tr:even").addClass("even");
$('tbody>tr').click(function() {
    //判断当前是否选中
```

```
        var hasSelected=$(this).hasClass('selected');
        //如果选中，则移出 selected 类，否则就加上 selected 类
        $(this)[hasSelected?"removeClass":"addClass"]('selected')
              //查找内部的 checkbox，设置对应的属性
              .find(':checkbox').attr('checked',!hasSelected);
    });
    //如果复选框默认情况下是选择的，则高色
    $('tbody>tr:has(:checked)').addClass('selected');
```

首先把插件方法取名为 alterBgColor，然后为该插件方法搭好框架，jQuery 代码如下：

```
:(function($) {
    $.fn.extend({
          "alterBgColor":function(options){
                //插件代码
          }
    });
})(jQuery);
```

框架完成后，接下来就需要为 options 定义默认值。默认构建这样（{odd: "odd"，even:" even"，selected:"selected"}）一个 Object。这样就可以通过 $("#sometable").alterBgColor({odd: "odd"，even:"even"，selected:"selected"})自定义奇偶行的样式类名以及选中后的样式类名。同时，直接使用$("#sometable").alterBgColor()就可以应用默认的样式类名。

jQuery 代码如下：

```
:(function($) {
    $.fn.extend({
      "alterBgColor":function(options){
            options=$.extend({
                odd:"odd",    /* 偶数行样式*/
                even:"even",   /* 奇数行样式*/
                selected:"selected" /* 选中行样式*/
            },options);
      }
    });
})(jQuery);
```

如果在后面的程序中需要使用 options 对象中的属性，可以使用如下方式来获得：

```
options.odd;              //获取 options 对象中的 odd 属性的值
options.even;             //获取 options 对象中的 even 属性的值
options.selected;         //获取 options 对象中的 selected 属性的值
```

接下来就需要把这些值放到程序中，来代替先前程序中的固定值。

最后就是匹配元素的问题了。显然不能直接用$('tbody>tr')选择表格行，这样会使页面中全部的<tr>元素都隔行变色。应该使用选择器选中某个表格，执行 alterBgColor()方法后，将对应的表格内<tr>元素进行隔行变色。因此，需要把所有通过$('tbody>tr')选择的对象改写成$('tbody>tr', this)，表示在匹配的元素内（当前表格内）查找，并应用上一步中的默认值。jQuery 代码如下：

```
;(function($) {
    $.fn.extend({
        "alterBgColor":function(options){
            //设置默认值
            options=$.extend({
                odd:"odd",
                even:"even",
                selected:"selected"
            },options);
            $("tbody>tr:odd",this).addClass(options.odd);
            $("tbody>tr:even",this).addClass(options.even);
            $('tbody>tr',this).click(function() {
                //判断当前是否选中
                var hasSelected=$(this).hasClass(options.selected);
                //如果选中，则移出 selected 类，否则就加上 selected 类
                $(this)[hasSelected?"removeClass":"addClass"](options. selected)
                    //查找内部的 checkbox，设置对应的属性
                    .find(':checkbox').attr('checked',!hasSelected);
            });
            //如果单选框默认情况下是选择的，则高色
            $('tbody>tr:has(:checked)',this).addClass(options. selected);
            return this;   //返回 this，使方法可链
        }
    });
})(jQuery);
```

在代码的最后，返回 this，让这个插件具有可链性。

此时，插件就完成了。现在来测试这个插件。构造两个表格，id 分别为 table1 和 table2，然后使用其中一个<table>调用 alterBgColor()方法，以便查看插件是否能独立工作，并且具有可链性。

jQuery 代码如下：

```
$("#table2")
        .alterBgColor()                              //应用插件
        .find("th").css("color","red");              //可以链式操作
```

从图 7-25 可以看到，第 1 个表格没有变化，第 2 个表格不仅隔行变色，同时表格头部的<th>

标签的字体颜色变为红色。

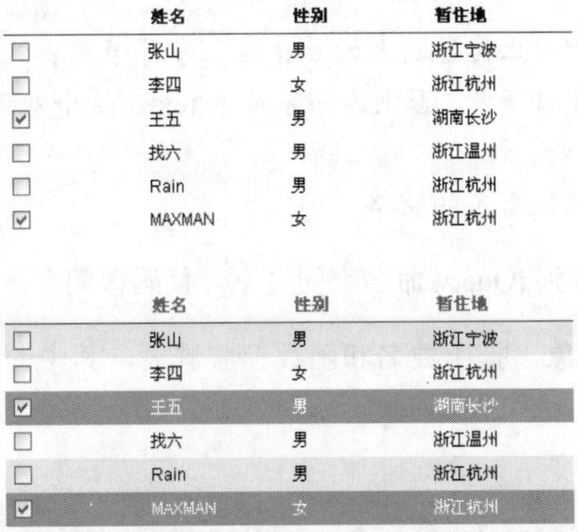

	姓名	性别	暂住地
☐	张山	男	浙江宁波
☐	李四	女	浙江杭州
☑	王五	男	湖南长沙
☐	找六	男	浙江温州
☐	Rain	男	浙江杭州
☑	MAXMAN	女	浙江杭州

	姓名	性别	暂住地
☐	张山	男	浙江宁波
☐	李四	女	浙江杭州
☑	王五	男	湖南长沙
☐	找六	男	浙江温州
☐	Rain	男	浙江杭州
☑	MAXMAN	女	浙江杭州

图 7-25　应用插件后的效果

需要注意的是，jQuery 的选择符可能会匹配 1 个或多个元素。因此，在编写插件时必须考虑到这些情况。可以在插件内部调用 each()方法来遍历匹配元素，然后执行相应的方法，this 会依次引用每个 DOM 元素。如下 jQuery 代码所示：

```
;(function($) {
    $.fn.extend({
        "somePlugin":function(options){
            return this.each(function() {
                //这里置放插件代码
            });
        }
    });
})(jQuery);
```

2. 封装全局函数的插件

这类插件是在 jQuery 命名空间内部添加一个函数。这类插件很简单，只是普通的函数，没有特别需要注意的地方。

例如新增两个函数，用于去除左侧和右侧的空格。虽然 jQuery 已经提供了 jQuery.trim()方法来去除两端空格，但在某些情况下，会只希望去除某一侧的空格。

去除左侧、右侧的空格的函数分别写成如下 jQuery 代码：

```
function ltrim( text ) {                    //去除左侧空格
    return (text || "").replace( /^\s+/g, "" );
}
function rtrim( text ) {                    //去除右侧空格
```

```
    return (text || "").replace( /\s+$/g, "" );
}
```

- (text || "")部分是用于防止传递进来的 text 这个字符串变量处于未定义之类的特殊状态。如果 text 是 undefined，则返回字符串""，否则返回字符串 text。这个处理是为了保证接下来的字符串替换方法 replace()方法不会出错。
- 运用了正则表达式替换首末的空格。

函数写完之后，就可以放到 jQuery 命名空间之下。代码很简单，而且可以批量完成。

首先构建一个 Object 对象，把函数名和函数都放进去，其中的名/值对分别为函数名和函数主体，代码如下：

```
{
    ltrim : function( text ) {
        return (text || "").replace( /^\s+/g, "" );
    },
    rtrim : function ( text ) {
        return (text || "").replace( /\s+$/g, "" );
    }
}
```

然后，利用 jQuery.extend()方法直接对 jQuery 对象进行扩展。

jQuery 代码如下：

```
;(function($) {
    $.extend({
        ltrim : function( text ) {
            return (text || "").replace( /^\s+/g, "" );
        },
        rtrim : function (    text ) {
            return (text || "").replace( /\s+$/g, "" );
        }
    });
})(jQuery);
```

现在，把代码放到 HTML 页面中看看有什么效果。代码如下：

```
<textarea id="trimTest" rows="5" cols="20"></textarea>
<script type="text/javascript">
;(function($) {
    $.extend({
        ltrim : function( text ) {
            return (text || "").replace( /^\s+/g, "" );
```

```
            },
            rtrim : function (    text ) {
                return (text || "").replace( /\s+$/g, "" );
            }
        });
})(jQuery);
$("#trimTest").val(
    jQuery.trim("      test      ") + "\n" +
    jQuery.ltrim("      test      ") + "\n" +
    jQuery.rtrim("      test      ")
);
</script>
```

运行代码后，效果如图 7-26 所示。

文本框中第 1 行的字符串左右两侧的空格都被删除。

第 2 行的字符串只有左侧的空格被删除。

第 3 行的字符串只有右侧的空格被删除。

到这里，第 2 种类型的插件就编写完了。该插件只是给 jQuery 对象加上两个简单的函数用于去除左侧或者右侧的空格。

图 7-26　运行效果

3. 自定义选择器

jQuery 以其强大的选择器著称，但这并不表示其选择器已经尽善尽美。有时候 Web 开发者希望有一些更强大的选择器。

jQuery 提供了一套方法让用户可以通过制作选择器插件来使用自定义选择器，从而使 jQuery 的选择器功能更加完善。

jQuery 的选择符解析器首先会使用一组正则表达式来解析选择器，然后针对解析出的每个选择符执行一个函数，称为选择器函数。最后根据这个选择器函数的返回值为 true 还是 false 来决定是否保留这个元素。这样就可以找到匹配的元素节点。

下面是一个选择器例子：

```
$("div:gt(1)")
```

该选择器首先会获取所有的<div>元素，然后隐式遍历这些<div>元素，并逐个将这些<div>元素作为参数，连同括号里的“1”等一些参数（具体见下文）一起传递给 gt 对应的选择器函数进行判断。如果这个函数返回 true，则这个<div>元素保留，如果返回 false，则不保留这个<div>元素。这样得到的结果就是一个符合要求的<div>元素的集合。

:gt()选择器在 jQuery 源文件中的代码如下：

```
gt: function(a,i,m){
        return i>m[3]-0;
}
```

其中，选择器的函数一共接受 3 个参数，代码如下：

```
function( a , i , m ) {
     // …
}
```

第 1 个参数为 a，指向的是当前遍历到的 DOM 元素。

第 2 个参数为 i，指的是当前遍历到的 DOM 元素的索引值，从 0 开始。

第 3 个参数 m 最为特别，它是由 jQuery 正则解析引擎进一步解析后的产物（用 match 匹配出来的），是一个数组。

● m[0]，以上面的$("div:gt（1）")这个例子来讲，是:gt（1）这部分。它是 jQuery 选择器进一步将要匹配的内容。

● m[1]，这里是选择器的引导符，匹配例子中的 "："，即冒号。并非只能使用 " ：" 后面跟上选择器，用户还可以自定义其他的选择器引导符。

● m[2]，即例子中的 gt，确定究竟是调用哪个选择器函数。

● m[3]，即例子中括号里的数字 "1"，它非常有用，是编写选择器函数最重要的一个参数。

● m[4]，上面的例子中没有体现出来，这个比较罕见。例如"div :l(ss(dd))"这样一个选择器中，m[4]就指向了（dd）这部分，注意是带括号的（dd），而不只是 dd。同时要注意，此时的 m[3] 的值是 ss(dd)而非 ss。

jQuery 已经提供了 lt、gt 和 eq 等选择器，但却没有提供 le（小于等于）、ge（大于等于）和 between（两者之间）之类的选择器。

接下来，介绍如何编写一个 between 选择器。例如使用$("div:between(2，5)")能实现获取索引值为 3、4 元素的功能。

首先构建选择器函数。

jQuery 代码如下：

```
function( a , i , m ) {
        var tmp=m[3].split(","); //将传递进来的 m[3]以逗号为分隔符，转成一个数组
        return tmp[0]-0<i&&i<tmp[1]-0; // i>2 && i<5
}
```

函数解释如下。

第 1 行，将传递进来的 m[3] 以逗号为分隔符，转成一个数组。m[3] 此时的值应该是 "2,5"，是一个字符串。随后放入临时变量 tmp 中待用。

第 2 行，直接将得到的 2 和 5 与 i 进行比较，i 大于 2 并且小于 5 的元素都将得以保留。注意，此处用了一个小技巧，通过 tmp[0]-0 将本来的 "2" 这个字符串转换成了数字 2，然后再与 i 进行比较。

接下来，将这个函数扩展成 jQuery 的选择器。

jQuery 代码如下：

```
;(function($) {
    $.extend($.expr[":"], {
        between :    function( a , i ,m ) {
            var tmp=m[3].split(",");
            return tmp[0]-0<i&&i<tmp[1]-0;
        }
    });
})(jQuery);
```

这里再次利用 jQuery.extend() 方法来对 jQuery 对象的一部分进行扩展。选择器仅仅是 jQuery.expr[":"] 对象的一部分，同时也是一个 Object 对象，因此可以直接利用 jQuery.extend() 对其进行扩展。

最后就可以把选择器放入页面中来选取元素了，构建如下代码：

```
<script type="text/javascript">
    //插件编写
    ;(function($) {
        $.extend(jQuery.expr[":"], {
            between :    function( a , i ,m ) {
                var tmp=m[3].split(",");//以逗号为分隔符，切成一个数组
                return tmp[0]-0<i&&i<tmp[1]-0;
            }
        });
    })(jQuery);
    //插件应用
    $(function(){
        $("div:between(2,5)").css("background","white");
    })
</script>
<div style="background:red">0</div>
<div style="background:blue">1</div>
```

```
<div style="background:green">2</div>
<div style="background:yellow">3</div>
<div style="background:gray">4</div>
<div style="background:orange">5</div>
```

显示图 7-27 和图 7-28 所示的界面。

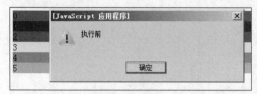

图 7-27　执行前

图 7-28　执行后

在图 7-28 中，索引为 3 和 4 的行的背景颜色变成了白色，达到了预期的效果。

至此，选择器插件编写完了。

选择器插件中的函数属于运算密集型函数，对执行效率要求很高，读者在编写此类插件的时候，一定要秉承优化再优化的原则，千万不要随便写一个能实现功能的函数就草草了事。

7.7　小结

在本章中，首先介绍了几个常用且功能强大的 jQuery 插件，涵盖了表单验证、Ajax 提交、模态窗口、Cookie 和 jQuery UI 中的拖动排序。

下半部分主要讲解了如何自己动手编写 jQuery 插件，主要有 3 种类型的插件，包括设置和获取字体颜色的 color 插件、表格隔行变色插件、去掉左边空格和右边空格的 ltrim 和 rtrim 插件以及选择一定范围索引值的 between 选择器插件。通过对这些插件例子的学习，读者就可以编写出属于自己的 jQuery 插件了。

到这一章为止，对 jQuery 的讲解就结束了，从选择器、DOM 操作、事件、动画、Ajax 到插件，大家正在一步步成长，从某种意义上说，读者已经可以学成出师了。在第 8 章将利用 jQuery 创建出一个完整的网站，作为出师后的一次实战。

第 8 章　用 jQuery 打造个性网站

在这一章里，将从零开始，创建一个网站并用 jQuery 来完善它。本章不仅讲解了 jQuery 如何应用在网站中，还介绍了开发一个网站时，前端开发工作者的一般工作流程。其中大量涉及 HTML 和 CSS 等内容。这也是为了提醒读者，作为一个出色的前端开发者，对 HTML 和 CSS 的理解同样重要，很多时候甚至比 JavaScript 更重要。

8.1　案例背景介绍

这是一个购物网站，网站的用途是向少男少女们提供时尚服装，首饰和玩具等。既然面向的客户群是年轻的一代，那么网站应该给人一种很时尚的感觉。因此，需要给网站增加一些与众不同的交互功能来吸引客户。

8.2　网站材料

假设已经准备好了搭建这个网站的基本素材，例如各种产品的种类，产品的介绍性文字，图片和价格等信息。现在的任务就是把这些素材合理利用，创建出一个给人一种舒适愉悦感觉的网站。

8.3　网站结构

8.3.1　文件结构

每个网站或多或少都会用到图片、样式表和 JavaScript 脚本，因此在开始创建该网站之前，需要对文件夹结构进行以下设计。

- images 文件夹用来存放将要用到的图片。
- styles 文件夹用来存放 CSS 样式表。
- scripts 文件夹用来存放 jQuery 脚本。

本章示例功能为展示商品和针对商品的详细介绍，因此只要做两个页面，即首页和商品详细页即可。目录结构如图 8-1 所示。

图 8-1　目录结构

8.3.2　网页结构

购物网站基本可以分为下面几个部分。

- 头部：相当于网站的品牌，可用于放置 Logo 标志和通往各个页面的链接等。
- 内容：放置页面的主体内容。
- 底部：放置页面其他链接和版权信息等。

该网站也不例外。首先把网站的主体结构用<div>标签表示出来，<div>的 id 属性值分别为"header"、"content" 和 "footer"，HTML 代码如下：

```
<!DOCTYPE html PUBLIC "-//W3C//DTD XHTML 1.0 Transitional//EN"
        "http://www.w3.org/TR/xhtml1/DTD/xhtml1-transitional.dtd">
<html xmlns="http://www.w3.org/1999/xhtml">
<head>
    <meta http-equiv="Content-Type" content="text/html; charset=utf-8" />
    <title>Jane Shopping</title>
</head>
<body>
    <div id="header"></div>
    <div id="content"></div>
    <div id="footer"></div>
</body>
</html>
```

这是一个通用的模板，网站首页（index.html）和产品详细页（detail.html）都可以使用该模板。有了这个基本的结构后，接下来的工作就是把相关的内容分别插入到各个页面。

8.3.3　界面设计

现在已经知道该网站每个页面的大概结构，再加上网站的原始素材，接下来就可以着手设计这些页面了。选用 Photoshop 图形设计工具来完成这项工作，两个页面的设计效果如图 8-2 和图 8-3 所示。

页面最终效果确定下来之后，就可以进行网页的 CSS 代码的设计了。

图 8-2　首页设计效果

图 8-3　详细页设计效果

8.4 网站的（X）HTML

在开始编写 CSS 之前，应该把整个网站的(X)HTML 代码全部写出来，然后把(X)HTML 代码放到 http://validator.w3.org/网站上去验证，看是否符合规范，如果验证成功，我们就可以开始编写网站的 CSS 样式了。下面是(X)HTML 验证一些常见的错误：

```
* No DOCTYPE Found! Falling Back to HTML 4.01 Transitional--未定义 DOCTYPE。
* No Character Encoding Found! Falling back to UTF-8.--未定义语言编码。
* end tag for "img" omitted, but OMITTAG NO was specified--图片标签没有加"/"关闭。
* an attribute value specification must be an attribute value literal unless SHORTTAG YES is specified--
属性值必须加引号。
* element "DIV" undefined---DIV 标签不能用大写，要改成小写 div。
* required attribute "alt" not specified---图片需要加 alt 属性。
* required attribute "type" not specified---JS 或者 CSS 调用的标签漏了 type 属性。
```

8.5 网站样式（CSS）

8.5.1 将 CSS 文件分门别类

现在，不仅有了一个基本的 XHTML 模板，而且有了设计好的网站视觉效果。接下来的任务就是让它以网页形式呈现出来。为了达到目的，需要为模板编写 CSS 代码。我们把所有的 CSS 代码都写在同一个文件里，这样只需要在页面的\<head\>标签内部插入一个\<link\>标签就可以了，代码如下：

```
<link rel="stylesheet" href="styles/main.css" type="text/css" />
```

8.5.2 编写 CSS

对于 CSS 的编写，每个人的思路和写法都不同。笔者推荐先编写全局样式，然后编写可大范围内重用的样式，最后编写细节方面的样式。这样，根据 CSS 的最近优先原则，可以很容易地对网站进行从整体到细节样式的定义。

1. 编写全局样式

首先编写 reset.css 样式表，该样式表主要用来编写一些全局的样式。CSS 代码如下：

```
body,h1,h2,h3,h4,h5,h6,hr,p,blockquote,dl,dt,dd,ul,ol,li,pre,form,fieldset,legend,button,input,textarea,th,td{margin:0;padding:0;}
body,button,input,select,textarea{font:12px/1.5 tahoma,arial,\5b8b\4f53;}
h1,h2,h3,h4,h5,h6{font-size:100%;}
address,cite,dfn,em,var{font-style:normal;}
```

```
code,kbd,pre,samp{font-family:courier new,courier,monospace;}
small{font-size:12px;}
ul,ol{list-style:none;}
a{text-decoration:none;}
a:hover{text-decoration:underline;}
sup{vertical-align:text-top;}
sub{vertical-align:text-bottom;}
legend{color:#000;}
fieldset,img{border:0;}
button,input,select,textarea{font-size:100%;}
table{border-collapse:collapse;border-spacing:0;}
.clear{clear: both;float: none;height: 0;overflow: hidden;}
html .hide{display:none;}
```

（1）首先使用元素标签将每个元素的 margin 和 padding 属性都设置为零。这样做的好处是，可以让页面不受到不同浏览器默认设置的页边距和字边距的影响。

（2）设置<body>元素的字体颜色，字号大小等，这样可以规范整个网站的样式风格。

（3）设置其他元素的特定样式。读者可自行查阅 CSS 手册。

注意：关于重置样式，读者也可以参考 Eric Meyer 的重置样式和 YUI 的重置样式。

2．编写重用的样式

网站的两个页面（index.html 和 detail.html）都拥有头部和商品推荐部分。因此，头部和商品推荐部分的两个样式表是可以重用的。

首先我们观察一下头部的 HTML 结构，代码如下：

```
<div id="header">
    <div class="contWidth">
        <a href="#nogo" class="logo"></a>
        <div class="search"></div>
        <ul id="skin"></ul>
        <div class="mainNav" id="nav"></div>
    </div>
</div>
```

头部主要有四块内容，Logo、搜索框、皮肤切换和导航菜单。

我们先为最外面的元素定义样式，CSS 代码如下：

```
#header{
    background: url("../images/headerbg.png") repeat-x scroll 0 0 #FFFFFF;
```

```
    height: 105px;
}
#header .contWidth {
    position: relative;
    height: 105px;
    width: 990px;
    margin: 0 auto;
    z-index: 100;
}
```

上面代码把头部宽度定为 990px，然后用"margin:0 auto；"使其能够居中显示。

接下来我们为 Logo、搜索框、皮肤切换和导航菜单来定义样式。

● Logo 部分

Logo 部分的 HTML 代码如下：

```
<a class="logo" href="#nogo">
<img src="images/logo.gif" alt="Jane Shop"/>
</a>
```

通过设计图，我们知道要将 Logo 放在最左边，即左浮动，CSS 代码如下：

```
#header .logo {
    float:left;
    margin:0 0 0 10px;
    color:#FFF;
    line-height:80px;
}
```

● 搜索框

搜索部分的 HTML 代码如下：

```
<div class="search">
    <input type="text" id="inputSearch" class="" value="输入商品名称" />
</div>>
```

在前面定义头部样式，我们为"#header .contWidth"定义了"position: relative"，那么在它里面的元素，我们可以使用"position: absolute"来将它定义在头部的任何部分，CSS 代码如下：

```
#header .search {
    left: 198px;
    top: 20px;
    position: absolute;
}
```

◉　皮肤切换

和 Logo 部分一样，可以采用 float 浮动方式使它显示在规定的位置，不过此时，我们使用的是右浮动，CSS 代码如下：

```
#skin {
    float:right;
    margin:10px;
    padding:4px;
    width:120px;
}
```

接下来需要为 ul 元素内部的 li 元素添加样式，使之符合设计图的效果，代码如下：

```
#skin li {
    margin-right:4px;
    width:15px;
    height:15px;
    overflow:hidden;
    display:block;
    cursor:pointer;
    float:left;
    text-indent:-9999px;
    background-image:url("../images/theme.gif");
}
```

在上面的 CSS 代码中，首先用"float:left;"语句使 li 元素横向排列，然后利用"text-indent:-9999px;"语句使文字显示到看不到的区域，然后给 li 元素添加背景图片。

注意：背景图片是预先合并好的，这样能节省网站的 HTTP 请求。

为了使不同的 li 元素显示不同的背景图，可以使用 background-position 属性来定位背景图。代码如下：

```
#skin_0 { background-position:0px 0px; }
#skin_1 { background-position:15px 0px; }
#skin_2 { background-position:35px 0px; }
#skin_3 { background-position:55px 0px; }
#skin_4 { background-position:75px 0px; }
#skin_5 { background-position:95px 0px; }
#skin_0.selected { background-position:0px 15px; }
#skin_1.selected { background-position:15px 15px; }
#skin_2.selected { background-position:35px 15px; }
```

```
#skin_3.selected { background-position:55px 15px; }
#skin_4.selected { background-position:75px 15px; }
#skin_5.selected { background-position:95px 15px; }
```

● 导航菜单

和搜索框部分一样，可以采用绝对定位方式使它显示在规定的位置，CSS 代码如下：

```
.mainNav {
    position: absolute;
    top: 68px;
    left: 0;
    height: 37px;
    line-height: 37px;
    width: 990px;
    z-index:100;
    background-color: #4A4A4A;
}
.mainNav .nav {
    display: inline;
    float: left;
    margin-left: 25px;
}
.mainNav ul li {
    float:left;
    display: inline;
    margin-right:14px;
    position: relative ;
    z-index:100;
}
.mainNav ul li a {
    display:block;
    padding:0 8px;
    font-weight:700;
    color:#fff;
    font-size:14px;
}
```

上面只是为一次菜单定义了样式，由于有的菜单有二级菜单，所以我们还需要做一些工作。同样，我们还是先观察菜单的 HTML 结构，代码如下：

```
<ul class="nav">
    <li>
        <a href="#">品牌</a>
```

```
        <div class="jnNav" style="display:none;">
          <div class="subitem">
            <dl>
              <dt></dt>
              <dd></dd>
            <dl>
          </div>
        </div>
      </li>
      [ ……重复元素省略……]
</ul>
```

然后我们为二级菜单定义如下样式：

```
.jnNav {
    background:#FFFFFF;
    border: 1px solid #B1B1B1;
    border-top:0;
    overflow: hidden;
    position: absolute;
    top: 37px;
    left: 0;
    width: 474px;
    z-index: 1000;
    display:none;
}
.jnNav .subitem {
    float: left;
    height: auto !important;
    min-height: 100px;
    padding: 10px 12px;
    width: 450px;
}
.jnNav .subitem dl {
    border-top: 1px dashed #C4C4C4;
    overflow: hidden;
    padding: 8px 0;
    float:left;
}
.jnNav .subitem dt {
    float: left;
    font-weight: bold;
    line-height: 16px;
```

```
    padding: 4px 3px;
    text-align: center;
    width: 76px;
}
.jnNav .subitem dd {
    float: left;
    overflow: hidden;
    padding: 0;
    width: 364px;
}
```

和之前的原理类似，在二级菜单中，我们还是使用了 position，float 等传统方式。

现在，就可以看出网站头部的效果，如图 8-4 所示。

图 8-4　网站头部的效果

这里二级菜单并未显示出来，稍后编写脚本的时候将解决该问题。

3. 编写主体内容样式

（1）网站首页（index.html）主体布局

网站首页主体部分 HTML 结构为：

```
<div id="content">
    <div class="janeshop">
        <div id="jnCatalog"></div>
        <div id="jnImageroll"></div>
        <div id="jnNotice"></div>
        <div id="jnBrand"></div>
    </div>
</div>
```

可以使用 float 浮动方式来达到布局需求，CSS 代码如下：

```
#content {
    clear: left;
    margin: 0 auto;
    position: relative;
    width: 990px;
}
```

```
.janeshop {
    height: 560px;
    overflow: hidden;
    padding: 10px 0;
}
#jnCatalog {
    float: left;
    height: 560px;
    margin: 0 11px 0 0;
    overflow: hidden;
    width: 187px;
}
#jnImageroll {
    float: left;
    height: 320px;
    margin: 0 11px 0 0;
    overflow: hidden;
    position: relative;
    width: 550px;
}
#jnNotice {
    float: left;
    height: 321px;
    overflow: hidden;
    width: 230px;
}
#jnBrand {
    float: left;
    height: 230px;
    margin: 10px 0 0;
    overflow: hidden;
    width: 790px;
}
```

接下来往主体结构里面放置 HTML 代码来充实网页，从而达到前面的设计图效果。首先从左边开始。在前面的设计图中，左侧有一个模块，即"商品分类"。"商品分类"的 HTML 结构如下：

```
<div id="jnCatalog">
    <h2 title="商品分类">商品分类</h2>
    <div class="jnCatainfo">
        <h3>推荐品牌</h3>
```

```
        <ul>
            <li><a href="#nogo" >耐克</a></li>
            <li><a href="#nogo" class="promoted">阿迪达斯</a></li>
            <li><a href="#nogo" >达芙妮</a></li>
            <li><a href="#nogo" >李宁</a></li>
            <li><a href="#nogo" >安踏</a></li>
            <li><a href="#nogo" >奥康</a></li>
            <li><a href="#nogo" class="promoted">骆驼</a></li>
            <li><a href="#nogo" >特步</a></li>
        </ul>
        <br class="clear" />
        [ ……重复元素省略……]
    </div>
</div>
```

接下来，为这个模块添加相应的样式，使之能达到需求。在"商品分类"模块中，有部分商品是热销产品，那么需要为这些元素添加高亮（hot）样式。CSS 代码如下：

```
#jnCatalog{
    float: left;
    height: 560px;
    margin: 0 11px 0 0;
    overflow: hidden;
    width: 187px;
}
#jnCatalog h2{
    height:30px;
    line-height:30px;
    color:#fff;
    font-size:12px;
    text-indent:13px;
    background-color:#6E6E6E;
}
.jnCatainfo{
    border: 1px solid #6E6E6E;
    border-style: none solid solid;
    border-width: 0 1px 1px;
    height: 524px;
    overflow: hidden;
    padding: 5px 10px 0;
    width: 165px;
}
.jnCatainfo h3 {
```

```
        border-bottom: 1px solid #EEEEEE;
        height: 24px;
        line-height:24px;
        width: 164px;
    }
    .jnCatainfo ul {
        float: left;
        padding: 0 2px 8px;
    }
    .jnCatainfo li {
        color: #AEADAE;
        float: left;
        height: 24px;
        line-height: 24px;
        width: 79px;
        overflow: hidden;
        position:relative;
    }
    .jnCatainfo li a{
        color: #444444;
    }
    .jnCatainfo li a:hover{
        color: #008CD7;
        text-decoration: none;
    }
    .jnCatainfo li a.promoted{
        color:#F9044E;
    }
    .jnCatainfo li .hot {
        background: url("../images/hot.gif") no-repeat scroll 0 0 transparent;
        height: 16px;
        position: absolute;
        top: 0;
        width: 21px;
    }
```

应用样式后，页面呈现效果如图 8-5 所示。

左侧完成后，接下来完成首页主体内容的右侧部分的布局。从前面的设计图中可以知道，右侧部分分为上下两个部分，而上面部分又分为左右两个部分。我们先来完成上面的部分，它们的 HTML 结构如下：

图 8-5　左侧部分的布局

```
<!-- 大屏广告 start -->
<div id="jnImageroll">
    <a href="#nogo" id="JS_imgWrap">
        <img src="images/ads/1.jpg" alt="相约情人节"/>
        [……中间重复元素省略…… ]
        <img src="images/ads/5.jpg" alt="春季新品发布"/>
    </a>
    <div>
        <a href="###1"><em>相约情人节</em><em>全场 119 元起</em></a>
[……中间重复元素省略…… ]
<a href="###5" class="last"><em>春季新品发布</em><em>全场</em></a>
    </div>
</div>
<!-- 大屏广告 end -->
<!-- 最新动态 start -->
<div id="jnNotice">
    <div id="jnMiaosha">
        <a href="#nogo" class="JS_css3"><img src="images/upload/20120216.jpg" alt="冬品清仓"/></a>
    </div>
    <div id="jnNoticeInfo">
        <h2 title="最新动态">最新动态</h2>
        <ul>
            <li><a href="###1" class="tooltip" title="[活动] 伊伴春鞋迎春大促">[活动] 伊伴春鞋迎春大促
</a></li>
            [……中间重复元素省略…… ]
```

```
<li><a href="###6" class="tooltip" title="[活动] COEY 秋冬新品全场 2.3 折起">[活动] COEY 秋冬新品全场 2.3
折起</a></li>
        </ul>
        <br class="clear" />
    </div>
</div>
<!-- 最新动态 end -->
```

在"大屏广告"部分，我们先为它设置固定的高度和宽度，然后使用 overflow:hidden 来隐藏溢出的部分，接下来为它添加 position:relative 属性，然后为里面的 img 元素分别添加 position:absolute 属性。CSS 代码如下：

```
#jnImageroll {
    float: left;
    height: 320px;
    margin: 0 11px 0 0;
    overflow: hidden;
    position: relative;
    width: 550px;
}
#jnImageroll img {
    position: absolute;
    left: 0;
    top: 0;
}
```

接下来，对"大屏广告"下方的缩略图设置样式。可以使用 position:absolute 和 bottom:0 的方式让缩略图处于最下方，然后使用 float:left 的方式让缩略图以水平方式排列。CSS 代码如下：

```
#jnImageroll div {
    bottom: 0;
    overflow: hidden;
    position: absolute;
    float: left;
}
#jnImageroll div a {
    background-color: #444444;
    color: #FFFFFF;
    display: inline-block;
    float: left;
    height: 32px;
    margin-right: 1px;
    overflow: hidden;
    padding: 5px 15px;
```

```
        text-align: center;
        width: 79px;
}
#jnImageroll div a:hover {
        text-decoration: none;
}
#jnImageroll div a em {
        cursor: pointer;
        display: block;
        height: 16px;
        overflow: hidden;
        width: 79px;
}
#jnImageroll .last {
        margin: 0;
        width: 80px;
}
#jnImageroll a.chos {
        background: url("../images/adindex.gif") no-repeat center 39px #37A7D7;
        color: #FFFFFF;
}
```

应用样式后，网页呈现图 8-6 所示的效果。

图 8-6 大屏广告样式完成

"最新动态"部分由于也都是一些列表元素，所以布局可以借鉴之前模块的样式设计，CSS 代码如下：

```css
#jnNotice{
    float: left;
    height: 321px;
    overflow: hidden;
    width: 230px;
}
#jnMiaosha {
    float: left;
    height: 176px;
    margin-bottom: 10px;
    overflow: hidden;
    width: 230px;
}
#jnNoticeInfo {
    float: left;
    border: 1px solid #DFDFDF;
    height: 133px;
    overflow: hidden;
    width: 228px;
}
#jnNoticeInfo h2 {
    height: 23px;
    line-height: 23px;
    border-bottom: 1px solid #DFDFDF;
    text-indent:12px;
}
#jnNoticeInfo ul {
    float: left;
    padding: 6px 2px 0 12px;
}
#jnNoticeInfo li {
    height: 20px;
    line-height: 20px;
    overflow: hidden;
}
#jnNoticeInfo li a{
    color:#666666;
}
#jnNoticeInfo li a:hover{
    color: #008CD7;
    text-decoration: none;
}
```

应用样式后，网页呈现图 8-7 所示的效果。

图 8-7　最新动态布局

在首页还有最后一块内容，那就是"品牌活动"部分。它的 HTML 代码如下：

```
<div id="jnBrand">
    <div id="jnBrandTab">
        <h2 title="品牌活动">品牌活动</h2>
        <ul>
            <li><a title="运动" href="#nogo">运动</a></li>
            <li><a title="女鞋" href="#nogo">女鞋</a></li>
            <li><a title="男鞋" href="#nogo">男鞋</a></li>
            <li><a title="Applife" href="#nogo">童鞋</a></li>
        </ul>
    </div>
    <div id="jnBrandContent">
        <div id="jnBrandList">
            <ul>
                <li>
                    <a href="###1" class="JS_live"><img alt="耐克" src="images/upload/20120217.jpg" /></a>
                    <span><a href="###1">耐克</a></span>
                </li>
                [……中间重复元素省略…… ]
                <li>
```

```
                <a href="###4" class="JS_live"><img alt="安踏" src="images/upload/20120220.png" /></a>
                <span><a href="###4">安踏</a></span>
            </li>
        </ul>
    </div>
    </div>
</div>
```

从代码可知，"品牌活动"分为"jnBrandTab"和"jnBrandContent"两部分。"jnBrandTab"是品牌活动分类，而"jnBrandContent"则是品牌活动的内容。"jnBrandTab"部分的 CSS 代码如下：

```
#jnBrand {
    float: left;
    height: 230px;
    margin: 10px 0 0;
    overflow: hidden;
    width: 790px;
}
#jnBrandTab {
    border-bottom: 1px solid #E4E4E4;
    height: 29px;
    position: relative;
    width: 790px;
    float: left;
}
#jnBrandTab h2 {
    height: 29px;
    line-height: 29px;
    left: 0;
    position: absolute;
    width: 100px;
}
#jnBrandTab ul {
    position: absolute;
    right: 0;
    top: 10px;
}
#jnBrandTab li {
    float: left;
    margin: 0 10px 0 0;
}
#jnBrandTab li a {
    background-color: #E4E4E4;
    color: #000000;
```

```
    display: inline-block;
    height: 20px;
    line-height: 20px;
    padding: 0 10px;
}
#jnBrandTab .chos {
    background: url("../images/chos.gif") no-repeat scroll 50% bottom transparent;
    padding-bottom: 3px;
}
#jnBrandTab .chos a {
    background-color: #FA5889;
    color: #FFFFFF;
    outline: 0 none;
}
```

"jnBrandContent" 的内容比较多，但宽度有限，所以可以使用 overflow:hidden 来隐藏多余的部分。在后面的内容里，我们将通过脚本来显示多余的部分。CSS 代码如下：

```
#jnBrandContent {
    float: left;
    height: 188px;
    overflow: hidden;
    margin: 8px 5px;
    width: 790px;
    position: relative;
}
#jnBrandList {
    position: absolute;
    left: 0;
    top: 0;
    width: 3200px;
}
#jnBrandContent li {
    float: left;
    height: 188px;
    overflow: hidden;
    padding: 0 5px;
    position: relative;
    width: 185px;
}
#jnBrandContent li img {
    left: 5px;
    position: absolute;
    top: 0;
```

```
}
#jnBrandContent li span {
    background-color: #EFEFEF;
    bottom: 0;
    color: #666666;
    display: block;
    font-size: 14px;
    height: 24px;
    line-height: 24px;
    overflow: hidden;
    position: absolute;
    text-align: center;
    width: 183px;
}
#jnBrandContent li a {
    color:#666666;
}
#jnBrandContent li a:hover{
    color: #008CD7;
    text-decoration: none;
}
```

应用样式后，网页呈现图 8-8 所示的效果。

图 8-8　首页

（2）详细页（detail.html）主体布局

详细页的头部和左侧样式与首页(index.html)一样，因此只需要修改内容右侧即可。

根据前面设计的效果图可以把右侧结构分为左列和右列。在左列有一张大图片、几张小图片和一个选项卡。右列则是一些商品信息介绍，例如颜色、尺寸和价格等。

详细页主体布局的 HTML 结构代码如下：

```
<div id="content">
    <div class="janeshop">
        <div id="jnCatalog"></div>
        <div id="jnProitem"></div>
        <div id="jnDetails"></div>
    </div>
</div>
```

前面我们已经为为商品分类设置了样式，接下来只要为"jnProitem"和"jnDetails"设置样式即可，分别为左右两个模块设置 float 属性和 width 属性，从而达到布局目的。CSS 代码如下：

```
#jnProitem{
    float: left;
    width: 312px;
    height: 560px;
    display:inline;
}
#jnDetails {
    float: left;
    display:inline;
    overflow: hidden;
    width: 468px;
}
```

● 产品大图和产品缩略图

和前面一样，使用 float:left 让缩略图以水平方式排列。CSS 代码如下：

```
#jnProitem .jqzoomWrap {
    border: 1px solid #BBBBBB;
    cursor: pointer;
    float: left;
    padding: 0;
    position: relative;
}
#jnProitem span {
    clear: both;
```

```
    display: block;
    padding-bottom: 10px;
    padding-top: 10px;
    text-align: center;
    width: 320px;
}
#jnProitem ul.imgList{
    height: 80px;
}
#jnProitem ul.imgList li {
    float:left;
    margin-right:10px;
}
#jnProitem ul.imgList li img {
    width:60px;
    height:60px;
    padding:1px;
    background:#EEE;
    cursor:pointer;
}
#jnProitem ul.imgList li img:hover {
    padding:1px;
    background:#999;
}
```

● 　选项卡

在第 5 章中，我们已经实现了一个选项卡，所以需要将其样式移植过来即可，CSS 代码如下：

```
.tab{
    clear:both;
    float: left;
    height: 230px;
    overflow: hidden;
    width: 310px;
}
.tab .tab_menu {
    clear:both;
}
.tab .tab_menu li {
    float:left;
    text-align:center;
    cursor:pointer;
    list-style:none;
    padding:1px 6px;
    margin-right:4px;
```

```
    background:#F1F1F1;
    border:1px solid #898989;
    border-bottom:none;
}
.tab .tab_menu li.hover {
    background:#DFDFDF;
}
.tab .tab_menu li.selected {
    color:#FFF;
    background:#6D84B4;
}
.tab .tab_box {
    clear:both;
    border:1px solid #898989;
}
.tab .hide{
    display:none
}
```

● 颜色，尺寸和评分

这些元素的样式原理都跟前面的差不多，在这里就不再做过多的阐述了，读者可以在源代码中查看相关的 CSS 代码。

应用样式后，网页呈现如图 8-9 所示的效果。

图 8-9 详细页效果

此时，网站所需的两个页面都已经完成，与之前设计的效果图一致。接下来将用 jQuery 脚本给网站添加一些交互效果。

8.6　网站脚本（jQuery）

8.6.1　准备工作

开始编写 jQuery 代码之前，先确定应该完成哪些功能。

在网站首页（index.html）上将完成如下功能。

- 搜索框文字效果。
- 网页换肤。
- 导航效果。
- 左侧商品分类热销效果。
- 中间大屏广告效果。
- 右侧最新动态模块内容添加超链接提示。
- 右侧下部品牌活动横向滚动效果。
- 右侧下部鼠标滑过产品列表效果。

在详细页（detail.html）上将完成如下功能。

- 产品图片放大镜效果。
- 产品图片遮罩层效果。
- 单击产品小图片切换大图。
- 产品属性介绍之类的选项卡。
- 右侧产品颜色切换。
- 右侧产品尺寸切换。
- 右侧产品数量和价格联动。
- 右侧给产品评分的效果。
- 右侧放入购物车。

接下来就用 jQuery 逐步地完成这些效果。

> **注意：**为了使 js 文件代码更加清晰，每个页面上引用了很多 js 文件，实际开发过程中，可以合并成一个 js 文件。

8.6.2　首页（index.html）上的功能

1. 搜索框文字效果（input.js）

搜索框默认会有提示文字，如"请输入商品名称"，当光标定位在搜索框上时，需要将提示文字去掉，当光标移开时，如果用户未填写任何内容，需要把提示文字恢复。在第 3 章已经实现过类似的效果，不过我们还需要在此基础上添加回车提交的效果，jQuery 代码如下：

```
$(function(){
    $("#inputSearch").focus(function(){
        $(this).addClass("focus");
        if($(this).val() ==this.defaultValue){
            $(this).val("");
        }
    }).blur(function(){
        $(this).removeClass("focus");
        if ($(this).val() == '') {
            $(this).val(this.defaultValue);
        }
    }).keyup(function(e){
        if(e.which == 13){
            alert('回车提交表单!');
        }
    })
}).
```

2. 网页换肤（changeSkin.js）

该效果在第 5 章已经介绍过，需要引入 jquery.cookie.js 插件，然后将第 5 章的切换皮肤的 jQuery 代码引入，最后修改样式路径即可，代码如下：

```
$(function(){
    var $li =$("#skin li");
    $li.click(function(){
        switchSkin( this.id );
    });
    var cookie_skin = $.cookie("MyCssSkin");
    if (cookie_skin) {
        switchSkin( cookie_skin );
    }
});
function switchSkin(skinName){
    $("#"+skinName).addClass("selected")
```

```
        .siblings().removeClass("selected");
    $("#cssfile").attr("href","styles/skin/"+ skinName +".css");
                    //设置不同皮肤
    $.cookie("MyCssSkin" , skinName , { path: '/', expires: 10 });
}
```

将以上代码放到一个名为 changeSkin.js 的文件里，然后在 index.html 页面中引用，代码如下：

```
<script src="scripts/jquery.cookie.js" type="text/javascript"></script>
<script src="scripts/changeSkin.js" type="text/javascript"></script>
```

引入后，就可以为网站切换皮肤了。例如把网站皮肤切换为红色，并且在关闭浏览器后，再次打开网站时，皮肤依旧是刚才所选择的样式，即红色，如图 8-10 所示。

图 8-10　切换皮肤成功

3. 导航效果（nav.js）

jQuery 代码如下：

```
$(function(){
    $("#nav li").hover(function(){
        $(this).find(".jnNav").show();
    },function(){
        $(this).find(".jnNav").hide();
    });
})
```

在上面代码中，使用$("#nav li")来选择 id 为 nav 里面的<li>元素，然后为它们添加 hover 事件。在 hover 事件的第 1 个函数内，使用$(this).find(".jnNav")找到<li>元素内部 class 为"jnNav"的元素，然后用"show()"方法使二级菜单显示出来。在第 2 个函数内，用"hide()"方法使二级菜单隐藏起来。显示效果如图 8-11 所示。

4. 左侧商品分类热销效果（addhot.js）

为了完成这个效果，可以先用 Firebug 工具查看模块的 DOM 结构，如图 8-12 所示。

图 8-11　导航效果

图 8-12　模块的 DOM 结构

在结构中，发现需要添加热销效果的元素上会包含一个"promoted"的类，通过这个"钩子"，我们就能完成热销效果了，jQuery 代码如下：

```
$(function(){
    $(".jnCatainfo .promoted").append('<s class="hot"></s>');
})
```

此时，热销效果如图 8-13 所示。

5. 右侧上部产品广告效果（ad.js）

在实现这个效果之前，先分析下如何来完成这个效果。

在产品广告下方有 5 个缩略文字介绍，它们分别代表 5 张广告图，如图 8-14 所示。

图 8-13　热销效果

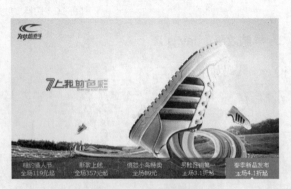

图 8-14　广告效果图

当光标滑过文字 1 时，需要显示第 1 张图片；当光标滑过文字 2 时，需要显示第 2 张图片；依此类推。因此，如果能正确获取到当前滑过的文字的索引值，那么完成该效果就非常简单了。完成这个效果的大概结构代码如下：

```
$(function(){
      var index = 0;
      $("#jnImageroll div a").mouseover(function(){
            showImg(index);
      }).eq(0).mouseover();
})
```

在上面代码中，定义了一个 showImg()函数，然后给函数传递了一个参数 index，index 代表当前要显示图片的索引。获取当前滑过的<a>元素在所有<a>元素中的索引可以使用 jQuery 的 index()方法来获取。其中.eq(0).mouseover()部分是用来初始化的，让第 1 个文字高亮并显示第 1 个图片。你也可以修改 eq()方法中的数字来让页面默认显示任意一个广告。代码如下：

```
var index = 0;
$("#jnImageroll div a").mouseover(function(){
      index =   $("#jnImageroll div a").index(this);
      showImg(index);
}).eq(0).mouseover();
```

接下来完成 showImg()函数，showImg()函数代码如下：

```
function showImg(index){
      var $rollobj = $("#jnImageroll");
      var $rolllist = $rollobj.find("div a");
      var newhref = $rolllist.eq(index).attr("href");
      $("#JS_imgWrap").attr("href",newhref)
                      .find("img").eq(index).stop(true,true).fadeIn()
                      .siblings().fadeOut();
      $rolllist.removeClass("chos").css("opacity","0.7")
            .eq(index).addClass("chos").css("opacity","1");
}
```

在上段代码中，首先用获取当前滑过的链接的 href 值，然后将值设置给大图外面的超链接。接下来，我们获取所有的大图，然后根据传入的参数 index 来显示相应的图片，并且将相邻的图片隐藏起来。你可以使用 show()或者 hide()完成这个效果，但为了让图片能够更加平滑的过渡，我们使用了 fadeIn()和 fadeOut()的动画效果。在使用这些效果之前，使用 stop(true,true)方法将未执行完的动画队列清空，同时将正在执行的动画跳转到末状态。最后使用 addClass("chos").和 removeClass ("chos")来给当前的文字添加高亮样式，同时为其设置不透明度。

现在，当光标在广告下方的文字上滑过时，广告就会有平滑过渡切换的效果。但如果不去碰它，那么广告始终不会动。因此接下来需要为广告添加自动执行效果。代码如下所示：

```
var adTimer = null;
$('#jnImageroll').hover(function(){
        if(adTimer){
            clearInterval(adTimer);
        }
    },function(){
        adTimer = setInterval(function(){
            //…
        } , 5000);
})
```

在 setInterval()方法的第 1 个参数中，需要实现以下功能。

● 调用 showImg（index）来显示广告效果。

● 每调用一次，给 index 加 1。

● 如果 index 的大小已经等于广告展示的总数量，那么把 index 设置为 0，让广告效果又重新开始。

根据以上分析，可以写出如下代码：

```
adTimer = setInterval(function(){
    showImg(index)
    index++;
    if(index==len){index=0;}
} , 5000);
```

此时，广告还是不会自动切换，因为我们并没有在用户进入页面时，触发 hover 方法。前面介绍过，hover()方法的含义是鼠标滑入滑出，它对应着 2 个事件，即 mouseenter 和 mouseleave。因此可以通过 trigger("mouseleave")函数来触发 hover 事件的第 2 个函数。最终完整的代码如下：

```
$(function(){
    var $imgrolls = $("#jnImageroll div a");
    $imgrolls.css("opacity","0.7");
    var len  = $imgrolls.length;
    var index = 0;
    var adTimer = null;
    $imgrolls.mouseover(function(){
        index = $imgrolls.index(this);
        showImg(index);
    }).eq(0).mouseover();
    //滑入 停止动画，滑出开始动画.
    $('#jnImageroll').hover(function(){
```

```
        if(adTimer){
            clearInterval(adTimer);
        }
    },function(){
        adTimer = setInterval(function(){
            showImg(index);
            index++;
            if(index==len){index=0;}
        } , 5000);
}).trigger("mouseleave");
})
//显示不同的幻灯片
function showImg(index){
    var $rollobj = $("#jnImageroll");
    var $rolllist = $rollobj.find("div a");
    var newhref = $rolllist.eq(index).attr("href");
    $("#JS_imgWrap").attr("href",newhref)
                    .find("img").eq(index).stop(true,true).fadeIn()
                    .siblings().fadeOut();
    $rolllist.removeClass("chos").css("opacity","0.7")
            .eq(index).addClass("chos").css("opacity","1");
}
```

运行代码后，当光标滑入广告文字时，会显示不同的广告图片；当光标不碰它时，广告也会自动滚动切换。

6. 右侧最新动态模块内容添加超链接提示（tooltip.js）

该效果在第 3 章的最后一个例子中已经介绍过，只需要将相应的内容引入即可。

先引入相应的 CSS 样式，代码如下：

```
#tooltip{
    position:absolute;
    border:1px solid #333;
    background:#f7f5d1;
    padding:1px;
    color:#333;
    display:none;
}
```

然后为超链接元素添加 class="tooltip"和 title 属性，代码如下：

```
<li><a href="#" class="tooltip" title="甜美宽松毛衣今秋一定红.">
    甜美宽松毛衣今秋一定红.</a></li>
```

```
[……中间<li>元素省略……]
<li><a href="#" class="tooltip" title="长袖雪纺衫单穿内搭都超美.">
     长袖雪纺衫单穿内搭都超美.</a></li>
```

最后引入 jQuery 代码，代码如下：

```
$(function(){
     var x = 10;
     var y = 20;
     $("a.tooltip").mouseover(function(e){
          this.myTitle = this.title;
          this.title = "";
          var tooltip = "<div id='tooltip'>"+ this.myTitle +"</div>"; //创建 div 元素
          $("body").append(tooltip);          //把 div 元素追加到文档中
          $("#tooltip")
               .css({
                    "top": (e.pageY+y) + "px",
                    "left": (e.pageX+x)  + "px"
               }).show("fast");               //设置 x 坐标和 y 坐标，并且显示
     }).mouseout(function(){
          this.title = this.myTitle;
          $("#tooltip").remove();             //移除
     }).mousemove(function(e){
          $("#tooltip")
               .css({
                    "top": (e.pageY+y) + "px",
                    "left": (e.pageX+x)  + "px"
               });
     });
})
```

运行代码后，最新动态模块内的超链接元素已经有了自制的提示效果，效果如图 8-15 所示。

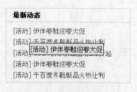

图 8-15　提示效果

7. 右侧下部品牌活动横向滚动效果（imgSlide.js）

在第 4 章的案例中，已经对类似效果进行了介绍，因此并不需要花太多功夫就可以写出如下代码：

```
$(function(){
    $("#jnBrandTab li a").click(function(){
        $(this).parent().addClass("chos")
                .siblings().removeClass("chos");
        var idx = $("#jnBrandTab li a").index(this);
        showBrandList(idx);
        return false;
    }).eq(0).click();
});
//显示不同的模块
function showBrandList(index){
    var $rollobj = $("#jnBrandList");
    var rollWidth = $rollobj.find("li").outerWidth();
    rollWidth = rollWidth * 4; //一个版面的宽度
    $rollobj.stop(true,false).animate({ left : -rollWidth*index},1000);
}
```

当单击品牌活动右上角的分类链接时，产品就会以横向滚动的方式显示相应内容。

8. 右侧下部光标滑过产品列表效果（imgHover.js）

如果还想为产品列表添加光标滑过的效果，其效果如图 8-16 所示。

图 8-16　光标滑过图片的效果

为了完成这个效果，可以为产品列表中的每个产品都创建一个<span>元素，它们的高度和宽度都与产品图片相同，然后为它们设置定位方式、上边距和左边距，使之刚好处于图片上方，代码如下：

```
$(function(){
    $("#jnBrandList li").each(function(index){
        var $img = $(this).find("img");
        var img_w = $img.width();
        var img_h = $img.height();
        var spanHtml = '<span style="position:absolute;top:0;left:5px;width:'+img_w+'px;height:'+img_h+'px;"
class="imageMask"></span>';
```

```
        $(spanHtml).appendTo(this);
    })
})
```

接下来的工作就是通过控制 class 来达到显示光标滑过的效果。首先在 CSS 中添加一组样式，代码如下：

```
.imageOver{
    background:url(../images/zoom.gif) no-repeat 50% 50%;
    filter:alpha(opacity=60);
    opacity: 0.6;
}
```

当光标滑入 class 为"imageMask"的元素时，为它添加 imageOver 样式来使产品图片出现放大镜效果；当光标滑出元素时，移除 imageOver 样式。代码如下：

```
$("#jnBrandList").find(".imageMask").live("hover", function(){
    $(this).toggleClass("imageOver");
});
```

此时，当光标滑入图片上时，就可以出现放大镜了。

注意，这里使用的是 live()方法绑定事件，而不是使用 bind()方法。由于"imageMask"元素是被页面加载完后动态创建的，如果用普通的方式绑定事件，那么不会生效。而 live()方法有个特性就是即使是后面创建的元素，用它绑定的事件一直会生效。

另外，也可以使用 delegate()方法，通过这种事件委派的方式，也能达到预期的效果，jQuery代码如下：

```
$("#jnBrandList").delegate(".imageMask", "hover", function(){
    $(this).toggleClass("imageOver");
});
```

至此，首页（index.html）的交互功能就完成了。

8.6.3 详细页（detail.html）上的功能

1. 产品图片放大镜效果（jquery.zoom.js + use_jqzoom.js）

首先来看一下最终要实现的效果，如图 8-17 所示。

如果要亲自动手实现这个效果，或许不是件容易的事情。不过，可以借助于插件，插件也是 jQuery 的特色之一。因此可以去官方网站查找一下，看是否有类似的插件。在本例中，使用的是名为 jqzoom 的插件，它很适合此时的需求。

图 8-17　产品图片放大镜效果

首先把它引入到网页中，代码如下：

```
<script src="scripts/jquery.jqzoom.js" type="text/javascript"></script>
```

查看官方网站的 **API** 使用说明，可以使用如下代码调用 jqzoom：

```
$(function(){
    $('.jqzoom').jqzoom({
        zoomType: 'standard',
        lens:true,
        preloadImages: false,
        alwaysOn:false,
        zoomWidth: 340,
        zoomHeight: 340,
        xOffset:10,
        yOffset:0,
        position:'right'
    });
});
```

将上面的代码放入名为 use_jqzoom.js 的文件里，然后引入。

接下来在相应的 HTML 代码中添加属性，为<a>元素添加 href 属性，它的值指向产品对应的放大图，同时为它自定义的 rel 属性，它是小图片切换为大图片的"钩子"，后面将会讲解它。代码如下：

```
<a href="images/pro_img/blue_one_big.jpg" class="jqzoom" rel='gal1' title="免烫高支棉条纹衬衣" >
    <img src="images/pro_img/blue_one_small.jpg" title="免烫高支棉条纹衬衣" alt="免烫高支棉条纹衬衣"
```

```
id="bigImg" />
    </a>
```

最后不要忘记添加 **jqzoom** 所提供的样式。

此时，运行代码后，产品图片的放大效果就显示出来了。

2. 产品图片遮罩层效果(jquery.thickbox.js)

当单击"观看清晰图片"按钮时，需要显示图 8-18 所示的遮罩效果。

同样，在官方网站也有一款非常适合的插件，名为 thickbox。按照官方网站的 API 说明，引入相应的 jQuery 和 CSS 文件，代码如下：

```
<script src="scripts/jquery.thickbox.js" type="text/javascript" />
<link rel="stylesheet" href="styles/thickbox.css" type="text/css" />
```

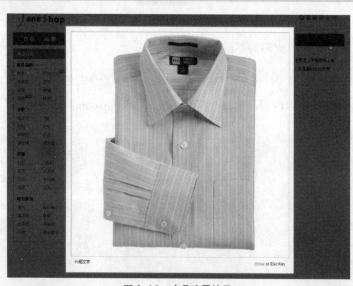

图 8-18　产品遮罩效果

然后为需要应用该效果的超链接元素添加 class="thickbox"和 title 属性，它的 href 值代表着需要弹出的图片。代码如下：

```
<a id="thickImg" href="images/pro_img/blue_one_big.jpg" class="thickbox" title="介绍文字" >
    <img src="images/look.gif" alt="点击看大图" />
</a>
```

此时，当单击"观看清晰图片"按钮时，就能出现遮罩层效果了。

在上面的两个效果中，并没有花太多的时间就做出来了，可见，合理地利用成熟的 jQuery 插件能极大的提高开发效率。

3. 单击产品小图片切换大图（switchImg.js）

当单击产品小图片时，上面对应的大图片需要切换，并且大图片的放大镜效果和遮罩效果也必须同时切换。

首先来实现第一个效果：单击小图切换大图。

在前面的 jqzoom 的例子中，我们自定义了一个 rel 属性，它的值是 "gal1"，它是小图切换大图的 "钩子"，HTML 代码如下：

```
<li class="imgList_blue">
    <a href='javascript:void(0);' rel="{gallery: 'gal1', smallimage: 'images/pro_img/blue_one_small.jpg',largeimage: 'images/pro_img/blue_one_big.jpg'}">
        <img src='images/pro_img/blue_one.jpg' alt=""/>
    </a>
</li>
```

在上面代码中,我们为超链接元素定义了 rel 属性,它的值又定义了 3 个属性,分别是"gallery"、"smallimage" 和 "largeimage",作用就是点击小图时,首先通过 "gallery" 来找到相应的元素,然后为元素设置 "smallimage" 和 "largeimage"。

此时，点击小图可以切换大图，但单击 "观看清晰图片" 弹出的大图并未更新。接下来就来实现这个效果。

实现这个效果并不难，但为了使程序更加简单，需要为图片使用基于某种规则的命名。例如为小图片命名为 "blue_one_small.jpg"，为大图片命名为 "blue_one_ big.jpg"，这样就可以很容易地根据单击的图片（blue_one.jpg）来获取相应的大图片和小图片。代码如下：

```
$(function(){
    $("#jnProitem ul.imgList li a").bind("click",function(){
        var imgSrc = $(this).find("img").attr("src");
        var i = imgSrc.lastIndexOf(".");
        var unit = imgSrc.substring(i);
        imgSrc = imgSrc.substring(0,i);
        var imgSrc_big = imgSrc + "_big"+ unit;
        $("#thickImg").attr("href" , imgSrc_big);
    });
});
```

通过 lastIndexOf()方法，获取到图片文件名中最后一个 "." 的位置，然后在 substring()方法中使用该位置来分割文件名，得到 "blue_one" 和 ".jpg" 两部分，最后通过拼接 "_big" 来得到相应的大图片，将它们赋给 id 为 "thickImg" 的元素。

应用代码后，当单击产品小图片时，不仅图片能正常切换，而且它们所对应的放大镜效果和遮罩层效果都能正常显示出当前显示的产品的图片。

4. 产品属性介绍之类的选项卡（tab.js）

在第 5 章中已经做过一个选项卡的例子，因此可以把代码不加修改而直接使用，代码如下：

```
$(function(){
    var $div_li =$("div.tab_menu ul li");
    $div_li.click(function(){
        $(this).addClass("selected")                    //当前<li>元素高亮
                .siblings().removeClass("selected");
                                                         //去掉其他同辈<li>元素的高亮
        var index =  $div_li.index(this);
                                //获取当前单击的<li>元素在全部 li 元素中的索引。
        $("div.tab_box > div")
                                //选取子节点。不选取子节点会引起错误。如果里面还有<div>元素
            .eq(index).show()    //显示<li>元素对应的<div>元素
            .siblings().hide();  //隐藏其他几个同辈的<div>元素
    }).hover(function(){
        $(this).addClass("hover");
    },function(){
        $(this).removeClass("hover");
    })
})
```

5. 右侧产品颜色切换（switchColor.js）

与单击左侧产品小图片切换为大图片类似，不过还需要多做几步，即显示当前所选中的颜色和显示相应产品列表。代码如下：

```
$(function(){
    $(".color_change ul li img").click(function(){
        $(this).addClass("hover")
                .parent().siblings().find("img").removeClass("hover");
        var imgSrc = $(this).attr("src"):
        var i = imgSrc.lastIndexOf(".");
        var unit = imgSrc.substring(i);
        imgSrc = imgSrc.substring(0,i);
        var imgSrc_small = imgSrc + "_one_small"+ unit;
        var imgSrc_big = imgSrc + "_one_big"+ unit;
        $("#bigImg").attr({"src": imgSrc_small });
        $("#thickImg").attr("href", imgSrc_big);
        var alt = $(this).attr("alt");
        $(".color_change strong").text(alt);
```

```
        var newImgSrc = imgSrc.replace("images/pro_img/","");
        $("#jnProitem .imgList li").hide();
        $("#jnProitem .imgList").find(".imgList_"+newImgSrc).show();
    });
});
```

运行效果后，产品颜色可以正常切换了，但发现一个问题，如果不手动去单击缩略图，那么放大镜效果显示的图片还是原来的图片。解决方法很简单，只要触发获取的元素的单击事件即可：

```
$("#jnProitem .imgList").find(".imgList_"+newImgSrc)
                    .eq(0).find("a").click();
```

6. 右侧产品尺寸切换（sizeAndprice.js）

在实现该功能之前，先看一下它的 DOM 结构，在 Firebug 工具中显示如图 8-19 所示的效果。

```
⊟ <li class="pro_size">
    <span>尺&#12288;&#12288;寸：</span>
    <strong>未选择</strong>
⊟ <ul>
    <li>S</li>
    <li>L</li>
    <li>SL</li>
    <li>LL</li>
  </ul>
  </li>
```
图 8-19　产品尺寸的 DOM 结构

通过观察产品尺寸的 DOM 结构，可以非常清晰地知道元素之间的各种关系，然后利用 jQuery 强大的 DOM 操作功能，可以写出如下代码：

```
$(function(){
    $(".pro_size li").click(function(){
        $(this).addClass("cur").siblings().removeClass("cur");
        $(this).parents("ul").siblings("strong")
            .text( $(this).text() );
    })
})
```

这样，用户就可以通过单击尺寸来进行实时产品尺寸的选择。

7. 右侧产品数量和价格联动（sizeAndprice.js）

该功能非常简单，只要能正确获取单价和数量，然后取它们的积，最后把积赋值给相应的元素即可。需要注意的是，为了防止表单元素刷新后依旧保持原来的值而引起的价格没有联动问题，需要在页面刚加载时，为元素绑定 change 事件之后立即触发 change 事件。代码如下：

```
$(function(){
    var $span = $(".pro_price strong");
```

```
    var price = $span.text();
    $("#num_sort").change(function(){
        var num = $(this).val();
        var amount = num * price;
        $span.text( amount );
    }).change();
})
```

8. 右侧给产品评分的效果（star.js）

在开始实现该效果之前，先看一下静态的 HTML 效果，如果使用如下 HTML 代码：

```
<ul class="rating nostar">
    <li class="one"><a href="#" title="1 分">1</a></li>
    <li class="two"><a href="#" title="2 分">2</a></li>
    <li class="three"><a href="#" title="3 分">3</a></li>
    <li class="four"><a href="#" title="4 分">4</a></li>
    <li class="five"><a href="#" title="5 分">5</a></li>
</ul>
```

那么会显示图 8-20 所示的效果。

如果使用如下 HTML 代码：

图 8-20　样式为 nostar 时的效果

```
<ul class="rating onestar">
    <li class="one"><a href="#" title="1 分">1</a></li>
    <li class="two"><a href="#" title="2 分">2</a></li>
    <li class="three"><a href="#" title="3 分">3</a></li>
    <li class="four"><a href="#" title="4 分">4</a></li>
    <li class="five"><a href="#" title="5 分">5</a></li>
</ul>
```

图 8-21　样式为 onestar 时的效果

那么会显示图 8-21 所示的效果。

由此可以看出，通过改变<ul>元素的 class 属性，就能实现评分效果了。

根据这个原理，可以写出如下代码：

```
$(function(){
    $("ul.rating li a").click(function(){
        var title = $(this).attr("title");
        alert("您给此商品的评分是："+title);
        var cl = $(this).parent().attr("class");
        $(this).parent().parent().removeClass().addClass("rating "+cl+"star");
        $(this).blur();//去掉超链接的虚线框
```

```
        return false;
    })
})
```

这样，当用户单击不同的五角星图片时，就可以动态的进行评分了。

9. 右侧放入购物车（finish.js）

这一步只需要将用户选择产品的名称、尺寸、颜色、数量和总价告诉用户，以便用户进行确认是否选择正确，代码如下：

```javascript
$(function(){
    var $product = $(".pro_detail_right");
    $("#cart a").click(function(){
        var pro_name = $product.find("h4:first").text();
        var pro_size = $product.find(".pro_size strong").text();
        var pro_color =  $(".color_change strong").text();
        var pro_num = $product.find("#num_sort").val();
        var pro_price = $product.find(".pro_price span").text();
        var dialog = " 感谢您的购买。\n 您购买的\n"+
                     "产品是："+pro_name+"; \n"+
                     "尺寸是："+pro_size+"; \n"+
                     "颜色是："+pro_color+"; \n"+
                     "数量是："+pro_num+"; \n"+
                     "总价是："+pro_price +"元";
        alert(dialog);
        return false;//避免页面跳转
    })
})
```

当出现图 8-22 所示的效果时，那么网站所需的所有效果都已经完成了。

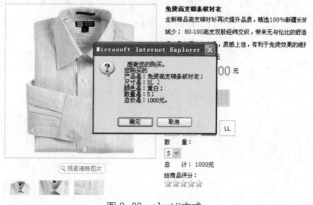

图 8-22　alert()方式

如果你觉得以 alert() 方式去显示内容不太合适的话，那么可以使用第 7 章的学习的 SimpleModal 插件来显示内容。最终购买效果图如图 8-23 所示

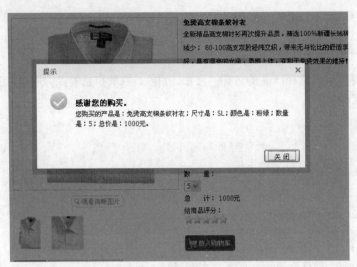

图 8-23　SimpleModal 方式

现在，可以放心地将这个购物网站交给后台程序员去处理了。该购物网站已经具备了一个很时尚的形象。在制作网站的过程中使用合法且语义清晰的 XHTML 文档来表示网站的结构内容，还用到一些外部 CSS 样式表为这个网站实现了特色的视觉效果。最后，利用 jQuery 所提供的强大功能改善了网站的行为和可用性，使用户更容易接受这个网站。

8.7　小结

本章将前 7 章讲解的知识点和效果进行整合，读者不仅可以学到 jQuery 中的一些理论，还能运用 jQuery 创建一个完整的网站。利用 jQuery 提供的方法和函数，相信读者已经可以编写出既实用又功能强大的脚本。虽然本书将大部分的 jQuery 方法和函数都讲解了一遍，然而在实例中应用到的只有一部分，jQuery 中还有很多方法和函数等待读者去更加深入地研究和发掘。

第 9 章 jQuery Mobile

Web 2.0 带来的丰富互联网技术让所有人都享受到了技术发展和用户体验进步的乐趣。作为下一代互联网标准——HTML 5 自然也是备受期待和瞩目，HTML 5 已成为互联网爱好者们茶余饭后的话题。那么 HTML 5 到底是什么，它有哪些特性，它未来的发展方向在哪里？

9.1 HTML 5 简介

HTML 5 的前身名为 Web Applications 1.0。于 2004 年被 WHATWG（Web Hypertext Application Techonlogy Working Group, Web 超文本应用技术工作组）提出，2007 年被 W3C 采纳，并被转变为 HTML 5 规范的第一个草案。HTML 5 已经得到大多数现代浏览器的支持。

谈到 Web 设计，我们经常把 Web 分为三个层：

（1）结构层；（2）表现层；（3）行为层。

它们对应的技术，分别是：

（1）HTML；（2）CSS；（3）JavaScript。

随着 HTML 5 的到来，这三层的内容已经发生变化。在结构层中，HTML 5 添加了新的标记，例如：<header>，<article>和<footer>等。HTML 5 还提供了媒体元素，例如：<audio>，<video>和<canvas>等。HTML 5 中表单元素也得到了加强，新增了进度条、滑动条和颜色拾取器等，同时，表单验证方面也可以用浏览器内置的验证。

在行为层方面，HTML 5 为每个新的元素规定了新的交互方式以及 API。例如，我们可以自定义<video>元素，让其播放和暂停视频动画等。可以使用<canvas>绘制各种图形。而在 HTML 5 之前，想要直接在网页上进行直接绘图是不能轻易完成的，即使是最简单的几何图形也不可以，多数交互只是保存和点击。在 HTML 5 之前，如果希望能够跟图片进行更多的操作或者在浏览器当中画出图形，需要 Flash 这类插件来帮忙。

不仅是结构和行为发生变化，表现层也同样得到了改进。CSS 3 新增了很多模块，比如，高级选择器、渐变、圆角还有动画等。而在 HTML 5 之前，这些工作需要编写脚本才能实现效果。

HTML 5 的改变不仅仅是这些，在浏览器的 JavaScript API 方面也做了不少改进。以前我们可以用 cookie 和 window 之类的 API，而新的 JavaScript API 增加了很多模块，比如 Geolocation，Storage 和 WebSocket 等。

HTML 5 还有很多令人心动的特性和新功能，限于篇幅无法一一举出，但我对于 HTML 5 的前景还是非常看好的，毕竟丰富 Web 应用的大势已经掀起，让我们共同期待 HTML 5 的降临。

9.2 jQuery Mobile 简介

对于 Web 开发者来说，jQuery 是非常流行 JavaScript 类库，而且一直以来它都是为 Web 浏览器设计的，并没有特别为移动应用程序设计。jQuery Mobile 则是用来填补 jQuery 在移动设备应用上的缺憾的一个新项目。它基于 jQuery 框架并使用了 HTML 5 和 CSS 3 这些新的技术，除了能提供很多基础的移动页面元素开发功能外，框架自身还提供了很多可供扩展的 API，以便于开发人员在移动应用上使用。使用该框架可以节省大量的 JavaScript 代码开发时间。

9.3 jQuery Mobile 主要特性

jQuery Mobile 提供了非常友好的 UI 组件集和一个强有力的 AJAX 的导航系统，以支持动画页面转换。它的策略可以简单地总结为：创建一个在常见智能手机/平板电脑浏览器领域内能统一用户界面的顶级 JavaScript 库。概括起来，jQuery Mobile 有以下特性：

（1）基于 jQuery 构建

它采用与 jQuery 一致的核心和语法，这样能让学习者倍感熟悉，学习曲线也是最小的。另外，它还使用了 jQuery UI 代码和模式。

（2）兼容绝大部分手机平台

jQuery Mobile 以"Write Less, Do More"作为目标，为所有的主流移动操作系统平台提供了高度统一的 UI 框架，而不必为每个移动设备编写独特的应用程序。它兼容 iOS、Android、Blackberry、Palm WebOS、Nokia/Symbian、Windows Mobile、bada 和 MeeGo 等，只要是能解释标准 HTML 的设备就能提供最基本的支持。

（3）轻量级的库

基于速度考虑，整个库非常轻量级，同时对图片的依赖也降到最小。

（4）模块化结构

创建定制版本只包括应用所需的功能，而不需要修改应用的结构。

（5）HTML 5 标记驱动的配置

快速开发页面，把对开发人员的脚本能力需求降到最小化。

（6）渐进增强原则

jQuery Mobile 完全采用渐进增强原则：通过一个全功能的标准 HTML 网页和额外的 JavaScript 功能层，提供顶级的在线体验。这意味着即使移动浏览器不支持 JavaScript，基于 jQuery Mobile 的移动应用程序仍能正常的使用，而较新的移动平台能获得更优秀的用户体验。

（7）响应设计

通过灵敏的技术设计和工具，使得相同的基础代码库可以在不同屏幕大小中自动缩放。

（8）强大的 Ajax 的导航系统

它使得页面之间跳转变得更加流畅，同时保持按钮，书签和地址栏的简洁。

（9）易用性

一些辅助功能，比如 WAI-ARIA，以确保页面可以在一些屏幕阅读器或者其他手持设备中正常工作。

（10）支持触摸和鼠标事件

让触摸，鼠标，光标用户都能通过简单的 API 来流畅使用。

（11）统一的 UI 组件

在触摸体验和主题化方面，jQuery Mobile 加强和统一了本地控制。

（12）强大的主题化框架

主题编辑器（ThemeRoller）能很容易地进行高度个性化和品牌化的的界面定制。

接下来我们将通过实例向大家展示 jQuery Mobile 的特性及好处，让大家一起来了解这个新框架是如何帮助我们在短时间内建立起一个高质量的移动应用程序。当然，在这里建议代码使用的移动设备平台最好是 iPhone 或 Android 或是在 PC 电脑上使用 Google 浏览器调试。

9.4　jQuery Mobile 的使用

9.4.1　准备工作

首先去官方下载最新的 jQuery Mobile 版本。其次，建议在页面中使用 HTML 5 标准的页面声明和标签，因为移动设备浏览器对 HTML 5 标准的支持程度要远远优于 PC 设备，因此使用简洁的 HTML 5 标准可以更加高效地进行开发，避免了因为声明错误出现的兼容性问题。代码如下：

```
<!DOCTYPE HTML>
<html>
  <head>
    <title>标题</title>
    <meta  charset="UTF-8">
  </head>
  <body>
  </body>
</html>
```

9.4.2 构建 HTML 模板

jQuery Mobile 可以在普通的 html 标签或 html 5 标签中工作，在结构化的页面中，完整的页面结构分为 header、content 和 footer 这三个主要区域。一个最简单的 jQuery Mobile 代码如下：

```
<!DOCTYPE html>
<html>
    <head>
    <title>My Page</title>
    <meta name="viewport" content="width=device-width, initial-scale=1">
    <link rel="stylesheet" href="css/jquery.mobile-1.0.1.min.css" />
    <script src="js/jquery.js"></script>
    <script src="js/jquery.mobile-1.0.1.min.js"></script>
</head>
<body>
<div data-role="page">
    <div data-role="header">
        <h1>My Title</h1>
    </div>
    <div data-role="content">
        <p>Hello world</p>
    </div>
<div data-role="footer">
        <h4>Footer content</h4>
    </div>
</div>
</body>
</html>
```

显示效果如图 9.1 所示：

在上面代码中，我们引入了 3 个文件，这也是使用 jQuery Mobile 所必备的 3 个文件：

图 9.1 图单的 jQuery Mobile 代码显示

- CSS 文件：jquery.mobile.css
- jQuery 文件：jquery.js
- jQuery Mobile 文件：jquery.mobile.js

注意：1，默认情况下，移动设备的浏览器会像在大屏幕的 Web 浏览器那样显示你的页面，宽度达到了 960 像素，然后缩小内容以适应移动设备的小屏幕，因此用户在移动设备看这个页面时感觉字体就比较小了，必须要放大才能看得清楚。幸运的是可以使用特殊的 Meta 元素可视区进行纠正，这个元素会通知浏览器使用移动设备的宽度作为可视区的宽度。对于 Web 应用程序，一个常见的设置是：

```
<meta name="viewport" content="width=device-width,initial-scale=1,user-scalable=no"/>
```

这个元素设置宽度为设备的最大宽度，禁止用户放大和缩小。

2，在<head>中按顺序加入框架的引用，注意加载的顺序：

```
<link rel="stylesheet" href="jquery.mobile.css" />
<script src="jquery.js"></script>
<!--  这里加入项目中其他的 JavaScript  -->
<script src="jquery.mobile.js"></script>
```

9.4.3 data-role 属性

在上面的代码中可以看到页面中的内容都包装在 div 标签中，并在标签中加入 data-role= "page" 属性。这样 jQuery Mobile 就会知道哪些内容需要处理。把代码简化后，如下所示：

```
<div data-role="page">
  <div data-role="header">...</div>
  <div data-role="content">...</div>
  <div data-role="footer">...</div>
</div>
```

注意：data-属性是 HTML 5 新推出的很有趣的一个特性，它可以让开发人员添加任意属性到 html 标签中，只要添加的属性名有 "data-" 前缀。

表 9-1   data-role 属性

类　　型	描　　述	示　　例
Button	设置元素为 button 类型	data-role="button"
Checkbox	设置元素为复选框类型，只需要设置 type="checkbox"，不需要 data-role	type="checkbox"
Collapsible	设置元素为一个包裹标题和内容的容器	data-role="collapsible"
Collapsible set	设置元素为一个包裹 Collapsible 的容器	data-role="collapsible-set"
Content	设置元素为一个内容容器	data-role="content"
Dialog	设置元素为一个对话框	data-rel="dialog"
Field container	设置元素为一个区域包裹容器，包含 label/form 的元素对	data-role="fieldcontain"
Flip toggle switch	设置元素为一个翻转切换元素	data-role="slider"
Footer	页面页脚容器	data-role="footer"
Header	页面标题容器	data-role="header"
Link	链接元素，它共享 button 的属性	data-role="button"
Listview	设置元素为一个列表视图	data-role="listview"
Navbar	设置元素为一个导航栏	data-role="navbar"
Page	设置元素为一个页面容器	data-role="page"
Radio button	设置元素为一个单选框，不需要 data-role	type="radio"
Select	设置元素为一个下拉框，不需要 data-role	<select></select>
Slider	设置元素为一个有范围值的文本框	data-role="slider"
Text input & Textarea	设置元素为一个文本框、数字框、搜索框等	type="text|number|search|等等"

9.4.4　添加内容

如果我们需要在页面中添加一个简单列表，那么就可以使用刚才所说的 data-role 属性，将下面代码插入到 content 中：

```
<ul data-role="listview">
    <li><a href="#">Acura</a></li>
    <li><a href="#">Audi</a></li>
    <li><a href="#">BMW</a></li>
    <li><a href="#">Cadillac</a></li>
    <li><a href="#">Ferrari</a></li>
</ul>
```

显示效果如图 9.2 所示：

如果你不喜欢宽度为 100%的列表，那么你可以通过为 ul 元素设置 data-inset 属性。例如为<ul>

设置 data-inset="true" 。显示效果如图 9.3 所示。

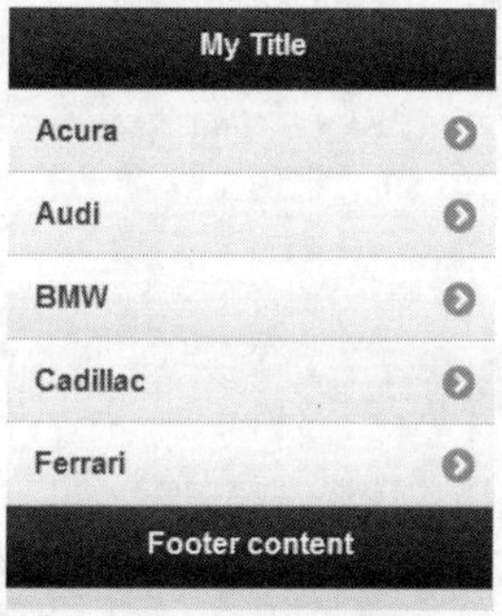

图 9.2　列表显示效果（一）

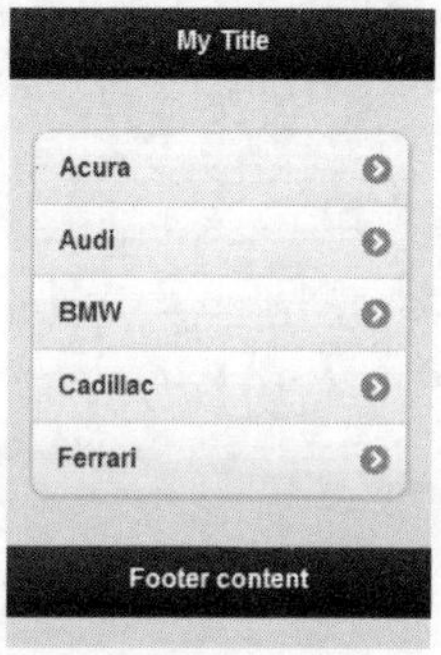

图 9.3　列表显示效果（二）

9.4.5　样式切换

jQuery Mobile 自带了一些不错的主题，这些主题能够快速的帮助开发人员修改页面的 UI。我们只需在组件上添加 data-theme 属性即可，它的值是 a、b、c、d 或 e。此外，jQuery Mobile 还提供了一个强大的 ThemeRoller 组件（http://jquerymobile.com/themeroller/），可以让你自定义主题。ThemeRoller 如图 9.4 所示：

图 9.4　Theme Roller 界面

为列表添加 data-theme="e"后，显示效果如图 9.5 所示：

```
<ul data-role="listview" data-inset="true" data-theme="e">
  <li><a href="#">Acura</a></li>
  <li><a href="#">Audi</a></li>
```

```
      <li><a href="#">BMW</a></li>
      <li><a href="#">Cadillac</a></li>
      <li><a href="#">Ferrari</a></li>
   </ul>
```

图 9.5　切样列表样式

9.5　其他框架

9.5.1　移动框架

在移动框架方面，除了 jQuery　Mobile 之外，还有很多移动框架可选。

●　jqMobi　(http://jqmobi.com)

此 jqMobi 不是 jQuery Mobile，它们两个完全不同，jqMobi 是基于 jQuery 重写的，适应于 iOS 和 Android 等移动设备的 JavaScript 框架，它含有 jQuery Mobile 的大部分功能，但是 jqMobi 体积更小，速度更快，兼容性也有所不同。

jqMobi 由三个组件组成：查询库、jqUi 和 jqPlugin。查询库库提供了 60 多个 API 调用，包括 Ajax 调用、针对 webkit 的系统选择器调用等。jqUi 是一个用户界面程序库，提供了按钮、部件、固定的 header/footer 以及可控的滚动部件。该工具包也仅针对移动版本的 WebKit 浏览器，同时支持 Android 2.2 及更高版本。jqPlugin 是用于针对 WebKit 浏览器交互和接口的插件支持。

●　Sencha Touch　(http://sencha.com)

Sencha Touch 是专门为移动设备开发应用的 JavaScript 框架。通过 Sencha Touch 你可以创建一个非常像 native app 的 web app，用户界面组件和数据管理全部基于 HTML 5 和 CSS3 的 Web 标准，兼容 Android 和 iOS。

Sencha Touch 是一个重量级的框架，组件封装较多，在各平台交互表现统一，但入门门槛较高。

⬤　Zepto.js　(http://zeptojs.com/)

Zepto.js 是一个专为 Mobile WebKit 浏览器而开发的一个 JavaScript 框架。它能够帮助开发人员简单、快速地完成开发任务。更重要的是这个 JavaScript 框架，是超轻量级的，只有 5KB。Zepto.js 的语法借鉴并兼容 jQuery。

9.5.2　PhoneGap

PhoneGap 是一个开源的开发框架，使用 HTML、CSS 和 JavaScript 来构建跨平台的的移动应用程序。它使开发者能够利用 iPhone、Android、Palm、Symbian、Blackberry、Windows Phone 和 Beda 智能手机的核心功能——包括地理定位、加速器、联系人、声音和振动等。同时借助 PhoneGap，Web 开发者还可以把已有的 Web 应用打包成移动平台上的本地应用或者应用商店里的 App，让用户直接下载安装。

PhoneGap 的特性包括：将 HTML/JavaScript 代码打包成本地 App，帮助开发者部署到各种平台上，并提供了访问移动应用本地特性的接口，同时支持多语言混合的插件机制。

9.6　小结

本章首先简单介绍了 HTML 5，然后重点介绍了 jQuery Mobile，包括它的特性和用法。最后对其他的移动框架进行了介绍。

移动互联网是互联网的未来。HTML 5 作为未来移动终端的核心技术，这一点已经成为业界共识，各家浏览器厂商也频频升级浏览器来更好地支持 HTML 5。各大开发厂商的加入，也让移动开发领域的竞争变得异常激烈。

相信不久的将来，不论是桌面应用还是移动应用，HTML 5 都是创新的主旋律。

第10章 jQuery 各个版本的变化

2006 年 1 月，jQuery 的第一个版本面世，至今已经有 6 年多了。虽然过了这么久，但它依然以其简洁、灵活的编程风格让人一见倾心。在本章中，我们将讲述 jQuery 的发展历史以及不同版本的重要变化，让读者对 jQuery 有更多的了解。

10.1 jQuery 的发展历史

2005 年 8 月，John Resig 提议改进 Prototype 的 "Behaviour" 库，于是他在 blog 上发表了自己的想法，并用了 3 个例子做说明。

第一个例子是为元素注册一个事件：

```
Behaviour.register({
    '#example li': function(e){
        e.onclick = function(){
            this.parentNode.removeChild(this);
        }
    }
});
```

他认为应该改写为：

```
$('#example li').bind('click',function(){
    this.parentNode.removeChild(this);
});
```

第二个例子是为不同的元素注册不同的事件：

```
Behaviour.register({
    'b.someclass' : function(e){
        e.onclick = function(){
            alert(this.innerHTML);
        }
    },
    '#someid u' : function(e){
        e.onmouseover = function(){
            this.innerHTML = "BLAH!";
```

```
      }
    }
});
```

他认为应该改写为：

```
$('b.someclass').bind('click',function(){
    alert(this.innerHTML);
});
$('#someid u').bind('mouseover',function(){
    this.innerHTML = 'BLAH!';
});
```

第三个例子是为不断变化的元素注册不同的事件：

```
Behaviour.register({
    '#foo ol li': function(a) {
        a.title = "List Items!";
        a.onclick = function(){ alert('Hello!'); };
    },
    '#foo ol li.tmp': function(a) {
        a.style.color = 'white';
    },
    '#foo ol li.tmp .foo': function(a) {
        a.style.background = 'red';
    }
});
```

他认为应该改写为：

```
$('#foo ol li')
    .set('title','List Items!')
    .bind('click',function(){ alert('Hello!'); })
    .select('.tmp')
    .style('color','white')
    .select('.foo')
    .style('background','red');
```

　　这些代码也是 jQuery 语法的最初雏形。当时 John 的想法很简单：他发现这种语法相对现有的 JavaScript 库更为简洁。但他没想到的是，这篇文章一经发布就引起了业界的广泛关注。于是 John 开始认真思考着这件事情（编写语法更为简洁的 JavaScript 程序库），直到 2006 年 1 月 14 日，John 正式宣布以 jQuery 的名称发布自己的程序库。随之而来的是 jQuery 的快速发展。

　　2006 年 8 月，jQuery 的第一个稳定版本，并且已经支持 CSS 选择符、事件处理和 AJAX 交互。

　　2007 年 7 月，jQuery 1.1.3 版发布，这次小版本的变化包含了对 jQuery 选择符引擎执行速度的显著提升。从这个版本开始，jQuery 的性能达到了 Prototype、Mootools 以及 Dojo 等同类 JavaScript 库的水平。同年 9 月，jQuery 1.2 版发布，它去掉了对 XPath 选择符的支持，原因是相对于 CSS

语法它已经变得多余了。这一版能够对效果进行更为灵活的定制，而且借助新增的命名空间事件，也使插件开发变得更容易。同时，jQuery UI 项目也开始启动，这个新的套件是作为曾经流行但已过时的 Interface 插件的替代项目而发布的。jQuery UI 中包含大量预定义好的部件（widget），以及一组用于构建高级元素（例如可拖放、拖拽、排序）的工具。

> 注意：XPath（XML Path Language，XML 路径语言）是在 XML 文档中识别不同元素或者元素值的一种语言，与 CSS 在 HTML 文档中识别元素的方式类似。在涉及属性选择符时，jQuery 使用了 XPath 中的惯例来标识属性，即将属性前置一个@符号并放在一对方括号中。例如，要选择所有带 title 属性的链接，可以使用下面的代码：
>
> ```
> $('a[@title]')
> ```
>
> 但在 jQuery 1.2 去掉对 XPath 选择符的支持后，这种写法就不能用了，必须使用如下代码：
>
> ```
> $('a[title]')
> ```
>
> 在一些老的代码和插件中这种问题比较常见。

　　2008 年 5 月，jQuery 1.2.6 版发布，这版主要是将 Brandon Aaron 开发的流行的 Dimensions 插件的功能移植到了核心库中，同时也修改了许多 BUG，而且有不少的性能得到提高。因此，如果把你以前的 jQuery 版本升级到 1.2.6，那么你完全可以从你的代码中排除 Dimensions 插件。

> 注意：Dimensions 插件是一个获得元素尺寸、定位的插件。

　　在 jQuery 迅速发展的同时，一些大的厂商也看中了商机。2009 年 9 月，微软和诺基亚公司正式宣布支持开源的 jQuery 库，另外，微软公司还宣称他们将把 jQuery 作为 Visual Studio 工具集的一部分。他将提供包括 jQuery 的智能提示、代码片段、示例文档编制等内容在内的功能。微软和诺基亚公司将长期成为 jQuery 的用户成员，其他成员还有 Google，Intel，IBM，Intuit 等公司。

　　2009 年 1 月，jQuery 1.3 版发布，它使用了全新的选择符引擎 Sizzle，在各个浏览器下全面超越其他同类型 JavaScript 框架的查询速度，程序库的性能也因此有了极大提升。这一版本的第 2 个变化就是提供 live()方法，使用 live()方法可以为当前及将来增加的元素绑定事件，在 1.3 版之前，如果要为将来增加的元素绑定事件，需要使用 livequery 插件，而在 1.3 版中，可以直接用 live()方法。

> 注意：Sizzle 是 jQuery 作者 John Resig 新写的 DOM 选择器引擎。Sizzle 有一个重要的特点，它是完全独立于 jQuery 的，如果你不想用 jQuery，可以只用 Sizzle。Sizzle 下载地址：http://sizzlejs.com/

　　2010 年 1 月，也是 jQuery 的四周年生日，jQuery 1.4 版发布，为了庆祝 jQuery 四周岁生日，

jQuery 团队特别创建了 jquery14.com 站点，带来了连续 14 天的新版本专题介绍。

在 1.3 及更早版本中，jQuery 通过 JavaScript 的 eval 方法来解析 json 对象。在 1.4 中，如果你用的浏览器支持，则会使用原生的 JSON.parse 解析 json 对象，这样对 json 对象的书写验证则更为严格。比如：{foo: "bar"}的写法将不会被验证为合法的 json 对象，必须写成{"foo":"bar"}。如果你的程序打算升级到 1.4 版本，那么这一点要尤其注意。

2010 年 2 月，jQuery 1.4.2 版发布，它新增了有关事件委托的两个方法：delegate()和 undelegate()。delegate()用于替代 1.3.2 中的 live()方法。这个方法比 live()来的方便，而且也可以达到动态添加事件的作用。比如给表格的每个 td 绑定 hover 事件，代码如下：

```
//1.4.2
$("table").delegate("td", "hover", function(){
    $(this).toggleClass("hover");
});
//1.3.2
$("table").each(function(){
    $("td", this).live("hover", function(){
        $(this).toggleClass("hover");
    });
});
```

2011 年 1 月，jQuery 1.5 版发布。该版本做了如下修改：

◉　重写 Ajax 模块

（1）最大的变化是调用 jQuery.ajax（或 jQuery.get，jQuery.post 等）会返回 jqXHR 的对象，为不同浏览器内置的 XMLHttpRequest 对象提供了一致的超集，可以完成以前不可能完成的任务，比如：中止 JSONP 请求。

（2）提供了更高级的统一的 API。

（3）更好的扩展性，可以方便地扩展 Ajax 的发送与接收，管理 Ajax 请求。

◉　新增延迟对象

开发人员借此可以使用无法立即获得的返回值（如异步 Ajax 请求的返回结果），而且第一次能够附加多个事件处理器。

比如，使用新的 jQuery Ajax API 实现下面的代码：

```
// 发出请求，并记住 jqxhr 对象
var jqxhr = $.ajax({ url: "example.php" })
    .success(function() { alert("success"); })
    .error(function() { alert("error"); })
```

```
    .complete(function() { alert("complete"); });
// 这里可以做其它工作 ...
// 完成另一个功能
jqxhr.complete(function(){  alert("second complete");  });
```

- jQuery.sub()

可以方便地创建 jQuery 副本，不影响原有的 jQuery 对象，避免 jQuery 冲突。示例代码如下：

```
(function(){
    var sub$ = jQuery.sub();
    sub$.fn.myCustomMethod = function(){
      return 'just for me';
    };
    sub$(document).ready(function() {
      sub$('body').myCustomMethod() ; // 'just for me'
    });
})();

alert( typeof  jQuery('body').myCustomMethod );  // undefined
```

- 内部开发系统

jQuery 团队内部开发系统的两点改变：一是服务器端用 NodeJS 替换了老的 Java/Rhino 系统，使得团队可以专注于 JavaScript 环境的新变化；二是所用的代码压缩优化程序从 Google Closure Compiler 切换到 UglifyJS，新工具的压缩效果非常令人满意。

2011 年 5 月，jQuery 1.6 版发布。该版本重写了 Attribute 模块和大量的性能改进。值得注意的是此次更新有 2 个破坏性的变更，将会影响到现有打算升级到 1.6 的那些项目。

- 变更 1：更新 data()方法

在 jQuery1.5 中，data()方法可以用来将元素上的数据属性转化为 JSON 形式的值。JQuery 1.6 已经更新了此功能，data()方法获取的值会以驼峰形式展示，以配合 W3C HTML5 规范。比如：

```
//html:
<span  data-max-value="15"  data-min-value="5"></span>
//js:
$('span').data(); //jQuery 1.5.2输出: {"max-value":15,"min-value":5}
$('span').data(); //jQuery 1.6  输出:  {"maxValue":15,"minValue":5}
```

- 变更 2：独立方法处理 DOM 属性，以区分 DOM 的 attributes 和 properties

一般情况下，attributes 表示从文档中获取 DOM 的状态信息，而 properties 表示元素的动态状态信息。比如：

```
//html:
<input type="text" value="abc">
//js:
$("input:text").attr('value') ; //输出 abc
$("input:text").prop('value') ; //输出 abc
```

如果用户手动改变文本框的值为"abcdef",那么:

```
$("input:text").attr('value') ; //输出 abc
$("input:text").prop('value') ; //输出 abcdef
```

同样,如果网页中的复选框的代码如下:

```
<input type="checkbox" checked />
```

那么结果也会有所不同:

```
$(":checkbox").attr('checked');    //输出'',空字符串
$(":checkbox").prop('checked');    //输出 true
```

所以在 jQuery 1.6 中,如果要判断复选框是否选中,需在事件处理程序中使用:

```
$(this).prop("checked")
//或者 $(this).is(":checked")
```

由于 jQuery 1.6 对 attr()方法的改变,导致很多使用 attr()方法的程序出现问题,必须修改为 1.6 的语法才能使用,这个不向前兼容的改变引起了开发者的强烈不满。于是在不到 10 天的时间里,jQuery 1.6.1 发布,它调整了 attr()方法,使其兼容 1.6 之前的做法。比如:

```
$(":checkbox").attr("checked", true);
$("option").attr("selected", true);
$("input").attr("readonly", true);
$("input").attr("disabled", true);
if( $(":checkbox").attr("checked") ) {   /* Do something */  }
```

2011 年 11 月,jQuery 1.7 版发布。该版本做了如下修改:

● 　新的事件 API: on()和 off()

新的 on()和 off()API 统一了 jQuery 中所有对文档绑定事件的操作,而且它们也更加简短。代码如下:

```
$(elements).on( events [, selector] [, data] , handler );
$(elements).off( [ events ] [, selector] [, handler] );
```

其中 on()替代了之前版本中的 bind()、delegate()和 live();off()替代了 unbind()、undelegate()和 die()。下面代码是新旧 API 调用之间对应的例子:

```
$('a').bind('click', myHandler); //旧
$('a').on('click', myHandler); //新

$('form').bind('submit', { val: 42 }, fn); //旧
$('form').on('submit', { val: 42 }, fn); //新

$(window).unbind('scroll.myPlugin'); //旧
$(window).off('scroll.myPlugin'); //新

$('.comment').delegate('a.add', 'click', addNew); //旧
$('.comment').on('click', 'a.add', addNew); //新

$('.dialog').undelegate('a', 'click.myDlg'); //旧
$('.dialog').off('click.myDlg', 'a'); //新

$('a').live('click', fn); //旧
$(document).on('click', 'a', fn); //新

$('a').die('click'); //旧
$(document).off('click', 'a'); //新
```

◉　事件委托的性能改进

随着页面大小和复杂度的不断增长，事件委托变得越来越重要。比如 Backbone，JavaScript MVC 和 Sproutcore 等应用框架都使用了大量的事件委托。考虑到这一点，jQuery 1.7 重构了事件委托，使其更加快速，尤其是在大多数常见情况下。图 10-1 是 1.6.4 和 1.7 版本的性能比较，最终的事件委托和 1.6.4 相比，节省了大约一半的时间：

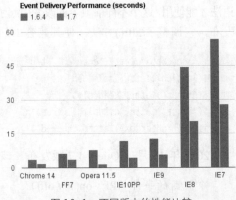

图 10-1　不同版本的性能比较

◉　更好地支持 IE 6/7/8 下的 HTML 5

任何试图在 IE 6/7/8 中使用新的类似于<section>的 HTML 5 标签，毫无疑问都会遇到 IE 6/7/8 无法解析这些标签，甚至将这些标签从文档中移除的问题。在 jQuery 1.7 中，为较旧 IE 版本中 html()一类的方法建立了对 HTML 5 的支持。这一功能和以前的 innerShiv 相同，但你仍然需要在你的文档头部加入 HTML5Shiv（或者 Modernizr）以使旧 IE 版本支持 HTML 5 标签。如需要更多资料，请查看 The Story of the HTML5 Shiv（http://paulirish.com/2011/the-history-of-the-html5-shiv/）。

◉　更直观地切换动画

在 jQuery 的旧版本中，类似于 slideToggle()或 fadeToggle()的切换动画在互相堆放和前一个动画被 stop()终止时无法正常工作。在 1.7 版本中这一情况被修复，动画系统会记住元素的初始值并在一个切换的动画被提前终止时重置它们。

● 　异步模块定义(AMD)

jQuery 1.7 支持 AMD 规范，可以和遵循 AMD 规范的脚本加载器协作，比如 RequireJS 或者 curl.js。

● 　jQuery.Deferred

jQuery.Deferred 对象除了提供新的进度处理及通知方法之外，同时也新增一个可用来取得目前 Deferred 状态的 state()方法。Deferred 也通过 jQuery.Callbacks 机制来提供给开发者一个统一的事件处理接口。

● 　jQuery.isNumeric()

在使用 jQuery 的过程中，有时候需要知道一个参数是数值或可以被成功的转换为数值的情况。所以 jQuery 开发并公开 jQuery.isNumeric()方法。为它传递一个任意类型的参数，它将对应的返回 true 或 false。

● 　弃用和删除的功能

jQuery 将开始弃用过时的特性，以使代码库更加精简，同时提高性能。比如 live()和 die()已在 1.7 版本中被弃用，这些方法还将继续有效，但为了兼容以后的版本不建议使用它们，可以使用 on()、off()和 delegate()之类的代替。

一些非标准的特性在 1.7 版本中被彻底移除了，比如 event.layerX 和 event.layerY，可以使用 event.originalEvent.layerX 和 event.originalEvent.layerY 代替。

jQuery.isNaN()：这一未公开的实用函数已被删除，新的 jQuery.isNumeric()提供了类似的功能，并且可以被更好的支持。

jQuery.event.proxy()：这一未公开和过时的方法已被删除，开发者应使用公开的 jQuery.proxy 方法代替。

jQuery 所有版本的发行说明可以在官方站点查到，网址为 http://blog.jquery.com/和 http://jquery.org/history/。

10.2　jQuery 各个版本新增方法

jQuery 各版本新增方法如表 10-1～表 10-5 所示。

表 10-1　　　　　　　　　　　　　jQuery 1.3 新增方法

方 法 名 称	说　　　　　明	返 回 值
.closest()	从元素本身开始，逐级向上级元素匹配，并返回最先匹配的祖先元素	jQuery

续表

方 法 名 称	说　　明	返 回 值
.context	返回传给 jQuery()的原始的 DOM 节点内容；如果没有获得通过，那么上下文将可能是该文档	Element
.die()	从元素中删除先前用.live()绑定的所有事件	jQuery
.live()	附加一个事件处理器到符合目前选择器的所有元素匹配，元素可以是现在和未来的元素	jQuery
jQuery.queue()	显示在匹配的元素上的已经执行的函数列队	Array
jQuery.dequeue()	在匹配的元素上执行队列中的下一个函数	jQuery
jQuery.fx.off	关闭页面上所有的动画	Boolean
jQuery.isArray()	确定参数是否是一个数组	Boolean
jQuery.support	一组用于展示不同浏览器各自特性和 bug 的属性集合	Object
event.currentTarget	在事件冒泡阶段中的当前 DOM 元素	Element
event.isDefaultPrevented()	根据事件对象中是否调用过 event.preventDefault()方法来返回一个布尔值	Boolean
event.isImmediatePropagationStopped()	根据事件对象中是否调用过 event.stopImmediatePropagation()方法来返回一个布尔值	Boolean
event.isPropagationStopped()	根据事件对象中是否调用过 event.stopPropagation()方法来返回一个布尔值	Boolean
event.result	这个属性包含了当前事件最后触发的那个处理函数的返回值，除非值是 undefined	Object
event.stopImmediatePropagation()	阻止剩余的事件处理函数执行并且防止事件冒泡到 DOM 树上	undefined

表 10-2　　　　　　　　　　jQuery 1.4 新增方法

方 法 名 称	说　　明	返 回 值
jQuery.error(message)	接受一个字符串，并抛出包含这个字符串的异常	jQuery
.toArray()	返回 jQuery 集合中所有元素	Array
.first()	获取元素集合中第一个元素	jQuery
.last()	获取元素集合中最后一个元素	jQuery
.has(selector)	保留包含特定后代的元素，去掉那些不含有指定后代的元素	jQuery
jQuery.contains(container, contained)	一个 DOM 节点是否包含另一个 DOM 节点	Boolean
.prevUntil([selector])	获取每个当前元素之前所有的同辈元素，直到遇到选择器匹配的元素为止，但不包括选择器匹配的元素	jQuery
.nextUntil([selector])	获取每个当前元素之后所有的同辈元素，直到遇到选择器匹配的元素为止，但不包括选择器匹配的元素	jQuery
.parentsUntil([selector])	查找当前元素的所有的父辈元素，直到遇到选择器匹配的元素为止，但不包括那个匹配到的元素	jQuery
.unwrap()	将匹配元素的父级元素删除，保留自身（和兄弟元素，如果存在）在原来的位置。和.wrap()的功能相反	jQuery

续表

方 法 名 称	说　　　明	返 回 值
.detach([selector])	从 DOM 中去掉所有匹配的元素。.detach()和.remove()一样，除了.detach()保存所有 jQuery 数据和被移走的元素相关联。当需要移走一个元素，不久又将该元素插入 DOM 时，这种方法很有用	jQuery
.delegate(selector, eventType, handler)	为所有选择器匹配的元素附加一个处理一个或多个事件，现在或将来，基于一组特定的根元素	jQuery
.undelegate( )	为所有选择器匹配的元素删除一个处理一个或多个事件，现在或将来，基于一组特定的根元素	jQuery
.focusin(handler(eventObject))	将一个事件函数绑定到"focusin"事件。focusin 事件会在元素（或者其内部的任何元素）获得焦点时触发。这跟 focus 事件的显著区别在于，它可以在父元素上检测子元素获得焦点的情况（换而言之，它支持事件冒泡） 这个函数是.bind('focusin', handler)的快捷方式	jQuery
.focusout(handler(eventObject))	将一个事件函数绑定到"focusout"事件。focusout 事件会在元素（或者其内部的任何元素）失去焦点时触发。这跟 blur 事件的显著区别在于，它可以在父元素上检测子元素失去焦点的情况（换而言之，它支持事件冒泡） 这个方法是.bind('focusout', handler)的快捷方式	jQuery
event.namespace	当事件被触发时此属性包含指定的命名空间	String
.delay(duration, [queueName])	设置一个延时来推迟执行队列中之后的项目	jQuery
jQuery.fx.interval	该动画的频率（以毫秒为单位）	Number
jQuery.noop()	当你仅仅想要传递一个空函数的时候，就用他吧。这对一些插件很有用，当插件提供了一个可选的回调函数接口，那么如果调用的时候没有传递这个回调函数，就用 jQuery.noop 来代替执行	Function
jQuery.proxy(function, context)	接受一个函数，然后返回一个新函数，并且这个新函数始终保持了特定的上下文语境	Function
jQuery.parseJSON(json)	接受一个标准格式的 JSON 字符串，并返回解析后的 JavaScript 对象	Object
.clearQueue([queueName])	从列队中移除所有未执行的项	jQuery
jQuery.type(obj)	确定 JavaScript 对象的类型	String
jQuery.isEmptyObject(object)	检查对象是否为空（不包含任何属性）	Boolean
jQuery.isPlainObject(object)	测试对象是否是纯粹的对象（通过"{}"或者"new Object"创建的）	Boolean
jQuery.isWindow(obj)	确定参数是否为一个窗口（window 对象）	Boolean
jQuery.now()	返回一个数字代表当前时间 new Date().getTime()	Number
fadeToggle([duration], [easing], [callback])	通过透明度动画来显示或隐藏匹配的元素	jQuery
jQuery.cssHooks	扩展其他的 css 属性。cssHooks 是 jQuery 用来实现跨浏览器 CSS 特效的手法	Object

表 10-3   jQuery 1.5 新增方法

方 法 名 称	说　　　明	返　回　值
deferred.done(doneCallbacks)	添加处理程序被调用时，延迟对象得到解决	Deferred
deferred.fail(failCallbacks)	添加处理程序被调用时，延迟对象将被拒绝	Deferred
deferred.isRejected()	确定延迟对象是否已被拒绝	Boolean
deferred.isResolved()	确定延迟对象是否已得到解决	Boolean
deferred.promise()	返回延迟对象的 Promise 对象，用来观察当某种类型的所有行动绑定到集合，排队与否还是已经完成。	Deferred
deferred.reject(args)	拒绝延迟对象，并根据给定的参数调用任何失败的回调函数	Deferred
deferred.rejectWith(context, [args])	拒绝延迟对象，并根据给定的上下文和参数调用任何失败的回调函数	Deferred
deferred.resolve(args)	解决延迟对象，并根据给定的参数调用任何完成的回调函数	Deferred
deferred.resolveWith(context, args)	解决延迟对象，并根据给定的上下文和参数调用任何完成的回调函数	Deferred
deferred.then(doneCallbacks, failCallbacks)	添加处理程序被调用时，延迟对象得到解决或者拒绝	Deferred
jQuery.hasData(element)	判断一个元素是否有与之相关的任何 jQuery 数据	Boolean
jQuery.parseXML(data)	把字符串转化为 xml 文档	XMLDocument
jQuery.sub()	可创建一个新的 jQuery 副本，不影响原有的 jQuery 对象	jQuery
jQuery.when(deferreds)	提供一种方法来执行一个或多个对象的回调函数，延迟对象通常表示异步事件	Promise
jQuery.ajaxPrefilter([dataTypes] , handler(options, originalOptions, jqXHR))	在请求发送之前，绑定和修改 ajax 参数。相当于一个前置过滤器	undefined

表 10-4   jQuery 1.6 新增方法

方 法 名 称	说　　　明	返　回　值
deferred.always(alwaysCallbacks)	当延迟对象是解决或拒绝时被调用添加处理程序	Deferred
deferred.pipe([doneFilter], [failFilter])	筛选器和/或链 Deferreds 的实用程序方法	Promise
:focus	选择当前获取焦点的元素	jQuery
jQuery.holdReady(hold)	暂停或恢复.ready()事件的执行	Boolean
.promise([type], [target])	返回一个 Promise 对象用来观察当某种类型的所有行动绑定到集合，排队与否还是已经完成	Promise
.prop(propertyName)	获取在匹配的元素集中的第一个元素的属性值	String
.removeProp(propertyName, value)	为匹配的元素删除设置的属性	jQuery

表 10-5   jQuery 1.7 新增方法

方 法 名 称	说　　　明	返　回　值
jQuery.Callbacks(flags)	一个多用途的回调列表对象，提供了强大的的方式来管理回调函数列表	undefined
callbacks.add(callbacks)	回调列表中添加一个回调或回调的集合	undefined
callbacks.disable()	禁用回调列表中的回调	undefined

续表

方　法　名　称	说　　明	返　回　值
callbacks.empty()	从列表中删除所有的回调	undefined
callbacks.fire(arguments)	用给定的参数调用所有的回调	undefined
callbacks.fired()	确定如果回调至少已经调用一次	Boolean
callbacks.fireWith([context] [, args])	访问给定的上下文和参数列表中的所有回调	undefined
callbacks.has(callback)	确定是否提供的回调列表	Boolean
callbacks.lock()	锁定在其当前状态的回调列表	undefined
callbacks.locked()	确定是否已被锁定的回调列表	Boolean
callbacks.remove(callbacks)	删除回调或回调回调列表的集合	undefined
deferred.notify(args)	调用一个给定 args 的延迟对象上的进行中的回调 progressCallbacks	Deferred
deferred.notifyWith(context [, args])	根据给定的上下文和 args 的延迟对象上回调 progressCallbacks	Deferred
deferred.progress(progressCallbacks)	当延迟对象生成进度通知时，添加的处理程序被调用	Deferred
deferred.state()	确定一个延迟对象的当前状态	String
event.delegateTarget	当前 jQuery 事件处理程序附加的元素	Element
jQuery.isNumeric(value)	确定参数是否是一个数字	Boolean
.off(events [, selector] [, handler])	移除用.on()绑定的事件处理程序	jQuery
.on(events [, selector] [,data], handler)	在选择元素上绑定一个或多个事件的事件处理函数	jQuery

10.3　小结

　　本章主要对 jQuery 的发展历史和 jQuery 各个版本新增方法进行讲解。jQuery 的不断升级完善的同时也为开发者带来不少困扰，特别是一些方法的改变而导致的不兼容。所以，对于开发者来说，最好的方式就是掌握每个版本 jQuery 功能的变化，这正是本章的目的所在。

第 11 章　jQuery 性能优化和技巧

jQuery 越来越流行了，大家可能会发现，在浏览网站的过程中，越来越多的网站开始使用 jQuery 来构建以往需要靠 Flash 来实现的超酷动态效果，事实上 jQuery 已经是前端开发中重要的类库之一，也成为构建丰富 Web 前端的利器。但是作为一个 JavaScript 类库，很多人并不是很清楚如何正确使用 jQuery 来达到最佳的性能，如果你觉得代码书写对于性能的影响不会那么巨大，那么我只能告诉你，当你使用 jQuery 开发一个复杂的动画和 Web 应用时，它有可能成为你性能上的终极噩梦。

在本章中，我们将介绍在书写代码时，应该需要注意的几个性能问题，希望对于大家在书写高性能的 Web 应用中有所帮助。

11.1　jQuery 性能优化

1.　使用最新版本的 jQuery 类库

jQuery 每一个新的版本都会较上一版进行 Bug 修复和一些优化，同时也会包含一些创新，所以建议使用最新版本的 jQuery 来提高性能。不过你需要注意的是，在更换版本之后，不要忘记测试你的代码，毕竟有时候不是完全向后兼容的。

2.　使用合适的选择器

jQuery 提供给开发人员非常丰富的手段来使用选择器定位 DOM 元素，它是开发人员最常使用的功能，但是很少有开发人员会考虑使用不同的选择器来处理性能问题。这里我们将介绍几种常用的选择器，及其它们之间的性能差异。

- $("#id")

使用 id 来定位 DOM 元素无疑是最佳提高性能的方式，因为 jQuery 底层将直接调用本地方法 document.getElementById()。熟悉 JavaScript 的人，都了解这个方法将直接通过元素 id 来返回对应的元素。当然，如果这个方式不能直接找到你需要的元素，那么你可以考虑调用 find() 方法。代码如下：

```
$("#content").find("div")
```

使用以上代码可以有效的缩小你定位的 DOM 元素。为了提高性能，建议从最近的 ID 元素开始往下搜索。

- $("p")，$("div")，$("input")

标签选择器的性能也是不错的，它是性能优化的第二选择，因为 jQuery 将直接调用本地方法 document.getElementsByTagName()来定位 DOM 元素。

- $(".class")

这种方法较我们来说有些许复杂。对于比较新的浏览器例如 IE 9，它支持本地方法 document.getElementsByClassName()，而对于老的浏览器，例如 IE 8 或者更早版本，只能靠使用 DOM 搜索方式来实现，这无疑对性能产生较大的影响。所以建议大家有选择性的使用它。

- $("[attribute=value]")

对于利用属性来定位 DOM 元素，本地 JavaScript 方法中并没有直接地实现，大多都是使用 DOM 搜索方式来达到效果，很多现代浏览器支持 querySelectorAll()方法，但是不同浏览器间的性能还是有区别。总体来说，使用这种方式来定位 DOM 元素，性能并不是非常理想。所以为了获得更好的优化效果，建议开发中尽量避免这种对性能有害的方式。

- $(":hidden")

和上面利用属性来定位 DOM 的方式类似，这种伪选择器也同样没有直接在本地 JavaScript 方法中实现，并且 jQuery 需要搜索每一个元素来定位这个选择器，这将对你的应用带来比较大的性能问题。所以建议大家尽量不要使用。如果你坚持使用这种方式，请先使用 ID 选择器定位父元素，然后再使用该选择器，这样对性能优化会有帮助。代码如下：

```
$("#content").find(":hidden");
$("a.button").filter(":animated");
```

以上是使用选择器的基本规则，性能自上而下依次下降，如果大家在开发中使用选择器，请遵循以上这个简单的优化性能规则。当然，如果觉得不是非常可信，那么我建议大家使用一个在线工具 jsPerf 来直观的查看性能区别，地址：http://jsperf.com/id-vs-class-vs-tag-selectors/2

注意：1. 尽量使用 ID 选择器。

　　　2. 尽量给选择器指定上下文。

3. 缓存对象

在书写 jQuery 代码中，开发人员经常喜欢用如下书写方式：

```
$("#traffic_light input.on").bind("click", function(){ ... });
$("#traffic_light input.on").css("border", "1px dashed yellow");
```

```
$("#traffic_light input.on").css("background-color", "orange");
$("#traffic_light input.on").fadeIn("slow");
```

当然，编程中的跳跃思维导致你有可能这样书写代码，这无可厚非，但是这样导致的结果是：jQuery 会在创建每一个选择器的过程中，查找 DOM，创建多个 jQuery 对象。比较好的书写方式如下：

```
var $active_light = $("#traffic_light input.on"); //缓存变量
$active_light.bind("click", function(){ ... });
$active_light.css("border", "1px dashed yellow");
$active_light.css("background-color", "orange");
$active_light.fadeIn("slow");
```

在本例中，如果使用链式方式将更加简洁，但是这里只为说明使用缓存变量的重要性，这和 Java 开发中不要随意的创建对象一样，可以帮助你有效的提高代码运行性能。

上面代码可以使用 jQuery 的链式操作再加以改善。如下所示：

```
var $active_light = $("#traffic_light input.on");
$active_light.bind("click", function(){ ... })
                .css({
                    "border":"1px dashed yellow",
                    "background-color":"orange"
                })
                .fadeIn("slow");
```

如果你打算在其他函数中使用 jQuery 对象，那么你可以把它们缓存到全局环境中。如下代码所示：

```
//在全局范围定义一个对象（例如：window 对象）
window.$my = {
   head : $("head"),
   traffic_light : $("#traffic_light"),
   traffic_button : $("#traffic_button")
};
function do_something(){
   // 现在你可以引用存储的结果并操作它们
   var script = document.createElement("script");
   $my.head.append(script);
   // 当你在函数内部操作是，可以继续将查询存入全局对象中去.
   $my.cool_results = $("#some_ul li");
   $my.other_results = $("#some_table td");
   // 将全局函数作为一个普通的 jquery 对象去使用.
   $my.other_results.css("border-color", "red");
   $my.traffic_light.css("border-color", "green");
}
//你也可以在其他函数中使用它
```

记住，永远不要让相同的选择器在你的代码里出现多次。

4. 循环时的 DOM 操作

使用 jQuery 可以很方便的添加，删除或者修改 DOM 节点，但是在一些循环，例如 for()，while() 或者$.each()中处理节点时，下面有个实例值得大家注意，代码如下：

```
var top_100_list = [...], // 假设这里是 100 个独一无二的字符串
$mylist = $("#mylist"); // jQuery 选择到 <ul> 元素
for (var i=0, l=top_100_list.length; i<l; i++){
    $mylist.append("<li>" + top_100_list[i] + "</li>");
}
```

以上代码中，我们将每一个新添加的标签元素都作为一个节点添加容器 ID 中，实际上 jQuery 操作消耗的性能也不低，所以更好的方式是尽可能的减少 DOM 操作，这里应该将整个元素字符串在插入 DOM 之前全部创建好，修改代码如下：

```
var top_100_list = [...] , $mylist = $("#mylist"),
top_100_li = ""; // 这个变量将用来存储我们的列表元素
for (var i=0, l=top_100_list.length; i<l; i++){
  top_100_li += "<li>" + top_100_list[i] + "</li>";
}
$mylist.html(top_100_li);
```

记得以前有一个同事也写过类似的代码，代码如下：

```
for (i = 0; i < 100; i++) {
    var $myList = $('#myList');
    $myList.append('This is list item ' + i);
}
```

看出问题所在了吧，居然把#mylist 循环获取了 100 次！

5. 数组方式使用 jQuery 对象

使用 jQuery 选择器获取结果是一个 jQuery 对象。然而，jQuery 类库会让你感觉你正在使用一个定义了索引和长度的数组。在性能方面，建议使用简单 for 或者 while 循环来处理，而不是$.each()，这样能使你的代码更快。

```
$.each(array, function (i) {
    array[i] = i;
});
```

使用 for 代替 each()方法，代码如下：

```
var array = new Array();
for (var i=0; i< array.length; i++) {
```

```
    array[i] = i;
}
```

另外注意，检查长度也是一个检查 jQuery 对象是否存在的方式，下面一段代码通过 length 属性检查页面中是否含有 id 为"content"元素：

```
var  $content = $('#content');
if( $content ){ // 总是 true
    // Do something
}
if( $content.length ){ // 拥有元素才返回 true
    // Do something
}
```

6. 事件代理

每一个 JavaScript 事件（例如：click，mouseover 等）都会冒泡到父级节点。当我们需要给多个元素调用同个函数时这点会很有用。比如，我们要为一个表格绑定这样的行为：点击 td 后，把背景色设置为红色，代码如下：

```
$('#myTable td').click(function(){
    $(this).css('background', 'red');
});
```

假设有 100 个 td 元素，在使用以上方式的时候，你绑定了 100 个事件，这将带来很负面的性能影响。那么有什么更好的方式呢？

代替这种效率很差的多元素事件监听的方法就是，你只需向它们的父节点绑定一次事件，然后通过 event.target 获取到点击的当前元素，代码如下：

```
$('#myTable').click(function(e) {
    var $clicked = $(e.target);  // e.target 捕捉到触发的目标元素
    $clicked.css('background', 'red');
});
```

在改进方式中，你只为一个元素绑定了 1 个事件。显然，这种方式的性能要优于之前那种。同时，在 jQuery 1.7 中提供了一个新的方式 on()，来帮助你将整个事件监听封装到一个便利方法中，如下所示：

```
$('#myTable').on('click','td',function() {
    $(this).css('background', 'red');
});
```

7. 将你的代码转化成 jQuery 插件

如果你每次都需要花上一定的时间去开发类似的 jQuery 代码，那么你可以考虑将代码变成插件。

它能够使你的代码有更好的重用性，并且能够有效的帮助你组织代码。创建一个插件代码如下：

```
(function($){
    $.fn.yourPluginName = function(){
        // Your code goes here
        return this;
    };
})(jQuery);
```

8. 使用 join() 来拼接字符串

也许你之前一直使用"+"来拼接长字符串，现在你可以改改了。虽然它可能会有点奇怪，但它确实有助于优化性能，尤其是长字符串处理的时候。

首先创建一个数组，然后循环，最后使用 join() 把数组转化为字符串，代码如下：

```
var array = [];
for(var i=0;i<=10000;i++) {
    array[i] = '<li>'+i+'</li>';
}
$('#list').html(array.join(''));
```

9. 合理利用 HTML5 的 Data 属性

HTML 5 的 data 属性可以帮助我们插入数据，特别是前后端的数据交换。jQuery 的 data()方法，有效的利用 HTML5 的属性，来自动得到数据。下面是个例子：

```
<div id="d1" data-role="page" data-last-value="43"
data-options='{"name":"John"}'></div>
```

为了读取数据，你需要使用如下代码：

```
$("#d1").data("role");                  // "page"
$("#d1").data("lastValue");       //   43
$("#d1").data("options").name; // "John";
```

10. 尽量使用原生的 JavaScript 方法

下面一段代码，它用来判断多选框是否被选中：

```
var $cr = $("#cr");  //jQuery 对象
$cr.click(function(){
  if($cr.is(":checked")){ //jQuery 方式判断
    alert("感谢你的支持!你可以继续操作! ");
  }
})
```

它使用了 jQuery 提供的 is() 方法来判断多选框是否选中，但这里可以直接使用原生的 JavaScript 方法，看下面代码：

```
var $cr = $("#cr");  //jQuery 对象
var cr = $cr.get(0);  //DOM 对象，获取 $cr[0]
$cr.click(function(){
    if( cr.checked ){  //原生的 JavaScript 方式判断
        alert("感谢你的支持!你可以继续操作!");
    }
})
```

毋庸置疑，第二种方式效率高于第一种方式，因为它不需要拐弯抹角的去调用许多函数。

还有更多类似的操作。把如下代码：

```
$(this).css("color","red");
```

优化成：

```
this.style.color ="red";
```

把如下代码：

```
$("<p></p>");
```

优化成：

```
$( document.createElement("p") );
```

经验告诉我们，方法的选择很重要，有时候你也许根本不需要 jQuery。

11. 压缩 JavaScript

现在的 Web 项目总是离不开大量 JavaScript，而 JS 文件的体积越来越大，随之也影响到页面的感知性能。因此，需要对 JavaScript 文件进行压缩，一方面是使用 Gzip；另一方面则是去除 JavaScript 文件里的注释、空白，并且压缩局部变量长度等。对于一些成熟的类库来说，它们本身都会提供"完整版"和"压缩版"两个版本。当我们需要自己修复类库里的 Bug，这时只能在完整版中修改，对于压缩版自然就无能为力了。此外，自己写的 JavaScript 文件也需要压缩。

压缩 JavaScript 的工具有很多，你可以使用老牌的 JSMin，YUI Compressor，它们都可以用来压缩脚本文件（后者还可以处理 CSS），也可以使用一些新的工具，比如 Google Closure Compiler 和 UglifyJS。

11.2 jQuery 技巧

如今，越来越多的人在使用 jQuery 类库。这也意味着，需要越来越多有用的 jQuery 技巧和解决方案。下面是我整理的一些实用的 jQuery 技巧。

1. 禁用页面的右键菜单

```
$(document).ready(function(){
    $(document).bind("contextmenu",function(e){
        return false;
    });
});
```

2. 新窗口打开页面

```
$(document).ready(function() {
    //例子 1: href="http://"的超链接将会在新窗口打开链接
    $('a[href^="http://"]').attr("target", "_blank");

    //例子 2: rel="external"的超链接将会在新窗口打开链接
    $("a[rel$='external']").click(function(){
        this.target = "_blank";
    });
});
// use
<a href="http://www.cssrain.cn" rel="external">open link</a>
```

3. 判断浏览器类型

```
$(document).ready(function() {
// Firefox 2 and above
if ( $.browser.mozilla && $.browser.version >= "1.8" ){
    // do something
}
// Safari
if( $.browser.safari ){
    // do something
}
// Chrome
if( $.browser.chrome){
    // do something
}
// Opera
if( $.browser.opera){
    // do something
}
// IE6 and below
if ( $.browser.msie && $.browser.version <= 6 ){
```

```
        // do something
}
// anything above IE6
if ( $.browser.msie && $.browser.version > 6){
    // do something
}
});
```

需要注意的是，在 jQuery 1.3 版本之后，官方推荐使用$.support 来代替$.browser 这种检测方式。

4. 输入框文字获取和失去焦点

```
$(document).ready(function() {
    $("input.text1").val("Enter your search text here");
    textFill( $('input.text1') );
});
function textFill(input){ //input focus text function
    var originalvalue = input.val();
    input.focus( function(){
    if( $.trim(input.val()) == originalvalue ){
        input.val('');
    }
}).blur( function(){
    if( $.trim(input.val()) == '' ){
        input.val(originalvalue);
    }
});
}
```

5. 返回头部滑动动画

```
jQuery.fn.scrollTo = function(speed) {
    var targetOffset = $(this).offset().top;
    $('html,body').stop().animate({scrollTop: targetOffset}, speed);
    return this;
};
// use
$("#goheader").click(function(){
    $("body").scrollTo(500);
    return false;
});
```

6. 获取鼠标位置

```
$(document).ready(function () {
  $(document).mousemove(function(e){
    $('#XY').html("X : " + e.pageX + " | Y : " + e.pageY);
```

```
    });
});
```

7. 判断元素是否存在

```
$(document).ready(function() {
    if ($('#id').length){
      // do something
    }
});
```

8. 点击 div 也可以跳转

```
$("div").click(function(){
    window.location=$(this).find("a").attr("href");
    return false;
});
//use
<div><a href="index.html">home</a></div>
```

9. 根据浏览器大小添加不同的样式

```
$(document).ready(function() {
function checkWindowSize() {
   if ( $(window).width() > 1200 ) {
       $('body').addClass('large');
   }else{
       $('body').removeClass('large');
   }
}
$(window).resize(checkWindowSize);
});
```

10. 设置 div 在屏幕中央

```
$(document).ready(function() {
   jQuery.fn.center = function () {
     this.css("position","absolute");
     this.css("top", ( $(window).height() - this.height() ) / 2+$(window).scrollTop() + "px");
     this.css("left", ( $(window).width() - this.width() ) / 2+$(window).scrollLeft() +"px");
     return this;
   }
   //use
   $("#XY").center();
});
```

11. 创建自己的选择器

```
$(document).ready(function() {
    $.extend($.expr[':'], {
        moreThen500px: function(a) {
            return $(a).width() > 500;
        }
    });
    $('.box:moreThen500px').click(function() {
        //…
    });
});
```

12. 关闭所有动画效果

```
$(document).ready(function() {
    jQuery.fx.off = true;
});
```

13. 检测鼠标的右键和左键

```
$(document).ready(function() {
    $("#XY").mousedown(function(e){
        alert(e.which)  // 1 = 鼠标左键 ; 2 = 鼠标中键; 3 = 鼠标右键
    })
});
```

14. 回车提交表单

```
$(document).ready(function() {
    $("input").keyup(function(e){
        if(e.which=="13") {
            alert("回车提交!")
        }
    })
});
```

15. 设置全局 Ajax 参数

```
$("#load").ajaxStart(function(){
    showLoading(); //显示 loading
    disableButtons(); //禁用按钮
});
$("#load").ajaxComplete(function(){
    hideLoading(); //隐藏 loading
    enableButtons(); //启用按钮
});
```

16. 获取选中的下拉框

```
$('#someElement').find('option:selected');
$('#someElement option:selected');
```

17. 切换复选框

```
var tog = false;
$('button').click(function(){
    $("input[type=checkbox]").attr("checked",!tog);
    tog = !tog;
});
```

18. 使用 siblings()来选择同辈元素

```
// 不这样做
$('#nav li').click(function(){
    $('#nav li').removeClass('active');
    $(this).addClass('active');
});
//替代做法是
$('#nav li').click(function(){
    $(this).addClass('active')
            .siblings().removeClass('active');
});
```

19. 个性化链接

```
$(document).ready(function(){
    $("a[href$='pdf']").addClass("pdf");
    $("a[href$='zip']").addClass("zip");
    $("a[href$='psd']").addClass("psd");
});
```

20. 在一段时间之后自动隐藏或关闭元素

```
//这是 1.3.2 中我们使用 setTimeout 来实现的方式
setTimeout(function() {
    $('div').fadeIn(400)
}, 3000);
//而在 1.4 之后的版本可以使用 delay()这一功能来实现的方式
$("div").slideUp(300).delay(3000).fadeIn(400);
```

21. 使用 Firefox 和 Firebug 来记录事件日志

```
// $('#someDiv').log('div');
jQuery.log = jQuery.fn.log = function (msg) {
```

```
        if (console){
            console.log("%s: %o", msg, this);
        }
        return this;
};
```

22. 为任何与选择器相匹配的元素绑定事件

```
// 为 table 里面的 td 元素绑定 click 事件，不管 td 元素是一直存在还是动态创建的
// jQuery 1.4.2 之前使用的方式
$("table").each(function(){
    $("td", this).live("click", function(){
        $(this).toggleClass("hover");
    });
});
// jQuery 1.4.2 使用的方式
$("table").delegate("td", "click", function(){
    $(this).toggleClass("hover");
});
// jQuery 1.7.1使用的方式
$("table").on("click","td",function(){
    $(this).toggleClass("hover");
});
```

23. 使用 css 钩子

jQuery.cssHooks 是 1.4.3 新增的方法，当你定义新的 CSS Hooks 时实际上定义的是 getter 和 setter 方法，比如，border-radius 这个圆角属性想要成功应用于 firefox、webkit 等浏览器，需要增加属性前缀，比如-moz-border-radius 和-webkit-border-radius。你可以通过定义 CSS Hooks 将其封装成统一的接口 borderRadius，而不是一一设置 css 属性。代码如下：

```
$.cssHooks['borderRadius'] = {
    get: function(elem, computed, extra){
        // Depending on the browser, read the value of
        // -moz-border-radius, -webkit-border-radius or border-radius
    },
    set: function(elem, value){
        // Set the appropriate CSS3 property
    }
};
// use:
$('#rect').css('borderRadius',5);
```

更多 cssHooks 可以查看 https://github.com/brandonaaron/jquery-cssHooks。

24. $.proxy()的使用

使用回调方法的缺点之一是当执行类库中的方法后，上下文对象被设置到另外一个元素，比如：

```
<div id="panel" style="display:none">
    <button>Close</button>
</div>
```

执行下面代码：

```
$('#panel').fadeIn(function(){
    $('#panel button').click(function(){
        $(this).fadeOut();
    });
});
```

你将遇到问题，button 元素会消失，而不是 panel 元素。可以使用$.proxy 方法解决这个问题，代码如下：

```
$('#panel').fadeIn(function(){
    // Using $.proxy :
    $('#panel button').click($.proxy(function(){
        // this 指向 #panel
        $(this).fadeOut();
    },this));
});
```

这样才正确的执行。

25. 限制 Text-Area 域中的字符的个数

```
jQuery.fn.maxLength = function(max){
this.each(function(){
    var type = this.tagName.toLowerCase();
    var inputType = this.type? this.type.toLowerCase() : null;
    if(type == "input" && inputType == "text" || inputType == "password"){
        //应用标准的 maxLength
        this.maxLength = max;
    }else if(type == "textarea"){
        this.onkeypress = function(e){
            var ob = e || event;
            var keyCode = ob.keyCode;
            var hasSelection = document.selection? document.selection.createRange().text.length > 0 :
this.selectionStart != this.selectionEnd;
            return !(this.value.length >= max && (keyCode > 50 || keyCode == 32 || keyCode == 0 || keyCode
```

```
== 13) && !ob.ctrlKey && !ob.altKey && !hasSelection);
        };
        this.onkeyup = function(){
            if(this.value.length > max){
                this.value = this.value.substring(0,max);
            }
        };
    }
 });
};
//use
$('#mytextarea').maxLength(10);
```

26. 本地存储

本地存储是 HTML 5 提供的特性之一。它提供了非常简单的 API 接口，便于添加你的数据到 localStorage 全局属性中，代码如下：

```
localStorage.someData = "This is going to be saved ";
```

事实上对于老的浏览器来说，这并不是个好消息，因为他们不支持，但是我们可以使用 jQuery 的插件 （http://plugins.jquery.com/plugin-tags/localstorage）来提供支持，这种方式可以使得本地存储功能正常工作。

27. 解析 json 数据时报 parseError 错误

jQuery 在 1.4 版本后，采用了更为严格的 json 解析方式，即所有内容都必须要有双引号，如果升级 jQuery 版本后，ajax 加载 json 报错，有可能就是这个原因。比如：

```
//1.4 之前版本，key 没引号，这样没问题
{
key :"28CATEGORY",
status:"0"
}
```

但升级成 jQuery 1.4 后，都必须加上双引号，格式如下：

```
{
"key": "28CATEGORY",
"status" : "0"
}
```

28. 从元素中除去 HTML

```
(function($) {
$.fn.stripHtml = function() {
    var regexp = /<("[^"]*"|'[^']*'|[^'">])*>/gi;
```

```
    this.each(function() {
        $(this).html( $(this).html().replace(regexp,'') );
    });
    return $(this);
}
})(jQuery);
//用法:
$('div').stripHtml();
```

29. 扩展 String 对象的方法

```
$.extend(String.prototype, {
isPositiveInteger:function(){
return (new RegExp(/^[1-9]\d*$/).test(this));
},
isInteger:function(){
return (new RegExp(/^\d+$/).test(this));
},
isNumber: function(value, element) {
return (new RegExp(/^-?(?:\d+|\d{1,3}(?:,\d{3})+)(?:\.\d+)?$/).test(this));
},
trim:function(){
return this.replace(/(^\s*)|(\s*$)|\r|\n/g, "");
},
trans:function() {
return this.replace(/&lt;/g, '<').replace(/&gt;/g,'>').replace(/&quot;/g, '"');
},
replaceAll:function(os, ns) {
return this.replace(new RegExp(os,"gm"),ns);
},
skipChar:function(ch) {
if (!this || this.length===0) {return '';}
if (this.charAt(0)===ch) {return this.substring(1).skipChar(ch);}
return this;
},
isValidPwd:function() {
return (new RegExp(/^([_]|[a-zA-Z0-9]){6,32}$/).test(this));
},
isValidMail:function(){
return(new RegExp(/^\w+((-\w+)|(\.\w+))*\@[A-Za-z0-9]+((\.|-)[A-Za-z0-9]+)*\.[A-Za-z0-9]+$/).test(this.trim()));
},
isSpaces:function() {
for(var i=0; i<this.length; i+=1) {
```

```
var ch = this.charAt(i);
if (ch!=' '&& ch!="\n" && ch!="\t" && ch!="\r") {return false;}
}
return true;
},
isPhone:function() {
return (new RegExp(/(^([0-9]{3,4}[-])?\d{3,8}(-\d{1,6})?$)|(^\([0-9]{3,4}\)\)\d{3,8}(\(\d{1,6}\))?$)|
(^\d{3,8}$)/).test(this));
},
isUrl:function(){
return (new RegExp(/^[a-zA-z]+:\/\/([a-zA-Z0-9\-\.]+)([-\w .\/?%&=:]*)$/).test(this));
},
isExternalUrl:function(){
return this.isUrl() && this.indexOf("://"+document.domain) == -1;
}
});
//use
$("input").val().isInteger();
```

11.3 小结

本章主要讲解了两部分内容，jQuery 性能优化和技巧，相信这些能在实际操作中会有非常大的帮助。

如今，互联网已经发生翻天覆地的变化，Ajax、模板引擎和 MVC 开发等一些新型的 Web 应用正倍受开发者的青睐，与此同时，用户的需求也越来越高。JavaScript 作为增强交互的脚本语言也越来越受到重视，而 jQuery 作为一个 JavaScript 脚本库，相信前途也是一片光明。

未来掌握在自己手中，祝读者朋友早日成为一名真正的 Web 前端开发工程师。

附录 A　关于$(document).ready()函数

A.1　$(document).ready()函数介绍

学习 jQuery 的第 1 个步骤就应该学习$(document).ready()函数。例如要在页面上运行一个 JavaScript 函数，那么就应该将它写在$(document).ready()函数内。在该函数内的所有代码都将在 DOM 加载完毕后，页面全部内容（包括图片等）完全加载完毕前被执行。

jQuery 代码如下：

```
$(document).ready(function() {
    //将 jQuery 代码放在这里
});
```

$(document).ready()函数相比其他获得 JavaScript 事件并执行相应事件的函数有很多优势。

该函数不需要在 HTML 代码中进行任何"行为"标记，就可以分离 JavaScript 代码到每一个独立的文件中。因此很容易对与内容无关的代码进行维护。当光标在一个链接上悬停时，在浏览器的状态栏中会出现"javascript:void()"的信息，该信息就是由于在一个<a>标签中直接写入一个事件而产生的。

在一些传统的页面中，可能会在<body>标签里有 onload 属性，该属性限定只能执行一个函数，并且同时也将"行为"标记引入到了页面内容中。Jeremy Keith 所著的《DOM Scripting》展示了如何创建一个 addLoadEvent 函数以便将 JavaScript 分离成单独的文件，并允许加载多个函数。但是它需要一定数量且复杂的代码去实现这个功能。同时，用它加载的函数，也是必须要等页面所有内容被加载完毕后才执行。由于以上种种原因本书选择了更为先进的$(document).ready()函数。

在$(document).ready()函数括号中的所有代码都会提前（只要 DOM 在浏览器中被注册完毕）被执行，而不是在页面所有内容（例如图片等占用带宽的内容）加载完毕之后才执行事件。它允许用户在第一眼看到元素的时候，就能立即看到元素产生的一些隐藏效果、显示效果和其他效果。

A.2 多个$(document).ready()函数

本节介绍$(document).ready()函数的另一个功能，即它可以被多次使用。如果不太在意代码的大小，那么可以将$(document).ready()函数放到所有的 JavaScript 文件中。无论函数是在一个文件中还是在多个文件中，它都可以将这些函数归组。

例如在项目中，每个页面中都引用了一个公共.js 文件，并且每一个.js 文件仅仅在首页中被引用，而且它们都需要调用$(document).ready()函数。那么可以在首页的<head>标签中，同时加载 3 个 JavaScript 文件，jQuery 代码如下：

```
<script type="text/javascript" src="/scripts/jquery.js"></script>
<script type="text/javascript" src="/scripts/common.js"></script>
<script type="text/javascript" src="/scripts/homepage.js"></script>
```

然后可以在每一个独立的.js 文件中反复调用该函数，jQuery 代码如下：

```
$(document).ready(function() {
    //将 jQuery 代码放在这里
});
$(document).ready(function() {
    //将 jQuery 代码放在这里
});
```

最后需要注意的是，可以使用$(function(){…})来代替$(document).ready()函数，作为它的缩写形式，缩写方式如下：

```
$(function() {
    //将 jQuery 代码放在这里
});
```

附录 B　Firebug

B.1　概述

Firebug 是一个用于网站前端开发的工具，它是 Firefox 浏览器的一个扩展插件。它可以调试 JavaScript、查看 DOM、分析 CSS、监控网络流量以及进行 Ajax 交互等。它提供了几乎前端开发需要的全部功能。官方网站是 www.getfirebug.com/。

1. Firebug 特色

- 查看和编辑 HTML。
- 动态修改 CSS 样式。
- 可视化的 CSS 距离调整。
- 监控网络行为。
- 分析与调试 JavaScript。
- 快速发现错误。
- 查看 DOM。
- 即时执行 JavaScript 代码。
- 记录 JavaScript 日志。

2. 如何获取 Firebug

因为它是 Firefox 浏览器的一个扩展插件，所以首先需要下载 Firefox 浏览器，读者可以访问 www.mozilla.com 下载并安装 Firefox 浏览器。本书以 Firefox 11.0 为例。在安装完 Firefox 浏览器之后，用它访问 https://addons.mozilla.org/zh-CN/firefox/addon/1843，进入图 B-1 所示的页面。点击"添加到 Firefox"按钮，会弹出图 B-2 所示的对话框，然后单击"立即安装"按钮，最后重新启动 Firefox 浏览器即可完成安装。

图 B-1　Firebug 下载

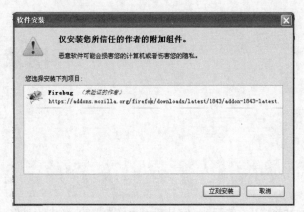

图 B-2 Firebug 安装

B.2 主面板简介

安装完成后，在 Firefox 浏览器的地址后方就会有一个小虫子的图标 。单击该图标后即可展开 Firebug 的控制台，也可以通过快捷键<F12>来打开控制台。如果有多个显示器或者屏幕比较大，需要 Firebug 能够独立打开一个窗口而不占用 Firefox 页面底部的空间，可以用通过快捷键 Ctrl+F12 来呼出独立的 Firebug 窗口。如图 B-3 所示。

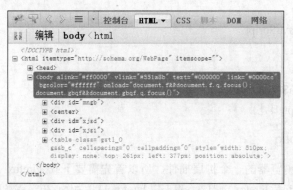

图 B-3 Firebug 面板

从图 B-3 中可以看出，Firebug 总共包含 6 个面板，分别是控制台、HTML、CSS、脚本、DOM 和网络。

⚪ 控制台面板

用于记录日志、概览、错误提示和执行命令行，同时也用于 Ajax 的调试。

⚪ HTML 面板

用于查看 HTML 元素，可以实时地编辑 HTML 和改变 CSS 样式。它包含 3 个子面板，分别是样式、布局和 DOM 面板。

- **CSS 面板**

用于查看所有页面上的 CSS 文件，可以动态地修改 CSS 样式。由于 HTML 面板中已经包含了一个 CSS 面板，因此该面板将很少用到。

- **脚本面板**

用于显示 JavaScript 文件及其所在的页面。也可以用来显示 JavaScript 的 Debug 调试，包含 3 个子面板，分别是监控、堆栈和断点。

- **DOM 面板**

用于显示页面上的所有对象。

- **网络面板**

用于监视网络活动。可以帮助查看一个页面的载入情况，包括文件下载占用的时间和文件下载出错等信息，也可以用于监视 Ajax 行为。

B.2.1　控制台面板

1.　控制台面板概览

此面板可以用于记录日志，也可以用于输入脚本的命令行。

2.　记录日志

Firebug 提供如下几个常用的记录日志的函数。

console.log：简单的记录日志。

console.debug：记录调试信息，并且附上行号的超链接。

console.error：在消息前显示错误图标，并且附上行号的超链接。

console.info：在消息前显示信息图标，并且附上行号的超链接。

console.warn：在消息前显示警告图标，并且附上行号的超链接。

在空白的 html 页面中，向<body>标签里加入<script>标签，代码如下：

```
<script type="text/javascript">
    console.log('This is log message');
    console.debug('This is debug message');
```

```
    console.error('This is error message');
    console.info('This is info message');
    console.warn('This is warning message');
</script>
```

执行代码后可以在 Firebug 中看到图 B-4 所示的效果。

以前习惯了使用 alert 来调试程序，然而在 Firebug 下可以使用 console。

3. 格式化字符串输出和多变量输出

这个功能类似于 C 语言中的语法，可以在 console 记录日志的 方法里使用。

图 B-4　执行后的效果

- %s:　　　　字符串。
- %d，%i:　　数字。
- %f:　　　　浮点数。
- %o:　　　　链接对象。

同时，这几个函数支持多个变量。代码如下：

```
var animal="猫",count="3",auther="巴金";
var thing1="《家》",thing2="《春》",thing3="《秋》";
//以下代码均是合法代码
console.log("%d 个%s 掉入陷阱", count, animal);
console.log(count, "个", animal, "掉入陷阱");
console.log("%s 写了:",auther, thing1, thing2, thing3);
```

运行代码后，效果如图 B-5 所示。

图 B-5　console.log 运行效果

Firebug 控制台还提供了其他功能，例如检测函数执行时间、消息分组、测试驱动、跟踪、计数 以及查看 JavaScript 概况等。更多资料可以访问网址：http://getfirebug.com/logging。

4. 面板内的子菜单

在图 B-5 中，在控制台面板内有一排子菜单，分别是清除、保持、概况、所有等。

"清除"用于清除控制台中的内容。"保持"则是把控制台中的内容保存，即使刷新了还在。"所有"

则是显示全部的信息。后面的"错误","警告","消息","调试信息"菜单则是对所有进行了一个分类。

"概况"菜单用于查看函数的性能。通过一个例子来演示这个功能，HTML 代码如下：

```html
<button type="button" id="btn1">执行循环 1</button>
<button type="button" id="btn2">执行循环 2</button>
<button type="button" id="btn3">执行循环 3</button>
<script type="text/javascript">
    var f1=function() {
        for (var i=0; i<1000; i++)for (var j=0; j<1000; j++);
    }
    function f2() {
        for (var i=0; i<1000; i++)for (var j=0; j<1000; j++);
    }
    document.getElementById('btn1').onclick=f1;
    document.getElementById('btn2').onclick=f2;
    document.getElementById('btn3').onclick=function() {
        for (var i=0; i<1000; i++)for (var j=0; j<1000; j++);
    }
</script>
```

打开页面后，先启用 Firebug 控制台面板，然后单击"概况"菜单，如图 B-6 所示。

图 B-6　单击"概况"菜单后

从上图中可以看到，Firebug 中出现一行字，即"概况收集中。再次单击"概况"查看结果。"接着，单击"执行循环 1"按钮 1 次，"执行循环 2"按钮 2 次，"执行循环 3"按钮 3 次，并再次单击"概况"菜单，即可看到图 B-7 所示的效果。

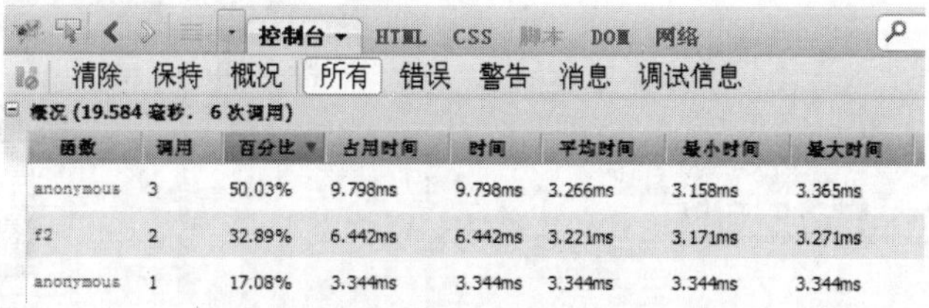

图 B-7　再次单击"概况"菜单后

可以看到 Firebug 显示出了非常详细的报告。包括每个函数的函数名、调用次数，占用时间的百分比、占用时间、时间、平均时间、最小时间、最大时间以及所在文件的行数等信息。

5. Ajax 调试

控制台面板也可用于 Ajax 的调试，在一定程度上可以取代网络面板。这一段涉及 Ajax 交互，故引入了 jQuery 库。同时由于本地环境下 Ajax 创建的 XMLHttpRequest 对象无法跨域访问到网络的资源，因此需要搭建服务器环境。代码如下：

```
<script type="text/javascript" src="../scripts/jquery.js"></script>
<label for="passStr">传递参数：</label><br />
<input type="text" id="passStr" value="Firebug=1.9.1&jQuery=1.7.1" size= "35"/><br />
<button type="button" id="btn1">进行 Ajax 传递</button>
<script type="text/javascript">
    $("#btn1").click(function(){
        $.ajax({
            url:"firebug4.php",
            type:"get",
            data:$("#passStr").val()
        });
    });
</script>
```

直接单击"进行 Ajax 传递"按钮，即可在 Firebug 的控制台中看到本次 Ajax 的 HTTP 请求头信息和服务器响应的头信息，如图 B-8 所示。它会显示出本次使用 Ajax 的 GET 方法、地址、耗时以及调用 Ajax 请求的代码行数。最重要的是有 4 个标签页，即参数、头信息、响应、HTML。第 1 个标签用于查看传递给服务器的参数；第 2 个标签用于查看响应头信息和请求头信息；第 3 个标签用于查看服务器返回的内容。第 4 个标签则是查看服务器返回的 HTML 结构。进行 Ajax 交互编程时，以上功能是非常有用的。读者可以尝试改变文本框中传递的参数，再次单击"进行 Ajax 传递"按钮，观察 Firebug 中的变化。

如果看不到任何信息出现，可能是将此功能关闭了，可以单击"控制台"旁边的下拉箭头，将"显示 XMLHttpRequests"前面的勾勾选上，如图 B-9 所示。

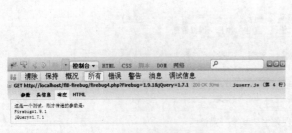

图 B-8 Ajax 请求信息

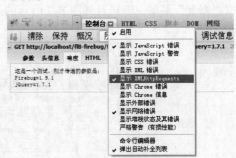

图 B-9 显示 XMLHttpRequests

B.2.2 HTML 面板

1. 查看和修改 HTML 代码

HTML 面板的强大之处就是能查看和修改 HTML 代码，而且这些代码都是经过格式化的。编写如下的代码来讲解该面板。

```
<!DOCTYPE html PUBLIC "-//W3C//DTD XHTML 1.0 Transitional//EN"
    "http://www.w3.org/TR/xhtml1/DTD/xhtml1-transitional.dtd">
<html xmlns="http://www.w3.org/1999/xhtml">
<head>
    <title>Firebug</title>
    <meta http-equiv="Content-Type" content="text/html; charset=utf-8" />
    <meta name="generator" content="editplus" />
    <style type="text/css" title="test">
        div.test{border: 1px solid #ccc;margin: 20px;}
        .test span{color: red;}
        .test strong{color: green;}
        .test em{color: blue;}
        form.test{float:right;padding:20px;border: 1px solid #ccc;}
    </style>
</head>
<body>
<div class="test">
    <span>测试</span><br />
    <strong>测试</strong><br />
    <em>测试</em>
</div>
<form method="post" action="#" class="test">
    <input type="text"/><input type="radio"/><button>测试</button>
</form>
<script type="text/javascript">
    var f1=function() {
        for (var i=0; i<1000; i++)for (var j=0; j<1000; j++);
    }
    function f2() {
        for (var i=0; i<1000; i++)for (var j=0; j<1000; j++);
    }
</script>
</body>
</html>
```

在 Firebug 中切换到 HTML 面板，可以看到图 B-10 所示的页面。

图 B-10　初始化效果

在 HTML 控制台的左侧可以看到整个页面当前的文档结构，可以通过单击"+"来展开。当单击相应的元素时，右侧面板中就会显示出当前元素的样式、布局以及 DOM 信息。而当光标移动到 HTML 树中相应元素上时，上面页面中相应的元素将会被高亮显示。例如将光标移动到<form>标签上时，显示效果如图 B-11 所示。

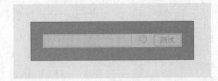

图 B-11　将光标移动到 form 元素上后

在页面中蓝色部分表示元素本身，紫色表示 padding 部分，而黄色表示 margin 部分。同时可以实时地添加、修改和删除 HTML 节点以及属性，如图 B-12 所示。另外，单击 script 节点还可以直接查看脚本，此处的脚本无论是内嵌在 HTML 中还是外部导入的，都可以查看到。同样这也适用于<style>标签内嵌或者导入的 CSS 样式和动态创建的 HTML 代码。

2．查看（Inspect）

利用查看（Inspect）功能，可以快速地寻找到某个元素的 HTML 结构，如图 B-13 所示。

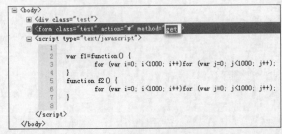

图 B-12　实时编辑 HTML 元素

图 B-13　查看（Inspect）功能

例如当单击"Inspect"按钮后,用鼠标在网页中选中一个元素时,元素会被一个蓝色的框框住,同时下面的 HTML 面板中相应的 HTML 树也会展开并且高亮显示。再次单击后即可退出该模式,并且底部的 HTML 树也保持在这个状态。通过这个功能,可以快速寻找页面内的元素,调试和查找相应代码非常方便。刷新网页后,页面显示的仍然是用 Inspect 选中的区域。

HTML 面板下方的"编辑"按钮可以用于直接编辑选中的 HTML 代码,而后面显示的是当前元素在整个 DOM 中的结构路径。

3. 查看 DOM 中被脚本更改的部分

通过 JavaScript 来改变样式属性的值可以完成一些动画效果。例如提供例子中的暗箱操作例子,打开页面后,可以利用查看(Inspect)功能来选择相应的 HTML 代码。例如选中例子的中间区域,如图 B-14 所示。

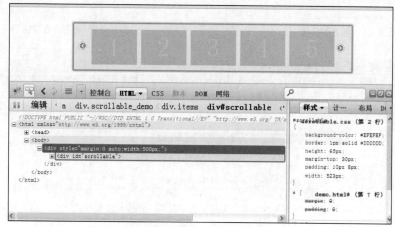

图 B-14   选择页面中的元素

单击代码前面的"+"号,可以将代码展开。展开代码如图 B-15 所示。

当第 1 次单击向右的按钮后,会出现图 B-16 所示的效果。

通过上图可以看出,HTML 查看器会将页面上改变的内容也记录下来,并以黄色高亮标记。有了这个功能,网页的暗箱操作将彻底成为历史。笔者经常利用该功能查看其他网站的动画效果是如何实现的。

4. 查看和修改元素的样式

在右侧的样式面板中,展示了此元素当前所有的样式。所有样式都可以实时地禁用以及修改,如图 B-17 所示。通过在"padding:10px 8px"前单击就可以禁用此规则,通过直接在样式上 value 值上单击就可以修改。

单击"布局"面板即可看到此元素具体的布局属性,这是一个标准的盒模型。通过"布局"面板,可以很容易地看到元素的偏移量、外边距、边框、内边距和元素的高度、宽度等信息,如图 B-18 所示。

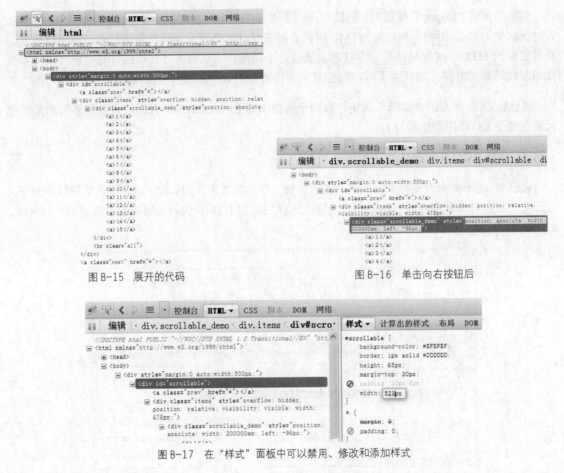

图 B-15　展开的代码　　　　　　　　　图 B-16　单击向右按钮后

图 B-17　在"样式"面板中可以禁用、修改和添加样式

5．查看 DOM 的信息

单击"DOM"面板后可以看到此元素的详细的 DOM 信息以及函数和事件，如图 B-19 所示。

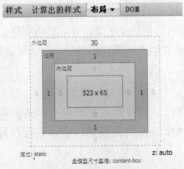

图 B-18　在"布局"面板中可以查看
某元素具体的布局属性

图 B-19　在"DOM"面板中可以查看
某元素的详细 DOM 信息

B.2.3　CSS、DOM 和网络面板

这 3 个面板相对于前面 2 个面板比较次要，CSS 和 DOM 面板与 HTML 面板中右侧的面板功能相似，但不如 HTML 面板灵活，因此一般使用得很少。

CSS 面板特有的一个功能就是可以分别详细查看页面中内嵌以及动态导入的样式。例如 firebug6.html，可以在 Firebug 中看到图 B-20 所示的效果。

单击 CSS 面板后就可以分别查看相应的样式。此处展示的样式都是经过格式化的，适合于学习 CSS 的代码格式和规范。

而在网络面板中，相对有一些强大的功能。例如打开 Google 网站中国首页，Firebug 显示效果如图 B-21 所示。

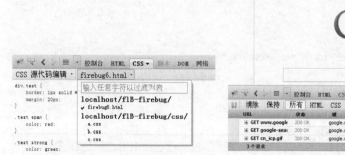

图 B-20　在 CSS 面板中选择样式

图 B-21　网络面板概览

该页面可以监视每一项元素的加载情况，包括脚本，图片等的大小以及加载用时等，对于页面优化有着极其重要的意义。

此外顶部还可以分类查看元素的 HTML、CSS、JS 等的加载情况，使分析更加灵活。

B.2.4　脚本面板

脚本面板不仅可以查看页面内的脚本，而且还有强大的调试功能。

在脚本面板的右侧有"监控"、"堆栈"和"断点"3 个面板，利用 Firebug 提供的设置断点的功能，可以很方便的调试程序。如图 B-22 所示。

图 B-22　脚本面板右侧的 3 个面板

1. 静态断点

例如 firebug7.html，其 HTML 代码如下：

```html
<!DOCTYPE html PUBLIC "-//W3C//DTD XHTML 1.0 Transitional//EN"
      "http://www.w3.org/TR/xhtml1/DTD/xhtml1-transitional.dtd">
<html xmlns="http://www.w3.org/1999/xhtml" >
<head>
<title>Javascript Debugging with Firebug</title>
<script type="text/javascript">
    function doSomething(){
        var lbl = document.getElementById('messageLabel');
        lbl.innerHTML = "I just did something.";
    }
</script>
</head>
<body>
    <div>
        <div id="messageLabel"></div>
        <input type="button" value="Click Me!" onclick="doSomething();" />
    </div>
</body>
</html>
```

运行代码后可以看到图 B-23 所示的效果。图中加粗并有颜色的行号表示此处为 JavaScript 代码，可以在此处设置断点。

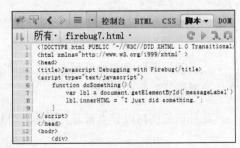

图 B-23　脚本面板

比如，我们在第 7 行这句代码前面单击一下，那么它前面就会出现一个红褐色的原点，表示此处已经被设置了断点。此时，在右侧断点面板中的断点列表中，就出现了刚才设置的断点。如果想暂时禁用某个断点，可以在断点列表中去掉某个断点前面的复选框里的钩，那么此时左侧面板中相应的断点就从红褐色变成了红灰褐色。如图 B-24 所示。

图 B-24　设置断点

设置完断点后，我们就可以开始调试程序了。单击页面中的"Click Me!"按钮，可以看到脚本停止在用淡黄色底色标出的那一行上。此时用鼠标移动到某个变量上即可显示此时这个变量的值。显示效果如图 B-25 所示。

此时 JavaScript 内容上方的 ▷ ⅈ ⅈ ⅈ 这 4 个按钮已经变得可用了。它们分别代表"继续执行"、"单步进入"、"单步跳过"和"单步退出"。

- 继续执行<F8>：当通过断点来停止执行脚本时，单击<F8>则会恢复执行脚本。
- 单步进入<F11>：允许跳到页面中的其他函数内部。
- 单步跳过<F10>：单击<F10>来直接跳过函数的调用即跳到 return 之后。
- 单步退出<Shift+F11>：允许恢复脚本的执行，直到下一个断点为止。

单击第 2 个按钮"单步进入"，代码会跳到下一行。显示效果如图 B-26 所示。

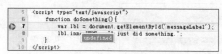

图 B-25　程序停在断点上

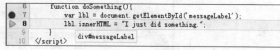

图 B-26　单步进入

从上图可以看到，当鼠标移动到变量"lbl"上时，就可以显示出它的内容是一个 DOM 元素即"div# messageLabel"。

此时将右侧面板切换到"监控"面板，这里列出了几个变量，包括"this"的指向以及"lbl"的变量。单击"+"就可以看到详细信息。显示效果如图 B-27 所示。

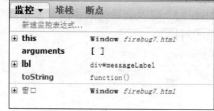

图 B-27　"监控"面板

2. 条件断点

例如 firebug8.html，其 HTML 代码如下：

```
<!DOCTYPE html PUBLIC "-//W3C//DTD XHTML 1.0 Transitional//EN"
     "http://www.w3.org/TR/xhtml1/DTD/xhtml1-transitional.dtd">
<html xmlns="http://www.w3.org/1999/xhtml" >
<head>
<title>Javascript Debugging with Firebug</title>
<script type="text/javascript">
//<![CDATA[
    function doSomething(){
        var lbl = document.getElementById('messageLabel');
        arrs=[1,2,3,4,5,6,7,8,9];
        for (var arr in arrs) {
            lbl.innerHTML+=arr+"<br />"
        }
    }
```

```
//]]>
</script>
</head>
<body>
    <div>
        <div id="messageLabel"></div>
        <input type="button" value="Click Me!" onclick="doSomething();" />
    </div>
</body>
</html>
```

在"lbl.innerHTML+=arr+"<br/>""这行代码前面的序号上单击鼠标右键，就可以出现设置条件断点的输入框。在该框内输入"arr==5"，然后按回车键确认，显示效果如图 B-28 所示。

图 B-28　设置条件断点

最后单击页面中的"Click Me!"按钮。可以发现，脚本在"arr==5"这个表达式为真时停下了，因此"5"以及之后的数字没有显示到页面中。图 B-29 和 B-30 是正常效果和设置条件断点后的效果的对比。

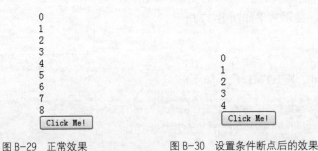

图 B-29　正常效果　　　　　图 B-30　设置条件断点后的效果

B.3　一些资源

1. 快捷键

按 <F12> 键可以快速开启 Firebug，如果想要获取完整的快捷键列表，可以访问 http://getfirebug.com/wiki/index.php/Keyboard_and_Mouse_Shortcuts。

2. 问题

如果安装过程中遇到了困难，可以查看 Firebug 的 Q&A，网址为 http://getfirebug.com/wiki/index.php/FAQ。

3. Firebug 插件

Firebug 除了本身强大的功能之外，还有基于 Firebug 的插件，它们用于扩充 Firebug 的功能。比如 Google 公司开发 Page Speed 插件，开发人员可以使用它来评估他们网页的性能，并获得有关如何改进性能的建议。Yahoo 公司开发的用于检测页面整体性能的 YSlow 和用于调试 PHP 的 FirePHP。还有用于调试 Cookie 的 Firecookie 等。

B.4　总结

通过本节的学习，读者可以掌握 Firebug 的基本功能，并且能对以后的学习和工作提供一定的帮助。Firebug 已经逐渐成为一个调试平台，而不仅仅是一个简单的 Firefox 的扩展插件。

附录 C　Ajax 的 XMLHttpRequest 对象的属性和方法

XMLHttpRequest 对象是 Ajax 的核心，它有许多的属性、方法和事件以便于脚本处理和控制 HTTP 的请求与响应。下面是关于 XMLHttpRequest 对象的一些属性和方法的介绍。

1. readyState 属性

当一个 XMLHttpRequest 对象被创建后，readyState 属性标识了·当前对象正处于什么状态，可以通过对该属性的访问，来判断此次请求的状态然后做出相应的操作。readyState 属性具体的值代表的意义如表 C-1 所示。

表 C-1　　　　　　　　　　　　　　　readyState 属性

值	说　　明
0	未初始化状态：此时，已经创建了一个 XMLHttpRequest 对象，但是还没有初始化
1	准备发送状态：此时，已经调用了 XMLHttpRequest 对象的 open()方法，并且 XMLHttp Request 对象已经准备好将一个请求发送到服务器端
2	已发送状态：此时，已经通过 send()方法把一个请求发送到服务器端，但是还没有收到一个响应
3	正在接收状态：此时，已经接收到 HTTP 响应头部信息，但是消息体部分还没有完全接收到
4	完成响应状态：此时，已经完成了 HttpResponse 响应的接收

2. responseText 属性

responseText 属性包含客户端接收到的 HTTP 响应的文本内容。当 readyState 属性值为 0、1 或 2 时，responseText 属性包含一个空字符串；当 readyState 属性值为 3（正在接收）时，响应中包含客户端还未完成的响应信息；当 readyState 属性值为 4（已加载）时，该 responseText 属性才包含完整的响应信息。

3. responseXML 属性

只有当 readyState 属性值为 4，并且响应头部的 Content-Type 的 MIME 类型被指定为 XML（text/xml 或者 application/xml）时，该属性才会有值并且被解析为一个 XML 文档，否则该属性值为 null。如果是回传的 XML 文档结构不良或者未完成响应回传，该属性值也会为 null。由此可见，responseXML

属性用来描述被 XMLHttpRequest 解析后的 XML 文档的属性。

4．status 属性

status 属性描述了 HTTP 状态代码。注意，仅当 readyState 属性值为 3（正在接收中）或 4（已加载）时，才能对此属性进行访问。如果在 readyState 属性值小于 3 时，试图存取 status 属性值，将引发一个异常。

5．statusText 属性

statusText 属性描述了 HTTP 状态代码文本，并且仅当 readyState 属性值为 3 或 4 时才可用。当 readyState 属性为其他值时试图存取 statusText 属性值将引发一个异常。

6．onreadystatechange 事件

每当 readyState 属性值发生改变时，就会触发 onreadystatechange 事件。一般都通过该事件来触发回传处理函数。

7．open()方法

XMLHttpRequest 对象是通过调用 open（method，uri，async，username，password）方法来进行初始化工作的。调用该方法将得到一个可以用来进行发送（send()方法）的对象。open()方法有5 个参数。

（1）method 参数是必须提供的，用于指定用来发送请求的 HTTP 方法（GET，POST，PUT，DELETE 或 HEAD）。按照 HTTP 规范，该参数要大写。

（2）uri 参数用于指定 XMLHttpRequest 对象把请求发送到的服务器相应的 URI，该地址会被自动解析为绝对地址。

（3）async 参数用于指定是否请求是异步的，其默认值为 true。如果需要发送一个同步请求，需要把该参数设置为 false。

（4）如果需要服务器验证访问用户的情况，那么可以设置 username 以及 password 这两个参数。

8．send()方法

调用 open()方法后，就可以通过调用 send()方法按照 open()方法设定的参数将请求进行发送。当 open()方法中 async 参数为 true 时，在 send()方法调用后立即返回，否则将会中断直到请求返回。需要注意的是，send()方法必须在 readyState 属性值为 1 时，即调用 open()方法以后才能调用。在调用 send()方法以后到接收到响应信息之前，readyState 属性的值将被设为 2；一旦接收到响应消息，readyState 属性值将会被设为 3；直到响应接收完成，readyState 属性的值才会被设为 4。

send()方法使用一个可选的参数，该参数可以包含可变类型的数据。用户可以使用它并通过

POST 方法把数据发送到服务器。另外，可以显式地使用 null 参数调用 send()方法，这与不用参数调用该方法一样。对于大多数其他的数据类型，在调用 send()方法之前，应该使用 setRequestHeader() 方法先设置 Content-Type 头部。如果 send（data）方法中的 data 参数的类型为 DOMString，那么，数据将被编码为 UTF-8。如果数据是 Document 类型，那么将使用由 data.xmlEncoding 指定的编码串行化该数据。

9. abort()方法

该方法可以暂停一个 HttpRequest 的请求发送或者 HttpResponse 的接收，并且将 XMLHttp Request 对象设置为初始化状态。

10. setRequestHeader()方法

该方法用来设置请求的头部信息。当 readyState 属性值为 1 时，可以在调用 open()方法后调用这个方法；否则将得到一个异常。setRequestHeader（header, value）方法包含两个参数：前一个是 header 键名称，后一个是键值。

11. getResponseHeader()方法

此方法用于检索响应的头部值，仅当 readyState 属性值是 3 或 4（即在响应头部可用以后）时，才可以调用这个方法；否则，该方法返回一个空字符串。此外还可以通过 getAllResponse Headers() 方法获取所有的 HttpResponse 的头部信息。

附录 D jQuery $.ajax()方法的

参数详解

参数名称	类 型	说 明
accepts	Map	内容类型发送请求头，告诉服务器什么样的响应会接受返回。如果 accepts 设置需要修改，推荐在$.ajaxSetup()方法中做一次
async	Boolean	默认设置下（默认为 true），所有请求均为异步请求。 如果需要发送同步请求，请将此选项设置为 false。跨域请求和 dataType: "jsonp"请求不支持同步操作。注意，同步请求将锁住浏览器，用户其它操作必须等待请求完成才可以执行

beforeSend()	Function	发送请求前可修改 XMLHttpRequest 对象的函数，例如添加自定义 HTTP 头。在 beforeSend 中如果返回 false 可以取消本次 Ajax 请求。XMLHttp Request 对象是惟一的参数。
		function (XMLHttpRequest) {
		　　this; //调用本次 Ajax 请求时传递的 options 参数
		}
		在 jQuery 1.5，beforeSend 选项将被访问，不管请求的类型

cache	Boolean	默认为 true（当 dataType 为"script"和"jsonp"时，则默认为 false）。 设置为 false 将不会从浏览器缓存中加载请求信息

complete()	Function	请求完成后回调函数（请求成功或失败时均调用）。
		参数：XMLHttpRequest 对象和一个描述成功请求类型的字符串。
		function (XMLHttpRequest, textStatus) {
		　　this; //调用本次 Ajax 请求时传递的 options 参数
		}
		在 jQuery 1.5，complete 设置可以接受一个函数的数组

contents	Map	一个以"{字符串:正则表达式}"配对的对象，用来确定 jQuery 将如何解析响应，给定其内容类型
contentType	String	当发送信息至服务器时，内容编码类型默认为"application/x-www-form- urlencoded"。该默认值适合大多数应用场合
context	Object	这个对象用于设置 Ajax 相关回调函数的上下文。也就是说，让回调函数内 this 指向这个对象（如果不设定这个参数，那么 this 就指向调用本次 AJAX 请求时传递的 options 参数）

续表

参 数 名 称	类 型	说 明
Converters	Map	一个数据类型对数据类型转换器的对象。每个转换器的值是一个函数，返回相应的转化值
crossDomain		同域请求为 false，跨域请求为 true。如果你想强制跨域请求（如 JSONP 形式）同一域，设置 crossDomain 为 true
data	Object 或 String	发送到服务器的数据。 如果不是字符串，将自动转换为字符串格式。GET 请求中将附加在 URL 后。想要防止这种自动转换，可以查看 processData 选项。 对象必须为 Key/Value 格式，例如 {foo1 :"bar1", foo2 : "bar2"} 转换为 &foo1 = bar1&foo2 = bar2。如果是数组，jQuery 将自动为不同值对应同一个名称。例如 {foo:["bar1", "bar2"]} 转换为 &foo=bar1&foo=bar2

dataFilter()	Function	给 Ajax 返回的原始数据进行预处理的函数。
		提供 data 和 type 两个参数。data 是 Ajax 返回的原始数据，type 是调用 jQuery.ajax 时提供的 dataType 参数。函数返回的值将由 jQuery 进一步处理。
		
		`function (data, type) {`
		`    //返回处理后的数据`
		`    return data;`
		`}`

dataType	String	预期服务器返回的数据类型。 如果不指定，jQuery 将自动根据 HTTP 包 MIME 信息返回 responseXML 或 responseText，并作为回调函数参数传递。 可用的类型如下。 xml：返回 XML 文档，可用 jQuery 处理。 html：返回纯文本 HTML 信息，包含的 script 标签会在插入 DOM 时执行。 script：返回纯文本 JavaScript 代码。不会自动缓存结果。除非设置了 cache 参数。注意，在远程请求时（不在同一个域下），所有 POST 请求都将转为 GET 请求。 json：返回 JSON 数据。 jsonp：JSONP 格式。使用 JSONP 形式调用函数时，例如 myurl?callback=?，jQuery 将自动替换后一个 "？" 为正确的函数名，以执行回调函数。 text：返回纯文本字符串

error	Function	请求失败时被调用的函数。这个函数有 3 个参数，即 XMLHttpRequest 对象、错误信息和捕获的错误对象（可选）。
		
		`function (XMLHttpRequest, textStatus, errorThrown) {`
		`    //通常情况下 textStatus 和 errorThown`
		`    //只有其中一个包含信息`
		`    this; //调用本次 Ajax 请求时传递的 options 参数`
		`}`

global	Boolean	是否触发全局 Ajax 事件，默认为 true。 设置为 false 将不会触发全局 Ajax 事件，例如 ajaxStart 和 ajaxStop 等可用于控制各种 Ajax 事件

参 数 名 称	类　　型	说　　明
Headers	Map	一个额外的"{键:值}"对映射到请求一起发送。此设置被设置之前 beforeSend 函数被调用；因此，消息头中的值设置可以在覆盖 beforeSend 函数范围内的任何设置
ifModified	Boolean	默认：false 仅在服务器数据改变时获取新数据。使用 HTTP 包 Last-Modified 头信息判断。在 jQuery 1.4 中，它也会检查服务器指定的'etag'来确定数据没有被修改过
IsLocal	Boolean	允许当前环境被认定为 "本地"（如文件系统），即使 jQuery 默认情况下不会承认它。以下协议目前公认为本地：file, *-extension, 和 widget。如果 isLocal 设置需要修改，建议在$.ajaxSetup()方法中做
jsonp	String	在一个 jsonp 请求中重写回调函数的名字。这个值用来替代在"callback=?"这种 GET 或 POST 请求中 URL 参数里的"callback"部分，比如{jsonp:'onJsonPLoad'}会导致将"onJsonPLoad=?"传给服务器。在 jQuery 1.5，设置 jsonp 选项为 false 阻止了 jQuery 从加入"?callback"字符串的 URL 或试图使用"=?"转换。在这种情况下，你也应该明确设置 jsonpCallback 设置。例如：{ jsonp: false, jsonpCallback: "callbackName" }
jsonpCallback	String, Function	为 jsonp 请求指定一个回调函数名。这个值将用来取代 jQuery 自动生成的随机函数名。这主要用来让 jQuery 生成度独特的函数名，这样管理请求更容易，也能方便地提供回调函数和错误处理。你也可以在想让浏览器缓存 GET 请求的时候，指定这个回调函数名。在 jQuery 1.5，你也可以使用一个函数值该设置，在这种情况下 jsonpCallback 的值设置到该函数的返回值
mimeType	String	一个 mime 类型用来覆盖 XHR 的 MIME 类型
password	String	用于响应 HTTP 访问认证请求的密码
processData	Boolean	默认为 true。默认情况下，发送的数据将被转换为对象（从技术角度来讲并非字符串）以配合默认内容类型 "application/x-www-form-urlencoded"。如果要发送 DOM 树信息或者其他不希望转换的信息，请设置为 false
scriptCharset	String	只有当请求时 dataType 为 "jsonp" 或者 "script"，并且 type 是 GET 时才会用于强制修改字符集（charset）。通常在本地和远程的内容编码不同时使用

statusCode	Map	一组数值的 HTTP 代码和函数对象，当响应时调用了相应的代码。例如，如果响应状态是 404，将触发以下警报：
		`$.ajax({`
		`  statusCode: {404: function() {`
		`    alert('page not found');`
		`  }`
		`});`
		如果请求成功，状态代码函数作为回调的成功相同的参数；如果在一个错误的结果，他们采取了相同的参数 error 回调

success()	Function	请求成功后的回调函数。这个函数传递 3 个参数：从服务器返回的数据，并根据 dataType 参数进行处理后的数据，一个描述状态的字符串;还有 jqXHR 对象
timeout	Number	设置请求超时时间（毫秒）。 此设置将覆盖$.ajaxSetup()方法的全局设置
traditional	Boolean	如果你想要用传统的方式来序列化数据，那么就设置为 true。请参考工具分类下面的 jQuery.param 方法

续表

参 数 名 称	类　型	说　　明
Type	String	请求方式（POST 或 GET），默认为 GET。 注意，其他 HTTP 请求方法，例如 PUT 和 DELETE 也可以使用，但仅部分浏览器支持
url	String	发送请求的地址，默认为当前页地址
username	String	用于响应 HTTP 访问认证请求的用户名
xhr	Function	回调创建 XMLHttpRequest 对象。当可用时默认为 ActiveXObject（IE）中，否则为 XMLHttpRequest
xhrFields	Map	一对"文件名-文件值"在本机设置 XHR 对象。例如，如果需要的话，你可以用它来设置 withCredentials 为 true 的跨域请求

附录 E　jQuery 加载并解析 XML

E.1　简述

XML（eXtensible Markup Language）即可扩展标记语言，与 HTML 一样，都是属于 SGML 标准通用语言。在 XML 中，采用了如下语法。

（1）任何起始标签都必须有一个结束标签。

（2）可以采用另一种简化语法，即在一个标签中同时表示起始和结束标签。这种语法是在右边闭合尖括号之前紧跟一个斜线（/），例如<tag/>。XML 解析器会将其翻译成<tag></tag>。

（3）标签必须按照合理的顺序进行嵌套，因此结束标签必须按镜像顺序匹配起始标签，例如<b> this is a <i>sample</i> string</b>。这相当于将起始和结束标签看作是数学中的左右括号，在没有关闭所有的内部括号之前，不能关闭外面的括号。

（4）所有的属性都需要有值，并且需要在值的周围加上双引号。

E.2　Content-Type

很多情况下 XML 文件不能正常解析都是由于 Content-Type 没有设置好。如果 Content-Type 本身就是一个 XML 文件则不需要设置；如果是由后台程序动态生成的，那么就需要设置 Content-Type 为 "text/xml"，否则 jQuery 会以默认的 "text/html" 方式处理，导致解析失败。以下是几种常见语言中设置 Content-Type 的方式。

```
header("Content-Type:text/xml");              //PHP
response.ContentType="text/xml"               //ASP
response.setContentType("text/xml");          //JSP
```

E.3　XML 结构

作为一个标准的 XML，必须要遵循严格的格式规定，其中最重要的一条规则就是 XML 必须是封闭的。例如如下代码就是错误的，因为它并没有闭合。

```
<?xml version="1.0" encoding="UTF-8"?>
    <name>zhangsan
```

另外 XML 文档只能有一个顶层元素。例如以下代码就是错误的，原因是它有多个顶层元素。

```
<?xml version="1.0" encoding="UTF-8"?>
<name>zhangsan</name>
<id>1</id>
<name>lisi</name>
<id>2</id>
```

一个正确的 XML 应该是下面这样的形式。

```
<?xml version="1.0" encoding="UTF-8"?>
<stulist>
    <student  email="1@1.com">
        <name>zhangsan</name>
        <id>1</id>
    </student>
    <student  email="2@2.com">
        <name>lisi</name>
        <id>2</id>
    </student>
</stulist>
```

E.4 获取 XML

利用上面提到的正确的 XML，通过 jQuery 的 Ajax 函数进行读取，jQuery 代码如下：

```
$.ajax({
    url:'ajax.xml',
    type: 'GET',
    dataType: 'xml',
    timeout: 1000,                    //设定超时
    cache:false,                      //禁用缓存
    error: function(xml){
        alert('加载 XML 文档出错');
    },
    success: function(xml){
        //这里用于解析 XML
    }
});
```

这样就可以很容易地从后台读取到一段 XML，当然也可以用简单的$.get()方法和$.post()方法

来去获取。代码如下：

```
$.get('ajax.xml',function(xml){
    //这里用于解析 XML
});
```

E.5　解析 XML

解析 XML 文档与解析 DOM 一样，也可以用 find()、children()等函数来解析和用 each()方法来进行遍历，另外也可以用 text()和 attr()方法来获取节点文本和属性。例如在 success 回调里解析 XML。代码如下：

```
success: function(xml){
    $(xml).find("student").each(function(i){    //查找所有 student 节点并遍历
    var id=$(this).children("id");              //取得子节点
        var id_value=id.text();                 //取节点文本
    alert(id_value);                            //这里就是 id 的值了
    alert($(this).attr("email"));               //这里能显示 student 下的 email 属性
    });
}
```

通过上面的代码，能成功获取到相应的数据。接下来就可以将解析出来的数据添加到已有的HTML 文件中。通常可以先生成一个 DOM 元素片段，然后将数据用 appendTo()函数添加进这个元素片段中，最后将这个片段添加进 HTML 文档中。success 回调代码如下：

```
success: function(xml){
    var frag=$("<ul/>");                        //建立一个代码片段
    $(xml).find("student").each(function(i){    //遍历所有 student 节点
        var id=$(this).children("id");          //获取 id 节点
        id_value=id.text();                     //获取节点文本
        email=$(this).attr("email");            //获取 student 下的 email 属性

        //构造 HTML 字符串，通过 append()方法添加之前建立的代码片段
        frag.append("<li>"+id_value+"-"+email+"</li>");
    });
    frag.appendTo("#load");                     //最后将得到的 frag 添加 HTML 文档中
}
```

E.6　禁用缓存

在项目中经常会遇到一个问题，即数据已经更新了，但传递的还是以前的数据。要避免这种情

况，就应当禁用缓存。禁用缓存的方式有很多种。如果是通过$.post()方法获取的数据，那么默认就是禁用缓存的。如果是用了$.get()方法，可以通过设置时间戳来避免缓存。可以在 URL 的后面加上+(+new Date)，代码如下：

```
$.get('ajax.xml?'+(+new Date),function(xml){
     //…
});
// (+new Date)等价于 new Date().getTime()
```

之所以不用随机数，是因为随机数对于同一台电脑来说，在大量使用之后出现重复的概率会很大，而用时间戳则不会出现这种情况。

此外，如果使用了$.ajax()方法来获取数据，只需要设置 cache:false 即可。但要注意，false 是布尔值而不是一个字符串，在这一点上初学者很容易犯错。

掌握了以上内容后，读者就可以顺利地写出符合 XML 语法规范并能正确解析的 XML 文件了。

附录 F　插件 API

F.1 Validation 插件 API

Validation 插件有两个经常被用到的选项，分别是方法（method）和规则（rule）。

（1）方法。验证方法就是通过执行验证逻辑判断一个元素是否合法。例如 email()方法就是检查当前文本格式是否是正确的 E-mail 格式。读者能很方便地利用 Validation 插件提供的方法来完成验证。另外，读者也可以自定义方法。

（2）规则。验证规则将元素和元素的验证方法关联起来，例如验证一个需要 E-mail 格式和必填的属性 name 为 email 的元素，可以定义该元素的规则如下：

```
email: {
    required:  true,
    email:     true
}
```

⚫　插件方法如表 F-1 所示。

表 F-1　　　　　　　　　　　　　　　插件方法

名　　称	返 回 类 型	说　　明
validate(options)	Validator	验证被选择的 form
valid( )	Boolean	检查被选择的 from 或者被选择的所有元素是否有效
rules( )	Options	为第 1 个被选择的元素返回验证规则
rules("add", rules)	Options	增加指定的验证规则并为第 1 个匹配元素返回所有的规则
rules("remove", rules)	Options	移除指定的验证规则并为第 1 个匹配元素返回所有的规则
removeAttrs(attributes)	Options	从第 1 个匹配元素中移除指定的属性并返回

⚫　内置验证规则如表 F-2 所示。

表 F-2　　　　　　　　　　　　　　　内置验证规则

名　　称	返 回 类 型	说　　明
required( )	Boolean	使元素总是必须的
required(dependency-expression)	Boolean	根据给定的表达式结果，判断元素是否是必须的

名　　称	返 回 类 型	说　　明
required(dependency-callback)	Boolean	根据给定的回调函数的返回值，判断元素是否是必须的
remote(url)	Boolean	使用请求资源检查元素的有效性
minlength(length)	Boolean	要求元素满足给定的最小长度规则
maxlength(length)	Boolean	要求元素满足给定的最大长度规则
rangelength(range)	Boolean	要求元素满足给定的长度范围规则
min(value)	Boolean	要求元素满足给定的最小值规则
max(value)	Boolean	要求元素满足给定的最大值规则
range(range)	Boolean	要求元素满足给定值的范围规则
email( )	Boolean	要求元素满足 E-mail 格式规则
url( )	Boolean	要求元素满足 url 格式规则
date( )	Boolean	要求元素满足 date 格式规则
dateISO( )	Boolean	要求元素满足 ISO date 格式规则
dateDE( )	Boolean	要求元素满足 german date 格式规则
number( )	Boolean	要求元素满足带小数点的数字格式规则
numberDE( )	Boolean	要求元素满足 german format 并带小数点的数字格式规则
digits( )	Boolean	要求元素满足整型格式规则
creditcard( )	Boolean	要求元素满足信用卡号码格式规则
accept(extension)	Boolean	要求元素满足特定的文件格式
equalTo(other)	Boolean	要求元素等于另外一个元素
phoneUS( )	Boolean	要求元素满足美国电话号码的格式规则

- Validator

Validation 验证会返回一个 Validator 对象，validator 对象可以帮助用户触发 validation 程序或者改变 form 的内容。validator 对象更多的方法如表 F-3 所示。

表 F-3　　　　　　　　　　　　　　　　validator 对象的方法

名　　称	返 回 类 型	说　　明
form( )	Boolean	验证 form，如果验证合法则返回 true，否则返回 false
element(element)	Boolean	验证一个元素，如果验证合法则返回 true，否则返回 false
resetForm( )	undefined	复位被验证的 form
showErrors(errors)	undefined	显示指定的提示信息
numberOfInvalids()	Integer	返回无效字段的个数

validator 对象中的静态方法如表 F-4 所示。

表 F-4 | | | validator 对象中的静态方法

名　称	返 回 类 型	说　明
setDefaults(defaults)	undefined	修改 validation 初始的设置
addMethod(name, method, message)	undefined	增加一个新的 validation 方法。该方法必须由 name（必须是一个合法的 JavaScript 标识符）、一个基于函数的 JavaScript 和一个默认的字符串提示信息组成
addClassRules(name, rules)	undefined	增加一个验证规则，它代替了"rules"中的验证
addClassRules(rules)	undefined	增加多个验证规则

- 实用项

表 F-5 | | | 实用项

名　称	返 回 类 型	说　明
jQuery.validator.format(template, argument, argumentN...)	String	使用参数来替换{n}占位符

- 普通选择器

表 F-6 | | | 普通选择器

名　称	返 回 类 型	说　明
:blank	Array\<Element>	匹配值为空的元素
:filled	Array\<Element>	匹配值不为空的元素
:unchecked	Array\<Element>	匹配所有没被选择的元素

F.2 Form 插件 API

（1）Form 插件 API

Form 插件拥有很多方法，这些方法可以使用户很容易地管理表单数据和提交表单。

- ajaxForm()

增加所需要的事件监听器，为 Ajax 提交表单做好准备。AjaxForm()方法并没有提交表单，而是在$(document).ready()方法中，使用 ajaxForm()方法来为 Ajax 提交表单做好准备。ajaxForm 方法可以接受 0 个或 1 个参数。单个的参数既可以是一个回调函数，也可以是一个 Options 对象。此方法可以进行链式操作。

例子：

```
$('#myFormId').ajaxForm();
```

- ajaxSubmit()

立即通过 Ajax 方式提交表单。在大多数情况下，都是调用 ajaxSubmit()方法来响应用户的提交表单操作。AjaxSubmit()方法可以接受 0 个或 1 个参数。单个的参数既可以是一个回调函数，也可以是一个 Options 对象。此方法可以进行链式操作。

例子：

```
//绑定表单提交事件处理器
$('#myFormId').submit(function() {
    //提交表单。
    $(this).ajaxSubmit();
    //返回 false 以防止浏览器的提交
    return false;
});
```

● formSerialize()

该方法将表单中所有的元素串行化（序列化）为一个字符串。formSerialize()方法会返回一个格式化好的字符串，格式如下：

```
name1=value1&name2=value2
```

因为返回的是字符串，而不是 jQuery 对象，所以该方法不能进行链式操作。

例子：

```
var queryString = $('#myFormId').formSerialize();

//然后可以使用$.get()、$.post()、$.ajax()等 Ajax 方法来提交数据
$.post('myscript.php', queryString , function(data){ });
```

● fieldSerialize()

fieldSerialize()方法将表单的字段元素串行化（序列化）成一个字符串。当用户只需要串行化表单的一部分时就可以用到该方法了。fieldSerialize()方法会返回一个格式化后的字符串，格式如下：

```
name1=value1&name2=value2
```

因为返回的是字符串，所以该方法不可以进行链式操作。

例子：

```
var queryString = $('#myFormId .specialFields').fieldSerialize();
//将 id 为 myFormId 表单内 class 为 specialFields 的元素序列化
```

● fieldValue()

fieldValue()方法把匹配元素的值插入到数组中，然后返回这个数组。从 0.91 版本起，该方法总是以数组的形式返回数据，如果元素值被判定无效，则数组为空，否则数组将包含一个或多个

元素值。fieldValue()方法返回一个数组，因此不可以进行链式操作。

例子：

```
//取得密码框输入值
var value = $('#myFormId :password').fieldValue();
alert('第一个密码为: ' + value[0]);
```

- ● resetForm()

该方法通过调用表单元素原有的 DOM 方法重置表单到初始状态。resetForm()方法可以进行链式操作。

例子：

```
$('#myFormId').resetForm();
```

- ● clearForm()

clearForm()方法用来清空表单中的元素。该方法将所有的文本框（text）、密码框（password）和文本域（textarea）元素置空，清除下拉框（select）元素的选定以及将所有的单选按钮（radio）和多选按钮（checkbox）重置为非选定状态。clearForm()方法可以进行链式操作。

例子：

```
$('#myFormId').clearForm();
```

- ● clearFields()

clearFields()方法用来清空字段元素。当用户需要清空一部分表单元素时就会用到该方法。clearFields()方法可以进行链式操作。

例子：

```
$('#myFormId .specialFields').clearFields();
//将 id 为 myFormId 表单内 class 为 specialFields 的元素清空
```

（2）ajaxForm and ajaxSubmit 的 Options 对象

ajaxForm()方法和 ajaxSubmit()方法支持许多选项，这些选项都可以通过 Options 对象来设置。Options 对象是一个简单的 JavaScript 对象，包含了如下属性与值的集合。

- ● target

指明页面中根据服务器响应进行更新的元素。这个值可能是一个特殊的 jQuery 选择器字符串、一个 jQuery 对象或者一个 DOM 元素。

默认值：null。

- url

将表单元素提交到指定的 url 中。

默认值：表单 action 属性的值。

- type

指定提交表单数据的方法（method）：GET 或 POST。

默认值：表单 method 属性的值（如果没有找到，则为 GET）。

- beforeSubmit

表单提交前的回调函数。beforeSubmit 回调函数被用来运行预提交逻辑或者校验表单数据。假如 beforeSubmit 回调函数返回 false，则表单将不会被提交。beforeSubmit 回调函数有 3 个参数：数组形式的表单数据、jQuery 表单对象和传递给 ajaxForm()方法或 ajaxSubmit()方法的 Options 对象。表单数据数组遵循以下数据格式（json 类型）。

```
beforeSubmit: function(arr, $form, options) {
  // The array of form data takes the following form:
  // [{name:'username', value:'jresig'}, {name:'password',value: 'secret' } ]
  // return false to cancel submit
}
```

默认值：null。

- success

表单成功提交后调用的回调函数。假如 success 回调函数被指定，将在服务器返回响应后被调用。success 函数可以传回 responseText 或者 responseXML 的值（决定值的数据类型是 dataType 选项）

默认值：null。

- dataType

期望的服务器响应的数据类型，可以是 null、xml、script 或者 json。dataType 提供了指定的方法以便控制服务器的响应。这个指定的方法将被直接地反映到 jQuery.httpData()方法中。dataType 支持以下格式。

➤ xml。如果 dataType 被指定为 xml，服务器返回内容将被作为 XML 来对待。同时，如果 "success" 回调函数被指定，responseXML 的值将会传递给回调函数。

➢　json。如果 dataType 被指定为 json，服务器返回内容将被执行，如果 "success" 回调函数被指定，返回的内容将会传递给回调函数。

➢　script。如果 dataType 被指定为 script，服务器返回内容将被放在全局环境中执行。

默认值：null。

● semantic

是否需要定义为严格的语义格式。注意，普通的表单序列化要遵循的语义不能包括 type 属性为 image 的 input 元素。假如服务器有严格的语义要求，而表单也至少包含一个 type="image"元素的时候，那么必须设置 semantic 选项为 true。

默认值：false。

● resetForm

表单是否在提交成功后被重置。

默认值：null。

● clearForm

表单是否在提交成功后被清空。

默认值：null。

● iframe

表单是否总是将服务器响应指向到一个 iframe。iframe 在文件上传时会很有用。

默认值：false。

● data

包含额外数据的对象通过 form 形式提交。

```
data: { key1: 'value1', key2: 'value2' }
```

● error

错误时的回调函数。

● beforeSerialize

回调函数被调用前被序列化。它可以在调用之前检索其值的形式。它带有两个参数：form 对象和 ajaxForm/ ajaxSubmit 传递过来的 options 对象。

```
beforeSerialize: function($form, options) {
   // return false to cancel submit
}
```

默认值：null。

- replaceTarget

可选，与 target 选项一起使用。如果想将目标元素一起替换掉，请设为 true，如果只想替换目标元素的内容，则设为 false。

默认值：false。在 v2.43 后增加。

- iframeSrc

字符串值，当/如果使用 iframe 时作为 iframe 的 src 属性。

默认值：about:blank

网页使用 https 协议时默认值为：javascript:false

- forceSync

布尔值，当上传文件（或使用 iframe 选项）时，提交表单前为了消除短延迟，设置为 true。延迟的使用是为了让浏览器渲染 DOM 更新前执行原有的表单 submit。这时显示一条信息告知用户，如："请稍等..."，会改善可用性。

默认值：false。在 v2.38 后增加。

- uploadProgress

上传进度信息（如果浏览器支持）回调函数。回调传递以下参数：

1）event：浏览器事件

2）position：位置（整数）

3）total：总长度（整数）

4）percentComplete：完成度（整数）

默认值：null

- iframeTarget

使用 iframe 元素作为响应文件上传目标。默认情况下，该插件将创建一个临时的 iframe 元素来捕捉上传文件时的反应。此选项允许您使用现有的 iframe，如果你想。使用此选项时，插件对来自服务器的响应不作任何处理。

默认值：null。在 v2.76 后增加。

（3）Form 插件实例

```
//准备选项对象
var options = {
    target:    '#divToUpdate',
    url:       comment.php',
    success:   function() {
        alert('谢谢你的评论!');
    }
};

//在 ajaxForm()方法中使用 options 对象
$('#myForm').ajaxForm(options);
```

注意，利用此 Options 对象，可以将值传给 jQuery 的$.ajax()方法。假如用户熟悉$.ajax()方法提供的 options 对象，那么可以利用它们来将 Options 对象传递给 ajaxForm()方法和 ajaxSubmit()方法。

F.3 SimpleModal 插件 API

API 的官方网站地址为：http://www.ericmmartin.com/projects/simplemodal/

表 F-7 SimpleModal 插件的 API

名　称	功　能　说　明
appendTo [String:'body']	将弹出框添加到的父容器，参数为 css 选择器
focus [Boolean:true]	把焦点保持在模态窗口上
opacity [Number:50]	设置 overlay div 的不透明度，1-100
overlayId [String:'simplemodal-overlay']	遮罩层 ID
overlayCss [Object:{}]	定义遮罩层样式
containerId [String:'simplemodal-container']	弹出模态窗口容器 ID
containerCss [Object:{}]	弹出模态窗口容器样式
dataId [String:'simplemodal-data']	内容层的 ID
dataCss [Object:{}]	内容层的样式
minHeight [Number:null]	container 的最小高度
minWidth [Number:null]	container 的最小宽度
maxHeight [Number:null]	container 的最大高度

续表

名　称	功 能 说 明
maxWidth [Number:null]	container 的最大宽度
autoResize [Boolean:false]	是否自适应大小。当 window 调整大小时自动调整 container 的大小，使用时需小心，因为它可能会发生不可预知的效果
autoPosition [Boolean:true]	是否自动定位
zIndex [Number: 1000]	模态窗口的 z-index
close [Boolean:true]	如果为 true，那么 closeHTML，escClose，overClose 将被使用，反之则不使用
closeHTML [String:"]	自定义关闭按钮
closeClass [String:'simplemodal-close']	自定义关闭按钮的样式
escClose [Boolean:true]	是否允许按 ESC 关闭模态窗口
overlayClose [Boolean:false]	是否允许点击 overlay(遮罩层)关闭模态窗口
position [Array:null]	自定义弹出窗体位置，数组[top, left]
persist [Boolean:false]	是否跨模态调用的数据。仅用于现有的 DOM 元素。如果为 true，数据在跨模态调用时保持不变，如果为 false，数据将被恢复到其原始状态
modal [Boolean:true]	如果为 true，用户将无法与模态窗口下面的内容进行交互。如果为 false，遮罩层将被禁用，允许用户与下面的内容交互
onOpen [Function:null]	模态窗口打开时候的回调函数
onShow [Function:null]	模态窗口显示时候的回调函数
onClose [Function:null]	模态窗口关闭时候的回调函数

F.4　Cookie 插件 API

API 的官方网站地址为：https://github.com/carhartl/jquery-cookie

- 写入 Cookie。

```
$.cookie('the_cookie', 'the_value');
```

注意："the_cookie" 为待写入的 Cookie 名，"the_value" 为待写入的值。

- 读取 Cookie。

```
$.cookie('the_cookie');
```

注意："the_cookie" 为待读取的 Cookie 名。

- 删除 Cookie。

```
$.cookie('the_cookie', null);
```

注意： "the_cookie" 为 Cookie 名，设置为 null 即删除此 Cookie。必须使用与之前设置时相同的路
径（path）和域名（domain），才可以正确删除 Cookie。

- 其他可选参数。

```
$.cookie('the_cookie', 'the_value', {
    expires: 7,
    path: '/',
    domain: 'jquery.com',
    secure: true
});
```

注意：
- expires:（Number|Date）有效期。可以设置一个整数作为有效期（单位：天），也可以直接设置一个日期对象作为 Cookie 的过期日期。如果指定日期为负数，例如已经过去的日子，那么此 Cookie 将被删除；如果不设置或者设置为 null，那么此 Cookie 将被当作 Session Cookie 处理，并且在浏览器关闭后删除。

- path:（String）cookie 的路径属性。默认是创建该 Cookie 的页面路径。

- domain:（String）cookie 的域名属性。默认是创建该 Cookie 的页面域名。

- secure:（Boolean）如果设为 true，那么此 Cookie 的传输会要求一个安全协议，例如 HTTPS。

附录 G　jQuery 速查表

G.1　基础

分类	方法名称	说明	返回值
核心函数	jQuery(expression, [context])	该函数接收一个包含 CSS 选择器的字符串，然后用这个字符串去匹配一组元素	jQuery
	jQuery(html,[owner Document])	根据提供的原始 HTML 标记字符串，动态创建由 jQuery 对象包装的 DOM 元素	jQuery
	jQuery(elements)	将一个或多个 DOM 元素转化为 jQuery 对象	jQuery
	jQuery(callback)	jQuery(document).ready()的简写	jQuery
	jQuery.holdReady(hold)	暂停或恢复.ready() 事件的执行	Boolean
	jQuery.sub()	可创建一个新的 jQuery 副本，不影响原有的 jQuery 对象	jQuery
	jQuery.when(deferreds)	提供一种方法来执行一个或多个对象的回调函数，延迟对象通常表示异步事件	Deferred
多库共存	jQuery.noConflict()	运行该函数将变量 jQuery 的控制权让渡给第 1 个实现它的库，这样可以确保 jQuery 不会与其他库的$对象发生冲突	Object
	jQuery.noConflict (extreme)	运行该函数将变量 jQuery 和$的控制权都让渡给原始的拥有者	Object
对象访问	each(callback)	以每一个匹配的元素作为上下文来执行一个函数	jQuery
	length / size()	jQuery 对象中元素的个数	Number
	selector	返回选择此元素的选择器（用于插件开发）	String
	context	返回选择此元素的时此元素所在的 DOM 节点内容（用于插件开发）	Element
	eq(position)	取得元素组中某个位置的元素	jQuery
	get()	取得所有匹配的 DOM 元素集合	Array<Element>
	get(index)	在所有匹配的 DOM 元素集合中取得其中一个匹配的元素	Element
	index(subject)	搜索与参数表示的对象匹配的元素，并返回相应元素的索引值	Number
	jQuery.error(str)	接受一个字符串，并抛出包含这个字符串的异常	
	jQuery.pushStack(elements, [name, arguments])	将一个 DOM 元素集合加入到 jQuery 栈	jQuery
	.toArray( )	返回一个包含 jQuery 对象集合中的所有 DOM 元素的数组	Array

续表

分类	方法名称	说明	返回值
插件机制	jQuery.fn.extend (object)	扩展 jQuery 元素，来提供新的方法（可用来制造一个典型 jQuery 插件）	jQuery
	jQuery.extend(object)	扩展 jQuery 对象本身，可用于将函数添加到 jQuery 命名空间中	jQuery

G.2　选择器

分类	方法名称	说明	返回值
基本	#id	根据给定的 id 匹配相应元素	Array<Element>
	element	根据给定的元素名匹配相应元素	Array<Element(S)>
	.class	根据给定的 class 匹配相应元素	Array<Element(S)>
	*	匹配所有元素（主要用于搜索全文）	Array<Element(S)>
	selector1,selector2,selectorN	将每一个选择器匹配到的元素合并后一起返回	Array<Element(S)>
层级	ancestor descendant	在给定的祖先元素下匹配所有的后代元素	Array<Element(S)>
	parent>child	在给定的父元素下匹配所有的子元素	Array<Element(S)>
	prev+next	匹配紧接在 prev 元素后的 next 元素。next 元素指的是下一个相邻同辈元素。	Array<Element(S)>
	prev~siblings	匹配 prev 元素之后的所有同辈元素	Array<Element(S)>
基本过滤器	:first	匹配找到的第 1 个元素	Array<Element>
	:last	匹配找到的最后一个元素	Array<Element>
	:not(selector)	去除所有与给定选择器匹配的元素	Array<Element(S)>
	:even	匹配所有索引值为偶数的元素，从 0 开始计数	Array<Element(S)>
	:odd	匹配所有索引值为奇数的元素，从 0 开始计数	Array<Element(S)>
	:eq(index)	匹配一个给定索引值的元素	Array<Element>
	:gt(index)	匹配所有大于给定索引值的元素	Array<Element(S)>
	:lt(index)	匹配所有小于给定索引值的元素	Array<Element(S)>
	:header	匹配如<h1>，<h2>，<h3>之类的标题元素	Array<Element(S)>
	:animated	匹配所有正在执行动画的元素	Array<Element(S)>
	:focus	选择当前获取焦点的元素	Array<Element(S)>
内容过滤器	:contains(text)	匹配包含给定文本的元素	Array<Element(S)>
	:empty	匹配所有不包含子元素或者文本的空元素	Array<Element(S)>
	:has(selector)	匹配含有选择器所匹配的元素的元素	Array<Element(S)>
	:parent	匹配含有子元素或者文本的元素	Array<Element(S)>

续表

分 类	方 法 名 称	说　　明	返 回 值
表单过滤器	:enabled	匹配所有可用元素	Array<Element(S)>
	:disabled	匹配所有不可用元素	Array<Element(S)>
	:checked	匹配所有选中的元素（复选框、单选框等，不包括 <select>中的 option）	Array<Element(S)>
	:selected	匹配所有选中的 option 元素	Array<Element(S)>
可见过滤器	:hidden	匹配所有的不可见元素，如果<input>元素的 type 属性为"hidden"，也会被匹配到	Array<Element(S)>
	:visible	匹配所有的可见元素	Array<Element(S)>
属性过滤器	[attribute]	匹配包含给定属性的元素	Array<Element(S)>
	[attribute=value]	匹配给定的属性是某个特定值的元素	Array<Element(S)>
	[attribute!=value]	匹配给定的属性是不包含某个特定值的元素	Array<Element(S)>
	[attribute ^=value]	匹配给定的属性是以某个值开始的元素	Array<Element(S)>
	[attribute$=value]	匹配给定的属性是以某个值结尾的元素	Array<Element(S)>
	[attribute *=value]	匹配给定的属性含有某个值的元素	Array<Element(S)>
	[attributeFilter1] [attributeFilter2] [attributeFilterN]	复合属性选择器，匹配同时符合多个属性选择器的所有元素	Array<Element(S)>
	[attribute|=value]	匹配给定的属性等于给定字符串或以该字符串为前缀（该字符串后跟一个连字符"-"）的元素	Array<Element(S)>
	[attribute~=value]	匹配给定的属性用空格分隔的值中包含一个给定值的元素。	Array<Element(S)>
子元素过滤器	:nth-child(index/even/odd/equation)	匹配其父元素下的第 N 个子元素或奇偶等元素	Array<Element(S)>
	:first-child	匹配所有父元素的第 1 个子元素	Array<Element(S)>
	:last-child	匹配所有父元素的最后一个子元素	Array<Element(S)>
	:only-child	匹配所有父元素的惟一一个子元素。如果某个元素是父元素中惟一的子元素，则将会被匹配	Array<Element(S)>
表单	:input	匹配所有<input>、<textarea>、<select>和<button>元素	Array<Element(S)>
	:text	匹配所有单行文本框	Array<Element(S)>
	:password	匹配所有密码框	Array<Element(S)>
	:radio	匹配所有单选按钮	Array<Element(S)>
	:checkbox	匹配所有复选框	Array<Element(S)>
	:submit	匹配所有提交按钮	Array<Element(S)>
	:image	匹配所有图像域	Array<Element(S)>
	:reset	匹配所有重置按钮	Array<Element(S)>
	:button	匹配所有按钮	Array<Element(S)>
	:file	匹配所有文件域	Array<Element(S)>
	:hidden	匹配所有不可见元素，包括 type 为"hidden"的<input/>元素	Array<Element(S)>

G.3　属性

分类	方法名称	说明	返回值
属性	atrr(name)	取得第 1 个匹配元素的属性值	String
	atrr(properties)	将一个"名/值"形式的对象设置为所有匹配元素的属性	jQuery
	attr(key,value)	为所有匹配的元素设置一个属性值	jQuery
	attr(key,fn)	为所有匹配的元素设置一个计算的属性值	jQuery
	removeAttr(name)	从每一个匹配的元素中删除一个属性	jQuery
	prop(propertyName)	获取匹配的元素集中的第一个元素的属性值。	jQuery
	prop(key,value)	为所有匹配的元素设置一个属性值	jQuery
	removeProp(propertyName)	为匹配的元素删除设置的属性	jQuery
类	addClass(class)	为每个匹配的元素添加指定的类名	jQuery
	hasClass(class)	在匹配的元素集合中，如果至少有一个元素具有指定的 class 类，则返回 true，否则返回 false	Boolean
	removeClass([class])	从所有匹配的元素中删除全部或者指定的类，多个类名之间用空格分开。如果不指定类名，则删除全部的类	jQuery
	toggleClass(class)	如果存在（不存在）就删除（添加）一个类	jQuery
	toggleClass(class,switch)	在 switch 为 true 时添加一个类的操作，为 false 时删除这个类	jQuery
HTML	html()	取得第 1 个匹配元素的 html 内容，该函数不能用于 XML 文档	String
	html(val)	设置每一个匹配元素的 html 内容，该函数不能用于 XML 文档	jQuery
文本	text()	取得所有匹配元素的文本内容	String
	text(val)	设置所有匹配元素的文本内容	jQuery
值	val()	获得第 1 个匹配元素的当前值	String,Array
	val(val)	设置每一个匹配元素的值	jQuery
	val(val)	设置所有的单选按钮、复选框和下拉列表为指定的值	jQuery

G.4　筛选

分类	方法名称	说明	返回值
过滤	eq(index)	从匹配的元素集合中取得一个指定位置的元素，index 从 0 开始	jQuery
	filter(expr)	筛选出与指定表达式匹配的元素集合	jQuery
	filter(fn)	筛选出与指定函数返回值匹配的元素集合	jQuery
过滤	hasClass(class)	在匹配的元素集合中，如果至少有一个元素具有指定的 class 类，则返回 true，否则返回 false	Boolean
	is(expr)	用一个表达式来检查当前选择的元素集合，如果其中至少有一个元素符合给定的表达式就返回 true	Boolean
	map(callback)	将 jQuery 对象中的一组元素利用 callback 方法转换其值，然后添加到一个 jQuery 数组中	jQuery
	not(expr)	删除与指定表达式匹配的元素	jQuery
	slice(start,[end])	从匹配元素集合中取得一个子集，与内建的数组的 slice()方法相同	jQuery
	first()	获取元素集合中第一个元素	jQuery
	last()	获取元素集合中最后一个元素	jQuery
	has()	保留包含特定后代的元素，去掉那些不含有指定后代的元素	jQuery

续表

分类	方 法 名 称	说　　明	返 回 值
	children([expr])	取得一个包含匹配的元素集合中每一个元素的所有子元素的元素集合	jQuery
	closest([expr])	从元素本身开始，逐级向上级元素匹配，并返回最先匹配的祖先元素	jQuery
	find(expr)	搜索所有与指定表达式匹配的元素	jQuery
	next([expr])	取得一个包含匹配的元素集合中每一个元素紧邻的后面同辈元素的集合	jQuery
	nextAll([expr])	取得一个包含匹配的元素集合中每一个元素之后的所有同辈元素的集合	jQuery
	offsetParent( )	返回最近的被定位过的祖先元素。（祖先元素指该元素的上级元素，即包着它的外层元素）	jQuery
	parent([expr])	取得一个包含所有匹配元素的惟一父元素的元素集合	jQuery
查找	parents([expr])	取得一个包含所有匹配元素的祖先元素的元素集合（不包含根元素）	jQuery
	prev([expr])	取得一个包含匹配的元素集合中每一个元素紧邻的前一个同辈元素的元素集合	jQuery
	prevAll([expr])	取得一个包含匹配的元素集合中每一个元素之前的所有同辈元素的集合	jQuery
	siblings([expr])	取得一个包含匹配的元素集合中每一个元素的所有惟一同辈元素的集合	jQuery
	nextUntil([expr])	获取每个当前元素之后所有的同辈元素，直到遇到选择器匹配的元素为止，但不包括选择器匹配的元素	jQuery
	parentsUntil([expr])	查找当前元素的所有的前辈元素，直到遇到选择器匹配的元素为止，但不包括选择器匹配的元素	jQuery
	prevUntil([expr])	获取每个当前元素之前所有的同辈元素，直到遇到选择器匹配的元素为止，但不包括选择器匹配的元素	jQuery
	add(expr)	把与表达式匹配的元素添加到 jQuery 对象中	jQuery
串联&其它	andSelf()	将前一个匹配的元素集合添加到当前的集合中	jQuery
	end()	结束最近的"破坏性"操作，将匹配的元素集合恢复到前一个状态	jQuery
	contents()	获得每个匹配元素集合元素的子元素，包括文字和注释节点	jQuery

G.5　文档处理

分类	方 法 名 称	说　　明	返 回 值
	append(content)	向每个匹配的元素内部追加内容，所添加的内容成为元素的最后一个子节点	jQuery
内部插入	appendTo(content)	将所有匹配的元素追加到另一个指定的元素集合中	jQuery
	prepend(content)	向每个匹配的元素内部前置内容，这是向所有匹配元素内部的开始处插入内容的最佳方式	jQuery
	prependTo(content)	将所有匹配的元素前置到另一个指定的元素集合中	jQuery

续表

分类	方法名称	说　明	返回值
外部插入	after(content)	在每个匹配的元素之后插入内容	jQuery
	before(content)	在每个匹配的元素之前插入内容	jQuery
	insertAfter(content)	将所有匹配的元素插入到另一个指定的元素集合的后面	jQuery
	insertBefore(content)	将所有匹配的元素插入到另一个指定的元素集合的前面	jQuery
包裹	wrap(html)	将所有匹配的元素用其他 HTML 标记包裹起来	jQuery
	wrap(elem)	将所有匹配的元素用其他元素包裹起来	jQuery
	wrapAll(html)	将所有匹配的元素用单个 HTML 标记包裹起来	jQuery
	wrapAll(elem)	将所有匹配的元素用单个元素包裹起来	jQuery
	wrapInner(html)	将每一个匹配的元素的子内容（包括文本节点）用一个 HTML 结构包裹起来	jQuery
	wrapInner(elem)	将每一个匹配的元素的子内容（包括文本节点）用 DOM 元素包裹起来	jQuery
	unwrap()	将匹配元素的父级元素删除，保留自身（和同辈元素，如果存在）在原来的位置。和 wrap()的功能相反	jQuery
替换	replaceWith(content)	将所有匹配的元素替换成指定的 HTML 或 DOM 元素	jQuery
	replaceAll(selector)	以指定的 HTML 或 DOM 元素来代替所有匹配选择器的元素。该方法与 replaceWith()方法的作用相同，只是颠倒了 replaceWith()操作	jQuery
删除	empty()	删除匹配的元素集合中所有的子节点	jQuery
	remove([expr])	从 DOM 文档中删除所有匹配的元素	jQuery
	detach()	从 DOM 中去掉所有匹配的元素。detach()和 remove()一样，不过 detach()保存了所有 jQuery 数据和被移走的元素相关联。当需要移走一个元素，不久又将该元素插入 DOM 时，这种方法很有用。	jQuery
复制	clone()	复制匹配的 DOM 元素并且选中副本	jQuery
	clone(true)	复制匹配的 DOM 元素以及其所有的事件处理并且返回这些副本	jQuery

G.6　CSS

分类	方法名称	说　明	返回值
CSS	css(name)	获取匹配的第 1 个元素的样式属性	String
	css(name,value)	给所有匹配的元素的一个样式属性设置值	jQuery
	css(proerties)	给所有匹配的元素的多个样式属性设置值，proerties 是一个"名/值"对象	jQuery

续表

分 类	方 法 名 称	说 明	返 回 值
定位	offset()	获取匹配的第 1 个元素在当前窗口的相对偏移	Object(top,left)
	offset(coord)	设置匹配的元素集合中每个元素的当前坐标，相对于文档（document）	jQuery
	offsetParent()	返回最近的被定位过的祖先元素。（祖先元素指该元素的上级元素，即包着它的外层元素）	jQuery
	position()	获取一个元素相对其父元素的相对偏移	Object(top,left)
	scrollTop()	获取匹配的第 1 个元素的滚动条距顶部的位置	Integer
	scrollTop(val)	所有匹配元素的竖直滚动条都滚动到指定的位置	jQuery
	scrollLeft()	获取匹配的第 1 个元素的滚动条距左侧的位置	Integer
	scrollLeft (val)	所有匹配元素的水平滚动条都滚动到指定的位置	jQuery
高宽	heigth()	获取匹配的第 1 个元素当前计算的高度值（px）	Integer
	heigth(val)	为每个匹配的元素设置高度值	jQuery
	width()	获取匹配的第 1 个元素当前计算的宽度值（px）	Integer
	width(val)	为每个匹配的元素设置宽度值	jQuery
	innerHeight()	获取匹配的第 1 个元素的内部高度（不包括 border，但是包括 padding）	Integer
	innerWidth()	获取匹配的第 1 个元素的内部宽度（不包括 border，但是包括 padding）	Integer
	outerHeight([options])	获取匹配的第 1 个元素的外部高度（默认包括 border 和 padding）	Integer
	outerWidth([options])	获取匹配的第 1 个元素的外部宽度（默认包括 border 和 padding）	Integer

G.7 事件

分 类	方 法 名 称	说 明	返 回 值
页面载入	ready(fn)	当 DOM 载入就绪可以查询及操纵时绑定一个要执行的函数	jQuery
事件绑定	bind(type,[data],fn)	为每一个匹配元素的特定事件（例如 click）绑定一个事件处理函数	jQuery
	unbind([type],[data])	bind()方法的反向操作，从每一个匹配的元素中删除绑定的事件	jQuery
	one(type,[data],fn)	为每一个匹配元素的特定事件（例如 click）绑定一个一次性的事件处理函数	jQuery
事件绑定	trigger(type,[data])	在每一个匹配的元素上触发某类事件	jQuery
	triggerHandler(type,[data])	这一特定方法会触发元素上特定的事件（指定一个事件类型），但不会执行浏览器默认动作	jQuery
	on(events [, selector] [, data] , handler)	在选择元素上绑定一个或多个事件处理函数	jQuery
	off(events [, selector] [, handler])	用于移除用.on()绑定的事件处理程序	jQuery
	delegate(selector, eventType, handler)	为所有选择器匹配的元素附加一个或多个事件处理函数，元素可以是现在或将来的元素	jQuery
	undelegate()	为当前选择器匹配的所有元素移除一个事件处理程序，元素可以是现在或将来的元素	jQuery

续表

分类	方 法 名 称	说　　　明	返 回 值
动态事件	live(type, fn)	对动态生成的元素进行事件绑定	jQuery
	die(type, fn)	从元素中删除先前用.live()绑定的所有事件	jQuery
事件交互	hover(over,out)	一个模拟悬停事件（光标移动到一个对象上面及移出此对象）的方法	jQuery
	toggle(fn1,fn2,[fn3],[fn4]…)	每次单击后依次调用函数	jQuery
	blur()	触发每一个匹配元素的 blur 事件	jQuery
	blur(fn)	在每一个匹配元素的 blur 事件中绑定一个处理函数	jQuery
	change()	触发每个匹配元素的 change 事件	jQuery
	change(fn)	在每一个匹配元素的 change 事件中绑定一个处理函数	jQuery
	click()	触发每一个匹配元素的 click 事件	jQuery
	click(fn)	在每一个匹配元素的 click 事件中绑定一个处理函数	jQuery
	dblclick()	触发每一个匹配元素的 dbclick 事件	jQuery
	dblclick(fn)	在每一个匹配元素的 dblclick 事件中绑定一个处理函数	jQuery
	focus()	触发每一个匹配元素的 focus 事件	jQuery
	focus(fn)	在每一个匹配元素的 focus 事件中绑定一个处理函数	jQuery
	select()	触发每一个匹配元素的 select 事件	jQuery
	select(fn)	在每一个匹配元素的 select 事件中绑定一个处理函数	jQuery
	focusin(handler(eventObject))	将一个事件函数绑定到"focusin" 事件。跟 focus()区别在于它支持事件冒泡	jQuery
	focusout(handler(eventObject))	将一个事件函数绑定到"focusout" 事件。跟 blur()区别在于它支持事件冒泡	jQuery
	submit()	触发每一个匹配元素的 submit 事件	jQuery
	submit(fn)	在每一个匹配元素的 submit 事件中绑定一个处理函数	jQuery
	unload(fn)	在每一个匹配元素的 unload 事件中绑定一个处理函数	jQuery
	load(fn)	在每一个匹配元素的 load 事件中绑定一个处理函数	jQuery
错误	error()	触发每一个匹配元素的 error 事件	jQuery
	error(fn)	在每一个匹配元素的 error 事件中绑定一个处理函数。这个方法是 bind('error', handler) 的快捷方式	jQuery
键盘事件	keydown()	触发每一个匹配元素的 keydown 事件	jQuery
	keydown(fn)	在每一个匹配元素的 keydown 事件中绑定一个处理函数	jQuery
	keypress()	触发每一个匹配元素的 keypress 事件	jQuery
	keypress(fn)	在每一个匹配元素的 keypress 事件中绑定一个处理函数	jQuery
	keyup()	触发每一个匹配元素的 keyup 事件	jQuery
	keyup(fn)	在每一个匹配元素的 keyup 事件中绑定一个处理函数	jQuery

续表

分类	方 法 名 称	说　　明	返 回 值
鼠标 事件	mousedown(fn)	在每一个匹配元素的 mousedown 事件中绑定一个处理函数	jQuery
	mouseenter(fn)	在每一个匹配元素的 mouseenter 事件中绑定一个处理函数	jQuery
	mouseleave(fn)	在每一个匹配元素的 mouseleave 事件中绑定一个处理函数	jQuery
	mousemove(fn)	在每一个匹配元素的 mousemove 事件中绑定一个处理函数	jQuery
	mouseout(fn)	在每一个匹配元素的 mouseout 事件中绑定一个处理函数	jQuery
	mouseover(fn)	在每一个匹配元素的 mouseover 事件中绑定一个处理函数	jQuery
	mouseup(fn)	在每一个匹配元素的 mouseup 事件中绑定一个处理函数	jQuery
窗口 操作	resize(fn)	在每一个匹配元素的 resize 事件中绑定一个处理函数	jQuery
	scroll(fn)	在每一个匹配元素的 scroll 事件中绑定一个处理函数	jQuery

G.8　效果

分类	方 法 名 称	说　　明	返 回 值
基本	show()	显示所有匹配的元素	jQuery
	show(speed,[callback])	以优雅的动画显示所有匹配的元素，并在显示完成后可选地触发一个回调函数	jQuery
	hide()	隐藏所有匹配的元素	jQuery
	hide(speed,[callback])	以优雅的动画隐藏所有匹配的元素，并在显示完成后可选地触发一个回调函数	jQuery
	toggle()	切换元素的可见状态	jQuery
	toggle(switch)	在 switch 为 true 时显示，为 false 隐藏	jQuery
	toggle(speed,[callback])	以优雅的动画切换元素的可见状态，并在每一次动画完成后可选地触发一个回调函数	jQuery
滑动	slideDown(speed,[callback])	通过高度变化（向下增大）来动态地显示所有匹配的元素，在显示完成后可选地触发一个回调函数	jQuery
	slideUp(speed,[callback])	通过高度变化（向上减小）来动态地隐藏所有匹配的元素，在隐藏完成后可选地触发一个回调函数	jQuery
	slideToggle(speed,[callback])	通过高度变化来切换所有匹配元素的可见性，并在切换完成后可选地触发一个回调函数	jQuery
淡入 淡出	fadeIn(speed,[callback])	通过不透明度地变化来实现所有匹配元素的淡入效果，并在动画完成后可选地触发一个回调函数	jQuery
	fadeOut(speed,[callback])	通过不透明度的变化来实现所有匹配元素的淡出效果，并在动画完成后可选地触发一个回调函数	jQuery
	fadeTo(speed,opacity,[callback])	将所有匹配元素的不透明度以渐进方式调整到指定的值，并在动画完成后可选地触发一个回调函数	jQuery
	fadeToggle([duration], [easing], [callback])	通过不透明度地变化来显示或隐藏匹配元素	jQuery

续表

分 类	方 法 名 称	说　　　明	返 回 值
自定义	animate(params[,duration[, easing [,callback]]])	用于创建自定义动画的函数	jQuery
	animate(params,options)	用于创建自定义动画的函数	jQuery
	stop([clearQueue], [gotoEnd])	停止所有在指定元素上正在运行的动画	jQuery
	delay(duration, [queueName])	设置一个延时来推迟执行队列中之后的项目	jQuery
设置	jQuery.fx.off	用于全面禁止动画执行（效果将会立刻展现出来）	Boolean
	jQuery.fx.interval	该动画的频率（以毫秒为单位）	Number

G.9　Ajax

分 类	方 法 名 称	说　　　明	返 回 值
Ajax 请求	jQuery.ajax(options)	通过 HTTP 请求加载远程页面	XMLHttpRequest
	load(url,[data],[callback])	载入远程 HTML 文件代码并插入至 DOM 中	jQuery
	jQuery.get(url,[data], [callback],[type])	通过 HTTP GET 请求加载远程页面	XMLHttpRequest
	jQuery.post(url,[data], [callback],[type])	通过 HTTP POST 请求加载远程页面	XMLHttpRequest
	jQuery.getJSON(url, [data], [callback])	通过 HTTP GET 请求载入 JSON 数据	XMLHttpRequest
	jQuery.getScript(url,[callb ack])	通过 HTTP GET 请求载入并执行一个 Java Script 文件	XMLHttpRequest
Ajax 事件	ajaxComplete(callback)	Ajax 请求完成时执行函数	jQuery
	ajaxError(callback)	Ajax 请求发生错误时执行函数	jQuery
	ajaxSend(callback)	Ajax 请求发送前执行函数	jQuery
	ajaxStart(callback)	Ajax 请求开始时执行函数	jQuery
	ajaxStop(callback)	Ajax 请求结束时执行函数	jQuery
	ajaxSuccess(callback)	当 Ajax 请求成功后执行函数	jQuery
其他	jQuery.ajaxSetup(options)	设置全局 Ajax 选项	无
	$.ajaxTransport(fn)	为 Ajax 事务定义一个新的传输机制	undefined
	jQuery.ajaxprefilter([data Types].handler)	在$.ajax()处理每行请求之前，修改每个 Ajax 请求的选项	undefined
	serialize()	将表单元素的名称和值序列化为字符串数据，返回值类似于：single=1&multiple=2	String
	serializeArray()	将表单元素的名称和值序列化（类似 serialize()方法），但它返回的是 JSON 数据结构	Array<Object>
	jQuery.param(obj)	创建一个序列化的数组或对象，适用于一个 URL 地址查询字符串或 Ajax 请求	String

G.10 实用项

分 类	方 法 名 称	说 明	返 回 类 型
浏览器及特性检测	jQuery.support	用于插件和核心开发，方便了解不同浏览器的特性或错误。	Object
	jQuery.browser	包含由 navigator.userAgent 取得的标记信息	Object
	jQuery.browser.version	读取用户浏览器的版本信息	String
	jQuery.boxModel	检测用户浏览器针对当前页的显示是否基于 W3C CSS 的盒模型	Boolean
数组和对象操作	jQuery.each(obj,callback)	通用的遍历方法，可用于遍历对象和数组	Object
	jQuery.extend([deep],target,obj1,[objN])	用一个或多个其他对象来扩展一个对象，返回被扩展的对象	Object
	jQuery.grep(array,callback,[invert])	使用过滤函数过滤数组元素	Array
	jQuery.makeArray(obj)	将一个类似数组的对象转化为数组数组	Array
	jQuery.map(array,callback)	将一个数组中的元素转换到另一个数组中	Array
	jQuery.inArray(value,array)	返回 value 在数组中的位置，如果没有找到，则返回−1	Number
	jQuery.merge(first, second)	合并两个数组	Array
	jQuery.unique(array)	删除元素数组中的重复元素（不能用于普通数组）	Array
	jQuery.noop()	传递一个空函数	Function
	jQuery.proxy(function, context)	接受一个函数，然后返回一个新函数，并且这个新函数始终保持了特定的上下文语境	Function
测试操作	jQuery.isArray(obj)	检测参数是否为数组	Boolean
	jQuery.isFunction(obj)	检测对象是否为 function	Boolean
	jQuery.type(obj)	确定 JavaScript 对象的类型	String
	jQuery.isEmptyObject(object)	检查对象是否为空（不包含任何属性）	Boolean
	jQuery.isPlainObject(object)	检查对象是否是纯粹的对象（通过"{}"或者"new Object"创建的）	Boolean
	jQuery.isWindow(obj)	确定参数是否为一个窗口（window 对象）	Boolean
	jQuery.isNumeric(value)	确定参数是否是一个数字	Boolean
字符串操作	jQuery.trim(str)	去掉字符串起始和结尾的空格	String
URLs	jQuery.param(obj)	序列化表单数组或对象（是.serialize()的核心代码）	String
	jQuery.parseJSON(json)	接受一个标准格式的 JSON 字符串，并返回解析后的 JavaScript 对象	Object
	jQuery.parseXML(data)	解析一个字符串到一个 XML 文件	XMLDocument

续表

分　　类	方 法 名 称	说　　明	返 回 类 型
数据功能	data(name)	返回元素上储存的相应名字的数据，可以用 data（name，value）来设定	Any
	data(name,value)	在元素上存放数据，同时也返回 value	Any
	removeData(name)	从元素上移除存放的数据	jQuery
	queue()	获取第一个匹配元素函数队列的引用（返回一个函数数组）	Array<Function>
	queue(callback)	在匹配元素的函数队列末尾添加一个可执行函数	jQuery
	queue(queue)	将匹配元素的函数队列用一个新的队列代替（函数数组）	jQuery
	dequeue()	从函数队列中移除一个队列函数	jQuery
	clearQueue([queueName])	从列队中移除所有未执行的项	jQuery

G.11　其他对象

分类	方 法 名 称	说　　明	返 回 值
事件对象	currentTarget	在事件冒泡阶段中的当前 DOM 元素	Element
	data	当前执行的处理器被绑定的时候，包含可选的数据传递给 jQuery.fn.bind	Anything
	isDefaultPrevented()	根据事件对象中是否调用过 event.preventDefault()方法来返回一个布尔值	Boolean
	isImmediatePropagationStopped()	根据事件对象中是否调用过 event.stopImmediate Propagation()方法来返回一个布尔值	Boolean
	isPropagationStopped()	根据事件对象中是否调用过 event.stopPropagation() 方法来返回一个布尔值	Boolean
	namespace	当事件被触发时此属性包含指定的命名空间	String
	pageX	鼠标相对于文档的左边缘的位置。	Number
	pageY	鼠标相对于文档的顶端边缘的位置。	Number
	preventDefault()	阻止默认事件行为的触发	
	relatedTarget	在事件中涉及的其它任何 DOM 元素	Element
	result	这个属性包含了当前事件最后触发的那个处理函数的返回值，除非值是 undefined	Object
	stopImmediatePropagation()	阻止剩余的事件处理函数执行并且防止事件冒泡到 DOM 树上	
	stopPropagation()	防止事件冒泡到 DOM 树上，也就是不触发的任何前辈元素上的事件处理函数	
	target	最初触发事件的 DOM 元素	Element
	timeStamp	返回事件触发时距离 1970 年 1 月 1 日的毫秒数	Number
	type	返回事件的类型	String
	which	针对键盘和鼠标事件，返回点击的键盘值或鼠标的左中右值	String

分类	方法名称	说明	返回值
延迟对象	always(alwaysCallbacks [,alwaysCallbacks])	当延迟对象是解决或拒绝时被调用添加处理程序	Deferred
	done(doneCallbacks)	添加处理程序被调用时，延迟对象得到解决	Deferred
	fail(failCallbacks)	添加处理程序被调用时，延迟对象将被拒绝	Deferred
	isRejected()	确定延迟对象是否已被拒绝	Boolean
	isResolved()	确定延迟对象是否已得到解决	Boolean
	notify(args)	调用一个给定 args 的延迟对象上的进行中的回调（progressCallbacks）	Deferred
	notifyWith(context, [args])	根据给定的上下文和 args 延迟对象上调用 progressCallbacks	Deferred
	pipe([doneFilter] [, failFilter] [, progressFilter])	筛选器和/或链 Deferreds 的实用程序方法。	Promise
	progress(progressCallbacks)	当延迟对象生成进度通知时添加被访问处理程序	Deferred
	reject([args])	拒绝延迟对象，并根据给定的参数调用任何失败的回调函数	Deferred
	rejectWith(context, [args])	拒绝延迟对象，并根据给定的上下文和参数调用任何失败的回调函数	Deferred
	resolve([args])	解决延迟对象，并根据给定的参数调用任何完成的回调函数	Deferred
	resolveWith(context, [args])	解决延迟对象，并根据给定的上下文和参数调用任何完成的回调函数	Deferred
	state()	返回延迟对象的当前状态	String
	then(doneCallbacks, failCallbacks [, progressCallbacks])	添加处理程序被调用时，延迟对象得到解决或者拒绝	Deferred
	.promise([target])	返回一个 Promise 对象用来观察当某种类型的所有行动绑定到集合，排队与否还是已经完成	Promise
回调对象	jQuery.Callbacks(flags)	一个多用途的回调列表对象，提供了强大的的方式来管理回调函数列表	undefined
	callbacks.add(callbacks)	回调列表中添加一个回调或回调的集合	undefined
	callbacks.disable()	禁用回调列表中的回调	undefined
	callbacks.empty()	从列表中删除所有的回调	undefined
	callbacks.fire(arguments)	用给定的参数调用所有的回调	undefined
	callbacks.fired()	确定如果回调至少已经调用一次	Boolean
	callbacks.fireWith([context] [, args])	访问给定的上下文和参数列表中的所有回调	undefined
	callbacks.has(callback)	确定是否提供的回调列表	Boolean
	callbacks.lock()	锁定在其当前状态的回调列表	undefined
	callbacks.locked()	确定是否被锁定的回调列表	Boolean
	callbacks.remove(callbacks)	删除回调或回调回调列表的集合	undefined